Ingenieurmathematik kompakt – Problemlösungen mit MATLAB

Hans Benker

Ingenieurmathematik kompakt – Problemlösungen mit MATLAB

Einstieg und Nachschlagewerk für
Ingenieure und Naturwissenschaftler

Prof. Dr. Hans Benker
Martin-Luther-Universität
Institut für Mathematik
Theodor-Lieser-Str. 5
06120 Halle (Saale)
Deutschland
hans.benker@mathematik.uni-halle.de
prof.hans.benker@t-online.de

ISBN 978-3-642-05452-5   e-ISBN 978-3-642-05453-2
DOI 10.1007/978-3-642-05453-2
Springer Heidelberg Dordrecht London New York

Die Deutsche Nationalbibliothek verzeichnet diese Publikation in der Deutschen Nationalbibliografie; detaillierte bibliografische Daten sind im Internet über http://dnb.d-nb.de abrufbar.

© Springer-Verlag Berlin Heidelberg 2010
Dieses Werk ist urheberrechtlich geschützt. Die dadurch begründeten Rechte, insbesondere die der Übersetzung, des Nachdrucks, des Vortrags, der Entnahme von Abbildungen und Tabellen, der Funksendung, der Mikroverfilmung oder der Vervielfältigung auf anderen Wegen und der Speicherung in Datenverarbeitungsanlagen, bleiben, auch bei nur auszugsweiser Verwertung, vorbehalten. Eine Vervielfältigung dieses Werkes oder von Teilen dieses Werkes ist auch im Einzelfall nur in den Grenzen der gesetzlichen Bestimmungen des Urheberrechtsgesetzes der Bundesrepublik Deutschland vom 9. September 1965 in der jeweils geltenden Fassung zulässig. Sie ist grundsätzlich vergütungspflichtig. Zuwiderhandlungen unterliegen den Strafbestimmungen des Urheberrechtsgesetzes.
Die Wiedergabe von Gebrauchsnamen, Handelsnamen, Warenbezeichnungen usw. in diesem Werk berechtigt auch ohne besondere Kennzeichnung nicht zu der Annahme, dass solche Namen im Sinne der Warenzeichen- und Markenschutz-Gesetzgebung als frei zu betrachten wären und daher von jedermann benutzt werden dürften.

Einbandentwurf: WMXDesign GmbH, Heidelberg

Gedruckt auf säurefreiem Papier

Springer ist Teil der Fachverlagsgruppe Springer Science+Business Media (www.springer.com)

Vorwort

Das vorliegende Buch soll kein weiteres Werk über Mathematik für Ingenieure und Naturwissenschaftler (kurz: Ingenieurmathematik) im klassischen Sinne sein, da es hiervon bereits eine große Anzahl gibt.

Die Berechnung mathematischer Probleme per Hand, wie in vielen Mathematiklehrbüchern praktiziert, ist nicht mehr zeitgemäß.

Zur Berechnung mathematischer Probleme werden heute hauptsächlich Mathematiksysteme (wie z.B. MAPLE, MATHEMATICA, MATHCAD, MATLAB und MuPAD) oder andere Programmsysteme (wie z.B. EXCEL) eingesetzt, um anfallende Berechnungen mit vertretbarem Aufwand bewältigen zu können.

Im Buch wird diese Entwicklung berücksichtigt, indem durchgehend das Mathematiksystem MATLAB zu Berechnungen mittels Computer herangezogen wird.

Ingenieure und Naturwissenschaftler setzen MATLAB bevorzugt ein, weil es

- ein *offenes System* ist, das Anwender ihren speziellen Problemen anpassen können.
- mit *anderen Systemen* wie MAPLE, MuPAD und EXCEL zusammenarbeiten und C- und Fortran-Programme einbinden kann.
- hervorragende Fähigkeiten bei *numerischen Berechnungen* und eine C-ähnliche *Programmiersprache* besitzt.
- sich durch zahlreiche Erweiterungspakete *erweitern* lässt, die als *Toolboxen* bezeichnet werden. Diese Toolboxen existieren für wichtige Gebiete aus Technik, Natur- und Wirtschaftswissenschaften.

Die *erste Aufgabe* (Teil I) des Buches besteht darin, Struktur, Arbeitsweise und Fähigkeiten von MATLAB kurz und übersichtlich darzustellen, so dass auch Einsteiger in der Lage sind, MATLAB problemlos einzusetzen.

Da Berechnungen mathematischer Probleme auf Computern nicht ohne mathematische Grundkenntnisse möglich sind, besteht die *Hauptaufgabe* des Buches in einer Einführung in Grundgebiete (Teil II) und Vorstellung wichtiger Spezialgebiete (Teil III) der Ingenieurmathematik, wobei die Anwendbarkeit von MATLAB im Vordergrund steht:

- Es werden mathematische Grundlagen technischer und naturwissenschaftlicher Fachrichtungen behandelt. Zusätzlich werden Spezialgebiete wie Differentialgleichungen, Optimierung, Transformationen, Wahrscheinlichkeitsrechnung und Statistik vorgestellt, die für zahlreiche praktische Problemstellungen erforderlich sind.
- Theoretische Grundlagen und numerische Methoden (Näherungsmethoden) werden so vorgestellt, wie es für den Einsatz von MATLAB erforderlich ist:
  Auf Beweise und ausführliche theoretische Abhandlungen wird verzichtet.
  Notwendige Formeln und Methoden werden in Beispielen erläutert. Zusätzlich wird hier die Anwendbarkeit von MATLAB beschrieben und illustriert.

Da die behandelten und mit MATLAB berechneten mathematischen Probleme nicht nur zu Grundlagen der Ingenieurmathematik gehören, kann das vorliegende Buch auch für die Wirtschaftsmathematik herangezogen und allgemein als *Nachschlagewerk* benutzt werden, wenn Fragen mathematischer Natur in Bezug auf die Anwendung von MATLAB auftreten.

♦

Das Buch ist aus Lehrveranstaltungen und Computerpraktika entstanden, die der Autor an der Universität Halle gehalten hat, und wendet sich sowohl an *Studenten* und *Lehrkräfte* der Mathematik, Ingenieurmathematik, Ingenieur- und Naturwissenschaften von Fachhochschulen und Universitäten als auch in der *Praxis* tätige Mathematiker, Ingenieure und Naturwissenschaftler.

Im Folgenden werden einige *Hinweise* zur *Gestaltung* des *Buches* gegeben:

Kursiv werden geschrieben:
- Wichtige Begriffe,
- Anzeigen und Fehlermeldungen von MATLAB im Kommandofenster.

Im **Fettdruck** werden geschrieben:
- **Überschriften** und **Bezeichnungen von Abbildungen, Beispielen** und **Namen von Vektoren und Matrizen**,
- **Dialogfelder und Menüs von MATLAB**,
- **Internetadressen**,
- In MATLAB vordefinierte (integrierte) **Funktionen, Kommandos, Konstanten und Variablen**,
- **Schlüsselwörter** der in MATLAB integrierten Programmiersprache.

In GROSSBUCHSTABEN werden geschrieben:
- Namen von Toolboxen für MATLAB,
- Programm-, Operator-, Datei- und Verzeichnisnamen.

Beispiele enden mit dem Symbol ♦, wenn sie vom folgenden Text abzugrenzen sind.

Des Weiteren werden folgende Darstellungen verwendet:
- Einzelne *Menüs* einer *Menüfolge* von MATLAB werden mittels Pfeil ⇒ getrennt, der gleichzeitig für einen Mausklick steht.
- Wichtige *Bemarkungen*, *Hinweise* und *Erläuterungen* beginnen mit dem Symbol
  ☞ und enden mit dem Symbol ♦, wenn sie vom folgenden Text abzugrenzen sind.
- Die Anwendung von MATLAB ist in den einzelnen Kapiteln zwecks schnellem Auffindens in folgende Pfeile eingeschlossen:

Für die Unterstützung bei der Erstellung des Buches möchte ich danken:

Frau Hestermann-Beyerle und Frau Kollmar-Thoni vom Springer-Verlag Heidelberg und Berlin für die Aufnahme des Buchvorschlags in das Verlagsprogramm und die gute Zusammenarbeit.

MathWorks in Natick (USA- Massachusetts) für die kostenlose Bereitstellung der neuen Version 2009 von MATLAB und der benötigten Toolboxen.

Meinem Kollegen Dr.Henkel für die kritische Durchsicht des Manuskripts.

Meiner Gattin Doris, die großes Verständnis für meine Arbeit aufgebracht hat.

Meiner Tochter Uta für die Hilfe bei Computerfragen.

Über Fragen, Hinweise, Anregungen und Verbesserungsvorschläge würde sich der Autor freuen. Sie können an folgende E-Mail-Adresse gesendet werden:

hans.benker@mathematik.uni-halle.de

Halle, Winter 2010   Hans Benker

Inhaltsverzeichnis

TEIL I: Einführung in MATLAB

1 Einleitung 1
   1.1 Mathematiksysteme 1
   1.2 Architektur, Einsatzgebiete und Fähigkeiten von MATLAB 1
      1.2.1 Architektur 1
      1.2.2 Einsatzgebiete und Fähigkeiten 2
   1.3 Anwendung von MATLAB in der Ingenieurmathematik 2
   1.4 MATLAB im Vergleich mit anderen Mathematiksystemen 2

2 Aufbau von MATLAB 3
   2.1 Benutzeroberfläche (MATLAB-Desktop) 3
   2.2 Arbeitsfenster 4
      2.2.1 Kommandofenster (Command Window) 5
      2.2.2 Ein- und Ausgaben im Kommandofenster 5
      2.2.3 Korrekturen im Kommandofenster 6
      2.2.4 Command History 7
      2.2.5 Current Directory/Folder 7
      2.2.6 Profiler 7
      2.2.7 Workspace 7
   2.3 Kern 8
   2.4 Erweiterungspakete (Toolboxen) 8
   2.5 MATLAB-Editor 9
   2.6 MATLAB als Programmiersprache 10

3 Arbeitsweise von MATLAB 11
   3.1 Interaktive Arbeit mit MATLAB 11
   3.2 Matrixorientierung von MATLAB 11
   3.3 Berechnungen mit MATLAB 11
      3.3.1 Exakte Berechnungen 11
      3.3.2 Numerische Berechnungen 13
      3.3.3 Fähigkeiten bei exakten und numerischen Berechnungen 14
      3.3.4 Vorgehensweise bei Berechnungen 15
      3.3.5 Toolbox SYMBOLIC MATH 16
   3.4 Text in MATLAB 17
      3.4.1 Zeichenketten 17
      3.4.2 Texteingabe 17
      3.4.3 Textausgabe 18
   3.5 Zusammenarbeit von MATLAB mit anderen Systemen 19
      3.5.1 Zusammenarbeit mit MAPLE 20
      3.5.2 Zusammenarbeit mit MuPAD 21
      3.5.3 Zusammenarbeit mit EXCEL 22

4 Hilfen für MATLAB 23
   4.1 Überblick 23
   4.2 Hilfekommandos 23
   4.3 HelpBrowser (Hilfefenster) und HelpNavigator (Hilfenavigator) 23
   4.4 Demos (Beispiele, Erläuterungen und Videos) 24
   4.5 Fehlermeldungen 24

    4.6   MATLAB im Internet.. 25

5 Zahlen in MATLAB 27
    5.1   Einführung... 27
    5.2   Reelle Zahlen... 27
            5.2.1   Ganze Zahlen und Brüche ganzer Zahlen.................................. 28
            5.2.2   Dezimalzahlen.. 28
    5.3   Komplexe Zahlen... 31
    5.4   Umwandlung von Zahlen... 32

6 Konstanten in MATLAB... 35

7 Felder in MATLAB.. 39
    7.1   Einführung... 39
    7.2   Darstellung von Feldern... 39
    7.3   Arten von Feldern.. 40
    7.4   Eigenschaften von Feldern.. 41
    7.5   Rechenoperationen mit Feldern.. 42
    7.6   Einlesen und Ausgabe von Zahlenfeldern.. 45

8 Variablen in MATLAB.. 47
    8.1   Einführung... 47
    8.2   Eigenschaften von Variablen... 47
    8.3   Variablennamen... 48
    8.4   Variablenarten... 49
            8.4.1   Einfache und indizierte Variablen... 49
            8.4.2   Numerische und symbolische Variablen................................... 49
            8.4.3   Vordefinierte Variablen... 51
            8.4.4   Lokale, globale und persistente Variablen................................ 51
    8.5   Anzeige von Variablen im Workspace-Fenster.. 51

9 Funktionen, Kommandos, Schlüsselwörter in MATLAB................................ 53
    9.1   Einführung... 53
    9.2   Funktionen... 53
            9.2.1   Allgemeine und mathematische Funktionen............................. 53
            9.2.2   Function Browser (Funktionsfenster).. 53
    9.3   Kommandos... 54
    9.4   Schlüsselwörter... 54

10 Dateien in MATLAB.. 55
    10.1   Einführung... 55
    10.2   M-Dateien (Script- und Funktionsdateien)... 55
    10.3   MAT-Dateien... 56

11 Programmierung mit MATLAB.. 59
    11.1   Einführung.. 59

11.2 Operatoren und Anweisungen der prozeduralen Programmierung.................... 59
    11.2.1 Vergleichsoperatoren und Vergleichsausdrücke................................. 59
    11.2.2 Logische Operatoren und logische Ausdrücke.................................... 60
    11.2.3 Zuweisungen.. 61
    11.2.4 Verzweigungen.. 62
    11.2.5 Schleifen... 63
11.3 Prozedurale Programmierung.. 66
    11.3.1 Programmstruktur.. 67
    11.3.2 Scriptdateien.. 67
    11.3.3 Funktionsdateien.. 70
11.4 Programmierfehler.. 73
11.5 Programmbeispiele... 73

TEIL II: Anwendung von MATLAB in Grundgebieten der Ingenieurmathematik

12 Mathematische Funktionen in MATLAB.. **77**
12.1 Einführung... 77
12.2 Eigentliche mathematische Funktionen... 77
    12.2.1 Elementare mathematische Funktionen... 78
    12.2.2 Höhere mathematische Funktionen... 78
12.3 MATLAB-Funktionen zur Berechnung mathematischer Probleme................. 79
12.4 Definition mathematischer Funktionen in MATLAB.. 80
    12.4.1 Definition als Funktionsdatei (M-Datei).. 80
    12.4.2 Direkte Definition im Kommandofenster.. 81
12.5 Approximation mathematischer Funktionen in MATLAB.................................. 82
    12.5.1 Einführung.. 82
    12.5.2 Approximationstheorie.. 82
    12.5.3 Interpolation... 83
    12.5.4 Methode der kleinsten Quadrate (Quadratmittelapproximation)........... 84
    12.5.5 Beispiele.. 85

13 Grafische Darstellungen mit MATLAB.. **89**
13.1 Einführung... 89
13.2 Punktgrafiken.. 90
13.3 Ebene Kurven.. 92
13.4 Kurvendiskussion... 97
13.5 Raumkurven... 97
13.6 Flächen.. 99
13.7 Bewegte Grafiken (Animationen).. 103

14 Umformung und Berechnung mathematischer Ausdrücke mit MATLAB...... **105**
14.1 Einführung... 105
14.2 Mathematische Ausdrücke.. 105
14.3 Vereinfachung algebraischer Ausdrücke... 106

14.4 Multiplizieren und Potenzieren von Ausdrücken.. 106
14.5 Faktorisierung ganzrationaler Ausdrücke.. 107
14.6 Partialbruchzerlegung gebrochenrationaler Ausdrücke.................................. 108
14.7 Umformung trigonometrischer Ausdrücke.. 109
14.8 Weitere Umformungen von Ausdrücken... 110
14.9 Berechnung von Ausdrücken.. 112

15 Kombinatorik mit MATLAB.. 113
15.1 Fakultät und Binomialkoeffizient.. 113
15.2 Permutationen, Variationen und Kombinationen... 114

16 Matrizenrechnung mit MATLAB.. 115
16.1 Einführung... 115
16.2 Vektoren und Matrizen in MATLAB... 116
  16.2.1 Eingabe in das Kommandofenster.. 116
  16.2.2 Erzeugung von Matrizen.. 118
  16.2.3 Einlesen und Ausgabe.. 121
16.3 Vektor- und Matrixfunktionen in MATLAB... 121
16.4 Produkte für Vektoren... 123
16.5 Rechenoperationen für Matrizen... 124
  16.5.1 Transponieren.. 124
  16.5.2 Addition und Subtraktion 125
  16.5.3 Multiplikation.. 125
  16.5.4 Inversion.. 126
16.6 Determinanten... 128
16.7 Eigenwertprobleme für Matrizen... 129

17 Gleichungen und Ungleichungen mit MATLAB.. 133
17.1 Einführung... 133
17.2 Lineare Gleichungssysteme... 134
17.3 Nichtlineare Gleichungen.. 139
  17.3.1 Polynomgleichungen.. 139
  17.3.2 Allgemeine algebraische und transzendente Gleichungen................... 142
17.4 Ungleichungen... 145

18 Differentialrechnung mit MATLAB.. 147
18.1 Einführung... 147
18.2 Exakte Berechnung von Ableitungen.. 147
  18.2.1 Ableitungen von Funktionen einer Variablen...................................... 148
  18.2.2 Partielle Ableitungen.. 149
18.3 Numerische Berechnung von Ableitungen.. 150
18.4 Taylorentwicklung... 151
18.5 Grenzwertberechnung.. 153
18.6 Fehlerrechnung.. 155
  18.6.1 Einführung.. 155

18.6.2 Berechnung von Fehlerschranken.. 156
18.6.3 Anwendung von MATLAB.. 156

19 Integralrechnung mit MATLAB... 159
19.1 Einführung... 159
19.2 Unbestimmte und bestimmte Integrale... 159
19.2.1 Berechnung unbestimmter Integrale.. 160
19.2.2 Berechnung bestimmter Integrale.. 162
19.3 Uneigentliche Integrale... 166
19.4 Mehrfache Integrale.. 167

20 Reihen (Summen) und Produkte mit MATLAB................................... 171
20.1 Einführung... 171
20.2 Endliche Reihen (Summen) und Produkte... 171
20.2.1 Endliche Reihen (Summen).. 171
20.2.2 Endliche Produkte... 173
20.3 Unendliche Reihen.. 174
20.3.1 Zahlenreihen... 174
20.3.2 Potenzreihen... 176
20.3.3 Fourierreihen.. 176

21 Vektoranalysis mit MATLAB... 181
21.1 Einführung... 181
21.2 Skalar- und Vektorfelder... 181
21.3 Gradient, Rotation und Divergenz.. 184
21.4 Kurven- und Oberflächenintegrale... 191

TEIL III: Anwendung von MATLAB in Spezialgebieten der Ingenieurmathematik

22 Differentialgleichungen mit MATLAB.. 193
22.1 Einführung... 193
22.2 Gewöhnliche Differentialgleichungen... 193
22.2.1 Einführung.. 193
22.2.2 Anfangs- und Randwertwertprobleme.. 194
22.3 Lineare gewöhnliche Differentialgleichungen.................................... 195
22.4 Exakte Berechnungen mit MATLAB... 196
22.5 Numerische Berechnungen mit MATLAB.. 199
22.5.1 Anfangswertprobleme.. 199
22.5.2 Randwertprobleme... 201
22.6 Toolbox PARTIAL DIFFERENTIAL EQUATION............................ 204

23 Transformationen mit MATLAB... 205
23.1 Einführung... 205
23.2 Anwendung auf Differenzen- und Differentialgleichungen............... 205
23.3 z-Transformation... 205

23.3.1 Einführung ... 205
23.3.2 z-Transformation mit MATLAB ... 206
23.3.3 Lösung von Differenzengleichungen ... 207
23.4 Laplacetransformation ... 208
23.4.1 Einführung ... 208
23.4.2 Laplacetransformation mit MATLAB ... 208
23.4.3 Lösung von Differentialgleichungen ... 209
23.5 Fouriertransformation ... 211

24 Optimierung mit MATLAB ... 213
24.1 Einführung ... 213
24.2 Probleme der Optimierung ... 213
24.2.1 Extremwerte ... 215
24.2.2 Lineare Optimierung ... 216
24.2.3 Nichtlineare Optimierung ... 218
24.3 Anwendung der Toolbox OPTIMIZATION ... 219
24.3.1 Berechnung von Extremwertproblemen ohne Nebenbedingungen ... 220
24.3.2 Berechnung von Extremwertproblemen mit Nebenbedingungen ... 221
24.3.3 Berechnung linearer Optimierungsprobleme ... 222
24.3.4 Berechnung nichtlinearer Optimierungsprobleme ... 224

25 Wahrscheinlichkeitsrechnung mit MATLAB ... 227
25.1 Einführung ... 227
25.2 Wahrscheinlichkeit und Zufallsgröße ... 228
25.3 Wahrscheinlichkeitsverteilung und Verteilungsfunktion ... 230
25.3.1 Diskrete Wahrscheinlichkeitsverteilungen ... 231
25.3.2 Stetige Wahrscheinlichkeitsverteilungen ... 235
25.4 Erwartungswert (Mittelwert) und Streuung (Varianz) ... 237
25.5 Zufallszahlen und Simulation ... 238

26 Statistik mit MATLAB ... 241
26.1 Einführung ... 241
26.2 Toolbox STATISTICS ... 241
26.3 Grundgesamtheit und Stichprobe ... 242
26.4 Beschreibende Statistik ... 243
26.4.1 Urliste und Verteilungstafel ... 243
26.4.2 Grafische Darstellungen ... 245
26.4.3 Statistische Maßzahlen ... 247
26.5 Schließende (mathematische) Statistik ... 250
26.5.1 Schätztheorie ... 250
26.5.2 Testtheorie ... 252
26.5.3 Korrelation und Regression ... 253

Literaturverzeichnis ... 257

Sachwortverzeichnis ... 261

1 Einleitung

1.1 Mathematiksysteme

MATLAB gehört zur Klasse von Mathematikprogrammsystemen (kurz: *Mathematiksystemen*), die zur Berechnung mathematischer Probleme mittels Computer entwickelt wurden und laufend verbessert werden.

Alle *Mathematiksysteme* sind so konzipiert, dass sie *mathematische Probleme* mittels *Computer* berechnen können, ohne dass Anwender entsprechende Algorithmen zur exakten bzw. numerischen Lösung kennen bzw. programmieren müssen.

Mit ihnen lassen sich zahlreiche in Technik, Natur- und Wirtschaftswissenschaften anfallende Probleme mit mathematischem Hintergrund berechnen, da neben vordefinierten (integrierten) *Berechnungsfunktionen* zusätzlich *Erweiterungspakete* für technische, natur- und wirtschaftswissenschaftliche Gebiete existieren bzw. entwickelt werden.

In ihnen sind *Programmiersprachen* integriert, so dass Anwender gegebenenfalls eigene Programme erstellen können, falls für anfallende Probleme keine Berechnungsfunktionen bzw. Erweiterungspakete gefunden werden.

Während MAPLE, MATHEMATICA und MuPAD als *Computeralgebrasysteme* für *exakte* (*symbolische*) *Rechnungen* (Formelmanipulation) entwickelt wurden, war MATLAB neben MATHCAD am Anfang seiner Entwicklung ein reines *Numeriksystem*, d.h. es bestand aus einer Sammlung *numerischer Algorithmen* (Näherungsmethoden) zur näherungsweisen Berechnung mathematischer Probleme unter *einheitlicher Benutzeroberfläche*.

Nachdem in neuere Versionen von MATLAB (bis zur Version R2008a) und MATHCAD eine *Minimalvariante* des *Symbolprozessors* von MAPLE integriert ist, können beide ebenfalls exakte (symbolische) Berechnungen durchführen. Ab Version R2008b wurde in MATLAB zur Durchführung exakter (symbolischer) Berechnungen anstatt des Symbolprozessors von MAPLE das Computeralgebrasystem von MuPAD integriert.

Da in den aktuellen Versionen der *Computeralgebrasysteme* auch Methoden zur *numerischen* (näherungsweisen) *Berechnung* integriert sind, können alle genannten Systeme mathematische Aufgaben *exakt* (symbolisch) bzw. *numerisch* (näherungsweise) lösen.

Aus den vorangehenden Ausführungen ist ersichtlich, dass alle aktuellen Systeme weder reine Computeralgebra- noch Numeriksysteme sind. Deshalb werden sie als *Mathematiksysteme* bezeichnet, zu denen MATLAB und als weitere wichtige Vertreter MAPLE, MATHEMATICA, MATHCAD und MuPAD gehören.

1.2 Architektur, Einsatzgebiete und Fähigkeiten von MATLAB

1.2.1 Architektur

Im Folgenden wird kurz die *Architektur* vorgestellt, um einen Eindruck von MATLAB zu vermitteln.

MATLAB hat eine sogenannte *offene Architektur*, d.h. es ist ein *offenes Programmsystem*, das folgendermaßen charakterisiert ist:
- Nur der Kern (siehe Abschn.2.3) kann nicht geändert werden.
- *Algorithmen/Funktionen* der Erweiterungspakete, die man für MATLAB als *Toolboxen* bezeichnet, können eingesehen werden. Dies ist möglich, weil Toolboxen aus M-Dateien (siehe Abschn.2.4, 10.2 und 11.3) bestehen, die mit einem Texteditor geschrieben sind und aus einer Folge von MATLAB-Schlüsselwörtern, -Kommandos und -Funktionen bestehen.

- *Algorithmen/Funktionen* der *Toolboxen* können verändert und an eigene Problemstellungen angepasst werden. Des Weiteren lassen sich neue Algorithmen/Funktionen hinzufügen.
- In Programmiersprachen C oder FORTRAN geschriebene Programme können eingebunden werden.

1.2.2 Einsatzgebiete und Fähigkeiten

Im Buch wird ein *Haupteinsatzgebiet* von MATLAB behandelt, das die *Berechnung mathematischer Probleme* zum Inhalt hat. Hierfür besitzt MATLAB folgende *Fähigkeiten:*
- *Exakte* (symbolische) *Berechnung* (siehe Abschn.3.3.1).
- *Numerische* (näherungsweise) *Berechnung* (siehe Abschn.3.3.2).

MATLAB besitzt *weitere Einsatzgebiete*, die für die *Ingenieurpraxis* wichtig sind, so u.a. in Modellbildung, Simulation und Regelungstechnik.

Um den Rahmen des Buches nicht zu sprengen, kann nicht auf weitere Einsatzgebiete eingegangen werden. Es wird hierzu auf die umfangreiche Literatur zu Anwendungsgebieten von MATLAB verwiesen (siehe Literaturverzeichnis).

MATLAB kann auch zur Berechnung wirtschaftsmathematischer Probleme herangezogen werden (siehe Literaturverzeichnis).

1.3 Anwendung von MATLAB in der Ingenieurmathematik

Da die meisten in der *Ingenieurmathematik* anfallenden mathematischen Probleme nur numerisch (näherungsweise) berechenbar sind, hat sich MATLAB zu einem bevorzugten System für Ingenieure und Naturwissenschaftler entwickelt, da es hier anderen Mathematiksystemen überlegen ist.

MATLAB verfügt über eine große Anzahl numerischer Funktionen zur Berechnung von Grundproblemen der Ingenieurmathematik, wie Integralberechnung, Approximation von Funktionen, Lösung von Differentialgleichungen und algebraischen und transzendenten Gleichungen.

MATLAB besitzt Erweiterungspakete (Toolboxen) zur Berechnung mathematischer Spezialprobleme für Technik und Naturwissenschaften wie Optimierung, partielle Differentialgleichungen, Wahrscheinlichkeitsrechnung und Statistik.

Durch Einsatz der Toolbox SYMBOLIC MATH mit integrierter Minimalvariante des MAPLE-Symbolprozessors (bis Version R2008a) bzw. integriertem Computeralgebrasystem von MuPAD (ab Version R2008b) kann MATLAB mathematische Probleme auch exakt berechnen, wie z.B. lineare Gleichungen und Differentialgleichungen, Ableitungen und gewisse Integrale.

1.4 MATLAB im Vergleich mit anderen Mathematiksystemen

MATLAB hat sich zu einem ebenbürtigen Partner von MAPLE und MATHEMATICA entwickelt, wobei Vorteile bei Anwendungen in der Ingenieurmathematik bestehen.

Die bei exakten (symbolischen) Rechnungen etwas geringeren Fähigkeiten gegenüber MAPLE und MATHEMATICA werden von MATLAB durch überlegene *numerische Fähigkeiten* ausgeglichen.

MATLAB kann zwar in der Gestaltung der Benutzeroberfläche (siehe Abschn.2.1) mit dem ebenfalls in der Ingenieurmathematik eingesetzten Mathematiksystem MATHCAD nicht mithalten, besitzt aber Vorteile gegenüber MATHCAD in der Vielzahl seiner Numerikfunktionen und Erweiterungspakete (Toolboxen) und in den Programmiermöglichkeiten.

2 Aufbau von MATLAB

Um optimal arbeiten zu können, sind Kenntnisse über den inneren und äußeren *Aufbau* von MATLAB erforderlich, der im Folgenden unter einem WINDOWS-Betriebssystem vorgestellt wird. Er ist bei allen Mathematiksystemen ähnlich. So teilt sich MATLAB auf in

- *Kern* (siehe Abschn.2.3)
- *Erweiterungspakete*, die als *Toolboxen* bezeichnet werden (siehe Abschn.2.4)

und beim Start erscheint eine (grafische) *Benutzeroberfläche* (Desktop - siehe Abschn.2.1) auf dem Bildschirm des Computers, die für WINDOWS-Programme typisch ist.

Im Aufbau unterscheiden sich die Benutzeroberflächen der einzelnen Mathematiksysteme, so dass man für ihr Verständnis eine gewisse Zeit benötigt, um problemlos arbeiten zu können.

2.1 Benutzeroberfläche (MATLAB-Desktop)

Die *Benutzeroberfläche* erscheint nach dem Start von MATLAB und wird auch als *Arbeitsoberfläche*, *Desktop*, *Bedieneroberfläche* oder *GUI* (engl.: Graphical User Interface) bezeichnet. Im Folgenden sprechen wir vom *MATLAB-Desktop*, der der *interaktiven Arbeit* zwischen MATLAB und Anwendern dient (siehe Abschn.3.1).

Der MATLAB-Desktop passt sich in Struktur und Form dem Standard aktueller WINDOWS-Programme an, lässt sich vom Anwender im gewissen Rahmen verändern und kann z.B. eine Form wie in Abb.2.1 haben.

Da die einzelnen Mathematiksysteme von verschiedenen Softwarefirmen entwickelt werden, haben ihre *Desktops* unterschiedliche Form. Das trifft auch auf MATLAB zu, das von der Softwarefirma MATHWORKS entwickelt und vertrieben wird. Es besitzt einen einfach strukturierten Desktop, den man schnell beherrscht.

Um mit dem MATLAB-Desktop arbeiten zu können, d.h. um Menüs, Kommandos, Funktionen, Fehlermeldungen und Hilfen zu verstehen, sind Englischkenntnisse erforderlich, da *Englisch* die Sprache von MATLAB ist. Eine deutschsprachige Version liegt zurzeit nicht vor. Wichtige englischsprachige Begriffe und Bezeichnungen werden im Buch erklärt.

Mit den im Folgenden und im Abschn.2.2 gegebenen Erklärungen und Hinweisen sind auch Einsteiger in der Lage, problemlos mit dem MATLAB-Desktop zu arbeiten.

Der MATLAB-Desktop ist folgendermaßen aufgebaut (siehe auch Abb.2.1):

- Am oberen Rand befinden sich Menü- und Symbolleiste, die nur aus wenigen Menüs bzw. Symbolen bestehen:
  * Die *Menüleiste* hat die für WINDOWS-Programme bekannte Form und setzt sich aus den *Menüs* **File Edit Debug Desktop Window Help** zusammen, die jeweils *Untermenüs* enthalten und durch Mausklick aufgerufen werden. Wir sprechen von *Menüfolgen* und trennen Menüs und Untermenüs durch Pfeile, die für einen Mausklick stehen. Wichtige Menüfolgen werden im Buch besprochen.
  * Die in der *Symbolleiste*

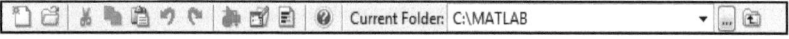

auftretenden *Symbole* werden von MATLAB erklärt, wenn der Mauszeiger auf das entsprechende Symbol gestellt wird. Einige dieser Symbole sind bereits aus anderen

WINDOWS-Programmen bekannt. Des Weiteren lässt sich hier das aktuelle Verzeichnis (Current Directory/Folder) für MATLAB einstellen (siehe Abschn.2.2.5).
* Eine *Formatleiste* besitzt MATLAB nicht. Ihre Aufgaben lassen sich mittels der Menüfolgen **File ⇒ Page Setup**... und **File ⇒ Preferences**... im erscheinenden Dialogfeld **Page Setup:Command Window** bzw. **Preferences** erledigen.
• Unter Menü- und Symbolleiste nimmt das *Arbeitsfenster* (Arbeitsblatt) den größten Teil des Desktops ein. Da die Arbeit mit MATLAB über das Arbeitsfenster geschieht, wird es ausführlicher im Abschn.2.2 besprochen.

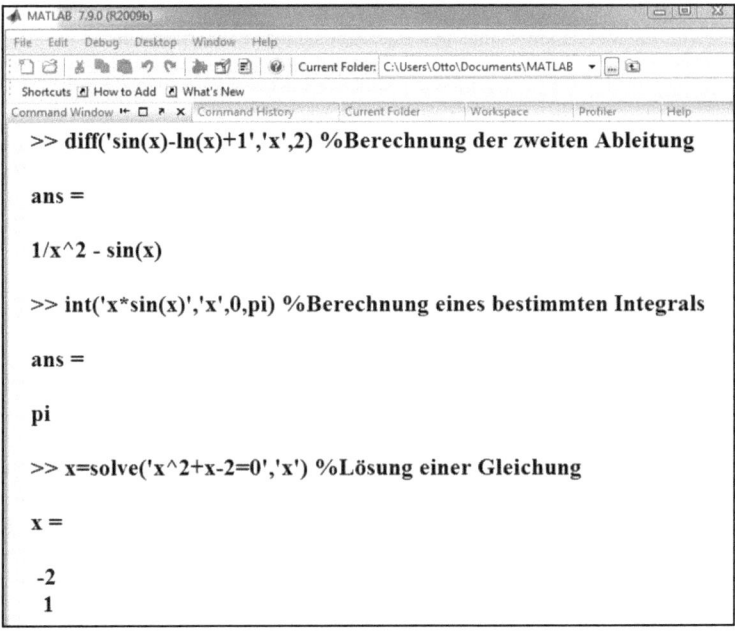

Abb.2.1: Ausschnitt aus dem MATLAB-Desktop

2.2 Arbeitsfenster

Im Arbeitsfenster des MATLAB-Desktops lassen sich die fünf Fenster *Command Window*, *Command History*, *Current Directory/Folder*, *Workspace* und *Profiler* einblenden.

Das *Command Window* spielt für die Arbeit mit MATLAB die Hauptrolle, wird im Weiteren mit der deutschen Übersetzung *Kommandofenster* bezeichnet und in den Abschn. 2.2.1-2.2.3 ausführlich vorgestellt.

Die Fenster *Command History*, *Current Directory/Folder*, *Profiler* und *Workspace* werden kurz in den Abschn.2.2.4 - 2.2.7 vorgestellt. Es wird empfohlen, diese Fenster während der Arbeit mit MATLAB öfters anzusehen, um ihre Eigenschaften kennenzulernen.

2.2 Arbeitsfenster

Aus Gründen der Übersichtlichkeit braucht man als einziges Fenster nur das *Kommandofenster* zu öffnen und die weiteren Fenster nur bei Bedarf mittels des Menüs **Desktop** bzw. Untermenüs **Desktop Layout** einzublenden.
In Abb.2.1 ist nur das Kommandofenster geöffnet, so dass die weiteren Fenster mittels der über dem Kommandofenster befindlichen Leiste

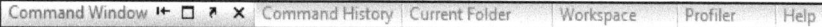

einzublenden sind. Diese Darstellungsform erhält man mit der Menüfolge
Desktop ⇒ Desktop Layout ⇒ All Tabbed
Weiterhin lässt sich in dieser Leiste durch Anklicken von **Help** das *Hilfefenster* einblenden.
Die MATLAB-Hilfe erklärt den Desktop ausführlich, wenn die Menüfolge **Help ⇒ Using the Desktop** aktiviert oder in den HelpNavigator der Begriff *Desktop* eingegeben wird.

2.2.1 Kommandofenster (Command Window)

Das *Kommandofenster* (Command Window) nimmt den größten Teil des MATLAB-Desktops ein, da hier die Hauptarbeit stattfindet.
Es erhält seinen Namen aus der Tatsache, dass hier sämtliche Berechnungen unter Verwendung von Ausdrücken mittels *Kommandos* und Funktionen einzugeben und durchzuführen sind.
Es ist Rechenblättern nachgebildet, die zur Berechnung eines Problems angelegt werden, und besteht aus *Rechnungen* und *erläuterndem Text*.
In den folgenden Abschn.2.2.2 und 2.2.3 werden wichtige *Regeln* für die Arbeit mit dem Kommandofenster besprochen.
Bei eventuellen Unklarheiten wird das Kommandofenster ausführlich in der MATLAB-Hilfe erklärt, indem der Begriff *Command Window* in den HelpNavigator eingegeben bzw. die Menüfolge **Help ⇒ Using the Command Window** aktiviert wird.

2.2.2 Ein- und Ausgaben im Kommandofenster

Im Kommandofenster erfolgen sämtliche *Eingaben* durch den Anwender und *Ausgaben* durch MATLAB.
Alle *Eingaben* von Ausdrücken, Kommandos, Funktionen, Schlüsselwörtern und Text in das Kommandofenster sind nach dem *Eingabeprompt*
>>
in der Zeile (*Kommandozeile*) zu schreiben, in der ein *Cursor* der Form
|
blinkt. Diese Zeile heißt *aktuelle* Kommandozeile (oder *Eingabezeile*).
Die Eingabe kann über *mehrere Kommandozeilen* erfolgen. Um in die nächste Kommandozeile zu wechseln, sind nach einem Leerzeichen drei Punkte ... mittels Tastatur einzugeben und anschließend die EINGABE-Taste zu drücken. Danach kann in der nächsten Zeile weiter eingegeben werden.
Im Buch werden Eingaben in das Kommandofenster von MATLAB dadurch gekennzeichnet, dass der Eingabeprompt >> davor steht.

Im *Kommandofenster* der Abb.2.1 sind zur Illustration drei *Berechnungen* durchgeführt:

Differentiation (Ableitungsberechnung): $\dfrac{d^2}{dx^2}(\sin(x)\cdot \ln(x)+1) = -\sin(x)+\dfrac{1}{x^2}$

Integralberechnung: $\displaystyle\int_0^\pi x*\sin(x)\,dx = \pi$

Lösungsberechnung $x_1 = 1$, $x_2 = -2$ für die Gleichung $x^2 + x - 2 = 0$

Diese Berechnungen lassen bereits wichtige *Regeln* für *Eingaben* in das *Kommandofenster* erkennen:

- In der aktuellen Kommandozeile können nach dem *Eingabeprompt* >> Ausdrücke (siehe Abschn.14.2), Funktionen, Kommandos (siehe Kap.9) und Text (siehe Abschn.3.4) nur zeilenweise eingegeben werden, so dass für eine Gestaltung des Kommandofensters kaum Möglichkeiten bestehen.
- *Mathematische Ausdrücke* und *Funktionen* sind nicht in bekannter mathematischer Notation, sondern wie in Programmiersprachen streng linear zu schreiben. So sind für Potenzieren das Zeichen ^ und Dividieren das Zeichen / zu verwenden.
- Die *Standardnotation* der *Mathematik* ist nicht anwendbar, da MATLAB nur mathematische Funktionen aber keine mathematischen Symbole wie z.B. Differentiationssymbole und Integralzeichen kennt. Diese müssen in MATLAB mittels *Funktionen* eingegeben werden, so z.B. **diff** für Differentiation bzw. **int** für Integration.

Ausführung von *Eingaben* und *Ausgaben* von *Ergebnissen* geschehen folgendermaßen:
Die *Ausführung* (Berechnung) einer Eingabe wird durch Drücken der EINGABE-Taste ausgelöst.
Nach beendeter Berechnung erfolgt die *Ausgabe* der *Ergebnisse* unterhalb der Eingabezeile:

- Zuerst steht die vordefinierte Ergebnisvariable **ans** in der Form **ans**=.
- Falls das Ergebnis von Berechnungen einer *Ergebnisvariablen* **v** zugewiesen wurde, steht **v**= .
- In der Zeile unter **ans** bzw. **v** zeigt MATLAB das *berechnete Ergebnis* an.
  Im Buch werden Ergebnisvariable und Ergebnis aus Platzgründen in eine Zeile geschrieben.

Möchte man *mehrere Eingaben* in eine Kommandozeile schreiben und nacheinander ausführen, so ist nach jeder Eingabe ein *Komma* zu schreiben. Um hierbei die *Ergebnisausgabe* zu *unterdrücken*, ist das Komma durch *Semikolon* zu ersetzen.

Falls MATLAB aus irgendwelchen Gründen die *Arbeit* (Berechnung) *nicht beendet*, kann diese durch Drücken der Tasten STRG+C *abgebrochen* werden.

2.2.3 Korrekturen im Kommandofenster

Korrekturen von Eingaben in das Kommandofenster sind erforderlich, wenn MATLAB nach ihrer Ausführung eine *Fehlermeldung* anzeigt, deren Ursache meistens Tippfehler bzw. eventuell begangene logische oder syntaktische Fehler sind.

MATLAB stellt eine *Korrekturmöglichkeit* für das Kommandofenster zur Verfügung, deren Besonderheit darin besteht, dass nur die *aktuelle Kommandozeile* solange korrigiert werden kann, bis ihre Ausführung durch Drücken der EINGABE-Taste ausgelöst ist.

Die *Korrektur* von Eingaben im Kommandofenster vollzieht sich in zwei Schritten:

I. Wenn die zu *korrigierende Kommandozeile* nicht die aktuelle ist, muss sie in die *aktuelle kopiert* werden. Dies geschieht durch Drücken der CURSOR-Tasten. Diese Tasten müssen so oft gedrückt werden, bis sich die zu korrigierende Kommandozeile in der aktuellen befindet.

II. Anschließend wird in der üblichen Form *korrigiert* und die erneute *Ausführung* durch Drücken der EINGABE-Taste ausgelöst.

2.2.4 Command History

Im Fenster der *Command History* werden alle Eingaben in das Kommandofenster aufgelistet und nach Datum geordnet.

Hier steht die *Geschichte* aller im Verlaufe einer Arbeitssitzung eingegebenen Kommandos und Funktionen.

Durch einen Maus-Doppelklick können diese wieder ausgeführt werden bzw. mit gedrückter linker Maustaste in das Kommandofenster kopiert werden.

2.2.5 Current Directory/Folder

Das *aktuelle Verzeichnis* für die Arbeit mit MATLAB wird im Current Directory (bis Version 2009a) bzw. Current Folder (ab Version 2009b) angezeigt.

Es lässt sich in der Symbolleiste des MATLAB-Desktops mittels

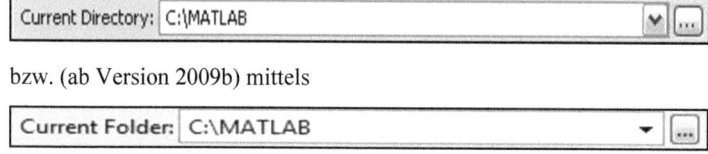

bzw. (ab Version 2009b) mittels

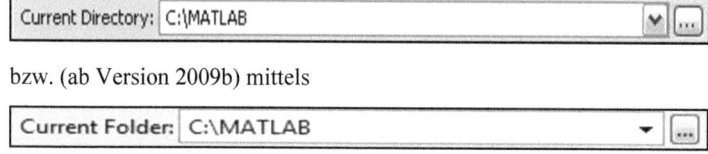

einstellen.

In der Abbildung ist C:\MATLAB das aktuelle Verzeichnis.

Im Fenster von *Current Directory/Folder* werden alle im aktuellen Verzeichnis von MATLAB enthaltenen Unterverzeichnisse und Dateien angezeigt, d.h. die *Verzeichnisstruktur*. Durch Anklicken kann man direkt in ein Unterverzeichnis wechseln.

2.2.6 Profiler

Mittels des Profilers lässt sich die Effizienz von erstellten M-Dateien (siehe Abschn.10.2 und 11.3) verbessern. Die MATLAB-Hilfe liefert hierüber ausführliche Informationen.

2.2.7 Workspace

Im *Workspace* von MATLAB werden im Kommandofenster verwendete aktuelle Variablen gespeichert.

Das *Workspace-Fenster* zeigt diese Variablen an, d.h. es gibt eine Übersicht über die Struktur aller aktuellen Variablen (siehe Abschn.8.5).

2.3 Kern

Im *Kern* sind alle *Grundoperationen* und *Grundfunktionen* von MATLAB integriert. Er wird bei jedem Start in den Hauptspeicher des Computers geladen, da er für alle Arbeiten notwendig ist. Er kann vom Anwender nicht verändert werden.

Der *Kern* enthält folgende *Hauptbestandteile:*
Programmiersprache
Sie gestattet das Schreiben von Programmen und wird im Kap.11 erläutert.

Arbeitsumgebung
Hierzu zählen alle Hilfsmittel, die Anwendern die Arbeit erleichtern, so u.a. Verwaltung der Variablen und Ex- und Import (Aus- und Eingabe) von Zahlen.

Grafiksystem
Es bietet umfangreiche grafische Möglichkeiten, von denen grafische Darstellungen mathematischer Funktionen im Kap.13 behandelt werden.

Funktionsbibliothek
Hierin sind sowohl *elementare* und *höhere mathematische Funktionen* als auch eine umfangreiche Sammlung von *Funktionen* zur *exakten* bzw. *numerischen Berechnung* mathematischer Probleme und weitere allgemeine Funktionen enthalten. Diese Funktionen werden als *vordefinierte Funktionen* bezeichnet (siehe Abschn.9.2 und Kap.12), bilden einen Hauptgegenstand des Buches und werden in den entsprechenden Kapiteln ausführlich besprochen.

Programmschnittstelle
Diese Schnittstelle gestattet das Erstellen von Programmen in C und FORTRAN, die in MATLAB eingebunden werden können.

2.4 Erweiterungspakete (Toolboxen)

Die wichtigste Erweiterungsmöglichkeit von MATLAB besteht im Einsatz von Erweiterungspaketen, die als *Toolboxen* bezeichnet werden und extra zu kaufen sind.

Toolboxen sparen Speicherplatz im Computer, da sie nur bei Bedarf geladen werden.

Toolboxen bestehen aus einer Sammlung von M-Dateien (siehe Abschn.10.2).

Mit ihrer Hilfe lassen sich *komplexe Probleme* aus Technik-, Natur- und Wirtschaftswissenschaften lösen.

Es stehen über 50 verschiedene Toolboxen zur Verfügung, über die die MATLAB-Hilfe ausführliche Informationen liefert, wenn im HelpNavigator der Begriff *Toolbox* eingegeben wird.

MATLAB zeigt die auf einem Computer installierten Toolboxen nach Eingabe des Kommandos

>> ver

im Kommandofenster an, so erscheint z.B. folgende Anzeige:

MATLAB Version 7.9.0.529 (R2009b)
MATLAB License Number: 521367
Operating System: Microsoft Windows Vista Version 6.0 (Build 6002: Service Pack 2)
Java VM Version: Java 1.6.0_12-b04 with Sun Microsystems Inc. Java HotSpot(TM) Client VM mixed mode

MATLAB	Version 7.9	(R2009b)
Optimization Toolbox	Version 4.3	(R2009b)
Partial Differential Equation Toolbox	Version 1.0.15	(R2009b)
Statistics Toolbox	Version 7.2	(R2009b)
Symbolic Math Toolbox	Version 5.3	(R2009b)

Aus dieser *Anzeige* ist *ersichtlich*, dass die Version R2009b von MATLAB mit den Toolboxen OPTIMIZATION, PARTIAL DIFFERENTIAL EQUATION, STATISTICS und SYMBOLIC MATH auf dem Computer installiert sind.

Im Buch werden Toolboxen zu speziellen Gebieten der Mathematik vorgestellt:

Die drei Toolboxen OPTIMIZATION, PARTIAL DIFFERENTIAL EQUATION und STATISTICS zur Berechnung von Problemen aus Optimierung bzw. partiellen Differentialgleichungen bzw. Wahrscheinlichkeitsrechnung und Statistik in den Kap.24 bzw. 22 bzw. 25 bzw. 26.

Die Toolbox SYMBOLIC MATH, die eine Minimalvariante des MAPLE-Symbolprozessors (bis Version R2008a) bzw. das Computeralgebrasystem von MuPAD (ab Version R2008b) enthält, wird in allen Gebieten der Ingenieurmathematik zur Durchführung exakter (symbolischer) Rechnungen benötigt (siehe Abschn.3.3.1).

Erläuterungen zu installierten Toolboxen lassen sich folgendermaßen aus der MATLAB-Hilfe erhalten:

Die von einer installierten Toolbox zur Verfügung gestellten Funktionen zeigt der *Help-Browser* nach Kategorien oder in alphabetischer Reihenfolge an, wenn im *HelpNavigator* (siehe Abschn.4.3) der Name der Toolbox angeklickt wird.

Durch Anwendung der Menüfolge **Help** ⇒ **Demos** lassen sich im erscheinenden *Help-Browser* nach Anklicken der entsprechenden Toolbox im *HelpNavigator* bei *Contents* eine Reihe von Beispielen anzeigen.

Das Gleiche wird durch Eingabe des Kommandos **demo** in das Kommandofenster erhalten.

Weiterhin lassen sich im *HelpBrowser* für installierte Toolboxen ausführliche Dokumentationen bei *Documentation Set* ansehen. Bei einem Internetanschluss können mittels des *HelpBrowser* bei *Printable (PDF) Documentation on the Web* u.a. Benutzerhandbücher installierter Toolboxen als PDF-Dateien heruntergeladen werden.

2.5 MATLAB-Editor

In MATLAB ist ein *Editor* (MATLAB-Editor) integriert.

Er ist mittels des Kommandos **>> edit** im Kommandofenster von MATLAB aufzurufen und es erscheint eine Benutzeroberfläche, die *Editorfenster* heißt. Zusätzlich kann er über die Menüfolge **File** ⇒ **New** ⇒ **M-File** aufgerufen werden.

Es handelt sich um einen *Texteditor*, der zum Schreiben von M-Dateien (Script- und Funktionsdateien - siehe Abschn.10.2 und 11.3) einsetzbar ist.

2.6 MATLAB als Programmiersprache

In MATLAB ist eine *Programmiersprache* integriert, die das Erstellen von Programmen gestattet und somit neben Toolboxen zur Erweiterung von MATLAB einsetzbar ist.

Es existieren umfangreiche Programmiermöglichkeiten, so dass MATLAB auch als Programmiersprache bezeichnet wird. Es ist eine C-ähnliche Sprache integriert, die sich zusätzlich auf Matrizen stützt und den Vorteil besitzt, dass vordefinierte Funktionen von MATLAB (siehe Abschn.9.2) einbezogen werden können.

Im Abschn.11.2 und 11.3 werden Elemente der *prozeduralen Programmierung* für MATLAB erklärt, die zum Erstellen von Programmen für numerische Algorithmen der Ingenieurmathematik ausreichen.

3 Arbeitsweise von MATLAB

Im Folgenden werden wichtige Aspekte der *Arbeitsweise* von MATLAB vorgestellt, die für einen optimalen Einsatz von MATLAB erforderlich sind. Hierzu gehören interaktive Arbeit, Matrixorientierung, Fähigkeiten bei Berechnungen, Umgang mit Text und Zusammenarbeit mit anderen Systemen.

3.1 Interaktive Arbeit mit MATLAB

Meistens wird mit MATLAB und anderen Mathematiksystemen *interaktiv* mittels des Desktops gearbeitet. Diese *interaktive Arbeit* ist folgendermaßen *charakterisiert:*

Anwender geben das zu berechnende *Problem* in der Sprache von MATLAB in das Kommandofenster des MATLAB-Desktops ein und lösen dessen *Berechnung* aus.

MATLAB versucht anschließend die Berechnung des *Problems* und *gibt* eine Antwort im Kommandofenster *aus*.

Von MATLAB berechnete Ergebnisse stehen für die weitere Arbeit zur Verfügung.

3.2 Matrixorientierung von MATLAB

MATLAB war ursprünglich ein Programmpaket zur *Matrizenrechnung* unter *einheitlicher Benutzeroberfläche*. Hieraus leitet sich die Bezeichnung MATLAB ab, die eine Abkürzung von *Matrix Laboratory* ist:

Bei Weiterentwicklungen von MATLAB wurde die *Matrixorientierung* beibehalten, d.h. alle Eingaben von Zahlen werden auf Basis von Matrizen realisiert, so z.B. eine Zahl als Matrix vom Typ (1,1).

Die *Matrixorientierung* bringt für die Arbeit mit MATLAB eine Reihe von *Vorteilen*, die im Verlauf des Buches zu sehen sind.

3.3 Berechnungen mit MATLAB

Berechnungen mit MATLAB und anderen Mathematiksystemen sind von Methoden der *Computeralgebra* und *Numerischen Mathematik* geprägt:

Die Durchführung von *Berechnungen* bildet eine *Grundeigenschaft* von Mathematiksystemen und somit auch von MATLAB, die hierfür wirkungsvolle Hilfsmittel liefern.

Bei *Berechnungen* unterscheidet die Mathematik zwischen *exakter* (symbolischer) und *numerischer* (näherungsweiser) Durchführung. Dies gilt auch für MATLAB, das Methoden der Computeralgebra und Numerischen Mathematik einsetzt, indem es Funktionen zu exakten und numerischen Berechnungen bereitstellt (siehe Abschn.3.3.1-3.3.4).

Sämtliche Berechnungen erfolgen in MATLAB durch Einsatz vordefinierter Funktionen (siehe Abschn.9.2) und Ausdrücken (siehe Abschn.14.2), wie im Buch an zahlreichen Beispielen zu sehen ist. Eine erste Illustration liefert Beisp.3.1.

3.3.1 Exakte Berechnungen

Da in Computern nur Zahlendarstellungen mit endlicher Anzahl von Ziffern möglich sind, könnte man annehmen, dass mit ihnen nur numerische Berechnungen auf Basis endlicher Dezimalzahlen (Gleitkommazahlen) durchführbar sind.

Dies ist jedoch nicht der Fall, wie die sich mit der Computerentwicklung herausgebildete mathematische Theorie zeigt, die exakte (symbolische) Berechnungen mathematischer Probleme mittels Computern zum Inhalt hat und als *Computeralgebra* oder *Formelmanipulation* bezeichnet wird:

- Es wird meistens die Bezeichnung Computeralgebra verwendet, obwohl *Formelmanipulation* den Sachverhalt besser trifft:
  Der Begriff *Computeralgebra* könnte leicht zu dem Missverständnis führen, dass nur die exakte Berechnung algebraischer Probleme möglich ist.
  Obwohl die *Computeralgebra* stark von der Algebra beeinflusst ist und hierfür zahlreiche Probleme berechnet, können mit ihren Methoden auch Probleme der mathematischen Analysis und darauf aufbauende Anwendungen berechnet werden.
  Die Bezeichnung *Algebra* steht für die verwendeten Methoden zur symbolischen Manipulation (Berechnung) mathematischer Probleme, d.h. die Algebra liefert im Wesentlichen das Werkzeug zur
  Umformung von *Ausdrücken* und *Entwicklung endlicher Algorithmen*
- Mittels *Computeralgebra* lassen sich mathematische Probleme nur berechnen, wenn ein Algorithmus bekannt ist, der exakte Ergebnisse nach endlich vielen Schritten liefert, d.h. ein *endlicher Berechnungsalgorithmus*. Typische Beispiele hierfür sind:
  Lösung linearer Gleichungen mittels Gaußschen Algorithmus.
  Ableitung (Differentiation) von Funktionen, die sich aus elementaren differenzierbaren Funktionen zusammensetzen.
- *Vor-* und *Nachteile* von *Computeralgebramethoden* lassen sich folgendermaßen charakterisieren:
  Vorteile bestehen im Folgenden:
  Formelmäßige Eingabe zu berechnender Probleme.
  Ergebnisse werden ebenfalls als Formel geliefert. Diese Vorgehensweise ist der manuellen Berechnung mit Papier und Bleistift angepasst.
  Da mit Zahlen exakt (symbolisch) gerechnet wird, treten keinerlei Fehler auf, so dass exakte Ergebnisse erhalten werden.
  Der einzige (aber wesentliche) *Nachteil* besteht darin, dass nur solche Probleme berechenbar sind, für die ein endlicher Berechnungsalgorithmus bekannt ist. Derartige Algorithmen gibt es nur für spezielle Kategorien von Problemen, wie im Buch illustriert ist. Praktische Problemstellungen fallen öfters nicht in diese Kategorien, so dass hierfür die Computeralgebra nicht anwendbar ist und auf numerische Algorithmen zurückgegriffen werden muss.
- Die Computeralgebra stellt eine Reihe *exakter Berechnungsalgorithmen* zur Verfügung, von denen wichtige in MATLAB integriert sind:
  In der Toolbox SYMBOLIC MATH (siehe Abschn.3.3.5) befindet sich bis zur Version R2008a eine Minimalvariante des Symbolprozessors von MAPLE und ab Version R2008b das System MuPAD mit exakten Berechnungsalgorithmen.
  MATLAB-Funktionen zur exakten Berechnung haben bei beiden Varianten die gleiche Bezeichnung, so dass bei verschiedenen MATLAB-Versionen keine Schwierigkeiten auftreten.
  Die Computeralgebra liefert für gewisse Probleme auch Aussagen, dass eine exakte Berechnung möglich bzw. unmöglich ist (z.B. für die Integralberechnung).

Beispiel 3.1:

Im Folgenden wird die Problematik der Computeralgebra illustriert:

a) *Reelle Zahlen* wie $\sqrt{2}$ und π werden nach Eingabe im Rahmen der *Computeralgebra* (exakte Berechnungen) nicht durch eine Dezimalzahl
$\sqrt{2} \approx 1.414214$ bzw. $\pi \approx 3.141593$

approximiert, wie dies bei numerischen Algorithmen der Fall ist, sondern werden formelmäßig (symbolisch) als $\sqrt{2}$ bzw. π erfasst, so dass z.b. bei weiteren Berechnungen wie $(\sqrt{2})^2$ der exakte Wert 2 folgt.

b) An der *Lösung* des einfachen *linearen Gleichungssystems* a·x+y=1 , x+b·y=0 das zwei frei wählbare Parameter a und b enthält, ist ein typischer Unterschied zwischen Computeralgebra und numerischen Algorithmen zu sehen. Der Vorteil der Computeralgebra liegt darin, dass die Lösung in Abhängigkeit von a und b gefunden wird, während numerische Algorithmen für a und b Zahlenwerte benötigen.
MATLAB liefert bei exakter (symbolischer) Berechnung die *formelmäßige Lösung*

$$x = \frac{b}{-1 + a \cdot b} \quad , \quad y = \frac{-1}{-1 + a \cdot b}$$

in Abhängigkeit von den Parametern a und b. Der Anwender muss lediglich erkennen, dass für a und b die Ungleichung a·b≠1 zu fordern ist, da sonst keine Lösung existiert.

c) Ein weiteres typisches Beispiel für die Anwendung der Computeralgebra liefert die *Differentiation* von Funktionen (siehe Abschn.18.2):
Durch Kenntnis der Ableitungen elementarer mathematischer Funktionen und bekannter *Differentiationsregeln:* Summenregel, Produktregel, Quotientenregel, Kettenregel kann die Differentiation jeder noch so komplizierten (differenzierbaren) Funktion durchgeführt werden, die sich aus elementaren Funktionen zusammensetzt.
Dies lässt sich als *algebraische Behandlung* der *Differentiation* interpretieren.

d) Es ist nicht möglich, jedes bestimmte *Integral* mittels der aus dem Hauptsatz der Differential- und Integralrechnung bekannten Formel

$$\int_a^b f(x)\,dx = F(b) - F(a)$$

exakt zu berechnen, weil kein allgemeiner endlicher Algorithmus zur Bestimmung einer Stammfunktion F(x) (d.h. F'(x)=f(x)) des Integranden f(x) existiert:
Dies gilt z.B. schon für das einfache Integral

$$\int_1^2 x^x \, dx \quad , \qquad \qquad \text{das nicht exakt berechenbar ist.}$$

Es lassen sich nur diejenigen Integrale exakt berechnen, bei denen eine Stammfunktion F(x) von f(x) nach endlich vielen Schritten in analytischer Form exakt berechenbar ist, z.B. durch bekannte *Integrationsmethoden* wie partielle Integration, Substitution, Partialbruchzerlegung (siehe Kap.19).
Die Computeralgebra stellt u.a. Methoden zur Verfügung, um für eine gegebene Funktion (Integrand) f(x) zu entscheiden, ob eine Stammfunktion F(x) exakt berechenbar ist oder nicht.

3.3.2 Numerische Berechnungen

Im Gegensatz zur Computeralgebra steht die *Numerische Mathematik,* deren Algorithmen mit gerundeten Dezimalzahlen (Gleitkommazahlen) rechnen und i.Allg. nur Näherungswerte liefern, so dass von *numerischen Algorithmen, numerischen Berechnungsmethoden* oder *Näherungsmethoden* gesprochen wird.
Die Notwendigkeit, *Algorithmen* zur *numerischen Berechnung* (numerische Algorithmen) in alle Mathematiksysteme aufzunehmen, liegt darin begründet, dass sich für viele prakti-

sche Problemstellungen keine exakten Berechnungsmethoden finden lassen, wie im Verlaufe des Buches zu sehen ist.

Numerische Berechnungsalgorithmen sind folgendermaßen *charakterisiert:*
- Der *Vorteil* liegt in ihrer *Universalität*, d.h. sie lassen sich zur Berechnung der meisten mathematischen Probleme entwickeln.
- *Nachteile* bestehen im Folgenden:
  * Numerische Algorithmen liefern in einer endlichen Anzahl von Schritten i.Allg. nur eine *Näherungslösung*.
  * Für hochdimensionale und komplizierte Probleme können numerische Algorithmen einen großen Rechenaufwand erfordern, dem selbst die heutige Computertechnik nicht gewachsen ist.
  * Die größte Schwierigkeit bei numerischen Berechnungsalgorithmen besteht darin, auftretende Fehler abzuschätzen bzw. zu beurteilen. Diese Problematik bildet einen Forschungsschwerpunkt der Numerischen Mathematik, die folgende *Fehler* zu untersuchen hat:
    Rundungsfehler resultieren aus der Rechengenauigkeit des Computers, da er nur endliche Dezimalzahlen verarbeiten kann. Sie können im ungünstigen (instabilen) Fall bewirken, dass berechnete Ergebnisse falsch sind.
    Abbruchfehler treten auf, da die Algorithmen nach einer endlichen Anzahl von Schritten abgebrochen werden müssen, obwohl in den meisten Fällen die Lösung noch nicht erreicht ist.
    Konvergenzfehler liefern falsche Ergebnisse. Sie treten auf, wenn numerische Algorithmen (z.B. Iterationsalgorithmen) nicht gegen eine Lösung des Problems streben, d.h. die Konvergenz nicht gesichert ist.

In MATLAB sind zahlreiche numerische Algorithmen zur Berechnung von Grundproblemen der Ingenieurmathematik integriert. Weiterhin existieren Erweiterungspakete zur numerischen Berechnung weiterführender mathematischer Probleme wie z.B. partielle Differentialgleichungen, Optimierung und Statistik.
Aufgrund der genannten Fakten sollten Ergebnissen numerischer Berechnungen von MATLAB nicht blindlings vertraut werden. Falls möglich (wie z.B. bei Gleichungen), empfiehlt sich eine Überprüfung der gelieferten Ergebnisse.

3.3.3 Fähigkeiten bei exakten und numerischen Berechnungen

Die *Fähigkeiten* von MATLAB bei *exakter* und *numerischer Berechnung* mathematischer Probleme lassen sich folgendermaßen *charakterisieren:*
- MATLAB liefert wirkungsvolle Werkzeuge. Man darf aber keine Wunder erwarten, da MATLAB nur so gut sein kann, wie der gegenwärtige Stand entsprechender mathematischer Berechnungsmethoden und -algorithmen.
- MATLAB befreit Anwender nicht von folgenden zwei Aufgaben:
  I. Für praktische Probleme sind effektive *mathematische Modelle* zu finden. Dies ist Aufgabe von Spezialisten der entsprechenden Fachgebiete.
  II. Die aufgestellten mathematischen Modelle sind in die Sprache von MATLAB zu überführen, so dass MATLAB-Funktionen zur Berechnung einsetzbar sind.
- In MATLAB sind zahlreiche *numerische Berechnungsalgorithmen* zur Berechnung grundlegender Probleme der Ingenieurmathematik integriert:

- * Zusätzlich existieren *Toolboxen* (Erweiterungspakete) zur numerischen Berechnung weiterführender Probleme wie z.b. partielle Differentialgleichungen, Optimierung und Statistik.
- * In seinen numerischen Fähigkeiten ist MATLAB stark entwickelt und anderen Mathematiksystemen häufig überlegen.
- Da MATLAB als Numeriksystem konzipiert ist, kann es *exakte* (symbolische) *Berechnungen* nur durchführen, wenn die Toolbox SYMBOLIC MATH (siehe Abschn.3.3.5) auf dem Computer installiert ist:
  - * Damit MATLAB erkennt, dass die Toolbox SYMBOLIC MATH einzusetzen ist, müssen alle in exakten Berechnungen auftretende Größen (Konstanten und Variablen) als symbolisch gekennzeichnet sein und vordefinierte Funktionen aus der Toolbox verwendet werden (siehe Abschn.3.3.4 und 8.4).
  - * Um eine Reihe exakter Berechnungen einfach durchführen zu können, stellt die Toolbox das Kommando >> **funtool** zur Verfügung, das eine *Benutzeroberfläche* für *symbolische Berechnungen* wie z.B. Differentiation und Integration aufruft. Diese Benutzeroberfläche wird in den entsprechenden Kapiteln vorgestellt (z.B. im Abschn.18.2.1 und 19.2.1).

3.3.4 Vorgehensweise bei Berechnungen

Aufgrund der diskutierten Fähigkeiten von MATLAB wird im Buch bei *Berechnungen mathematischer Probleme* folgendermaßen vorgegangen:

Zuerst werden MATLAB-Funktionen zur *exakten* (*symbolischen*) *Berechnung* aus der Toolbox SYMBOLIC MATH erklärt.

Anschließend wird die *numerische* (näherungsweise) *Berechnung* mit *MATLAB-Numerikfunktionen* behandelt.

Numerikfunktionen sollten jedoch erst eingesetzt werden, wenn MATLAB eine Meldung ausgibt, dass eine exakte Berechnung nicht gelingt.

Diese *Vorgehensweise* wird empfohlen, da bei praktischen Berechnungen exakte Ergebnisse den Näherungen vorzuziehen sind.

☞

In MATLAB ist zwischen Berechnung von Ausdrücken und Berechnung mittels vordefinierter Funktionen zu unterscheiden, wie im folgenden Beisp.3.2. illustriert ist:

Bei *Berechnung* von *Ausdrücken* gibt MATLAB das Ergebnis numerisch (näherungsweise) aus, wenn nicht eine exakte (symbolische) Ausgabe mittels der MATLAB-Funktion **sym** veranlasst wird.

Bei *Berechnungen* mittels *vordefinierter Funktionen* stellt MATLAB zur exakten bzw. numerischen Berechnung unterschiedliche Funktionen zur Verfügung, wobei für exakte Berechnungen die Variablen mittels Hochstrichen oder Kommando **syms** als symbolisch zu kennzeichnen sind.

Beispiel 3.2:

a) Illustration des *Unterschieds* zwischen *exakter* und *numerischer Berechnung* von Ausdrücken durch Berechnung des folgenden Ausdrucks:

$$\sin\left(\frac{\pi}{3}\right)+\sqrt{2}+\frac{1}{3}\cdot\frac{1}{7}$$

Exakte Berechnung mittels
>> **simplify(sym('sin(pi/3)+sqrt(2)+1/3*1/7'))**
ans = 2^(1/2)+3^(1/2)/2+1/21

Für sin(π/3) wird der exakte Wert $\sqrt{3}/2$ berechnet, während $\sqrt{2}$ als 2^(1/2) stehen bleibt, da es eine irrationale Zahl ist.
Numerische Berechnung mittels
\>\> **format short ; sin(pi/3)+sqrt(2)+1/3*1/7**
ans = 2.3279

b) Wie ist folgende Anwendung von **sym** zu erklären:
\>\> **sym**(1/123456) - **sym**('1/123456')
ans = -5/28467015454548580053 8112
Man würde erwarten, dass als Ergebnis 0 herauskommt.
Dies ist jedoch nicht der Fall, da MATLAB bei Anwendung von **sym**(1/123456) ohne Hochstriche den Bruch numerisch berechnet (und damit rundet) und nur das Ergebnis symbolisch darstellt, während **sym**('1/123456') den Bruch exakt durch 1/123456 darstellt.

c) Illustration des *Unterschieds* zwischen *exakter* und *numerischer Berechnung* mittels MATLAB-Funktionen anhand der Berechnung des Integrals

$$\int_0^\pi x \cdot \sin(x)\,dx = \pi$$

Exakte Berechnung mittels **int**:
Anwendung von Hochstrichen zur Kennzeichnung symbolischer Variablen:
\>\> **int('x*sin(x)','x',0,pi)**
ans = **pi**
Anwendung von **syms** zur Kennzeichnung symbolischer Variablen:
\>\> **syms x ; int(x*sin(x),x,0,pi)**
ans = **pi**
Numerische Berechnung mittels **quad**, wofür die elementweise Multiplikation (siehe Abschn.7.5) **.*** zu verwenden ist:
\>\> **quad('x.*sin(x)',0,pi)**
ans = 3.1416
Das Beispiel zeigt bereits, dass MATLAB die Funktionen zur exakten bzw. numerischen Berechnung unterschiedlich bezeichnet.

3.3.5 Toolbox SYMBOLIC MATH

In der Toolbox SYMBOLIC MATH stellt MATLAB umfangreiche Möglichkeiten für exakte Berechnungen von Problemen verschiedener Gebiete zur Verfügung (z.B. Matrizenrechnung, Lösung linearer Gleichungs- und Differentialgleichungssysteme, Differentiation, Integration, Transformationen), die in den betreffenden Kapiteln des Buches ausführlich vorgestellt werden.
In dieser Toolbox ist eine Minimalvariante des MAPLE-Symbolprozessors (bis Version R2008a) bzw. das Computeralgebrasystem von MuPAD (ab Version R2008b) integriert.
Ausführliche Informationen zu dieser Toolbox liefert die MATLAB-Hilfe, indem *Symbolic Math Toolbox* im HelpNavigator angeklickt wird:
Sämtliche vordefinierten Funktionen lassen sich nach Kategorien geordnet anzeigen.
Das Benutzerhandbuch in englischer Sprache kann angesehen und als PDF-Datei ausgedruckt werden.
Zahlreiche Beispiele (Examples) und Demos (Illustrationen und Videos) lassen sich ansehen.

3.4 Text in MATLAB

Für eine effektive Arbeit mit MATLAB werden Kenntnisse zur Ein- und Ausgabe von Text (siehe Abschn.3.4.2 und 3.4.3) benötigt:

Texteingaben (mittels Tastatur)
tragen dazu bei, um im Kommandofenster oder in M-Dateien durchgeführte Rechenschritte mittels Erklärungen anschaulich und verständlich darzustellen.

Textausgaben (im Kommandofenster)
werden benötigt, um von MATLAB berechnete Ergebnisse zu erklären und anschaulich darzustellen. Zur Textausgabe gibt es in MATLAB vordefinierte Funktionen, die *Zeichenketten* als Argumente benötigen.

3.4.1 Zeichenketten

Zeichenketten sind in MATLAB folgendermaßen *charakterisiert:*
- Sie bilden eine in Hochstriche eingeschlossene Folge (Kette) von Zeichen.
- Es sind alle *ASCII-Zeichen* zulässig, d.h. Zeichenketten haben folgende Form
  'Folge von ASCII-Zeichen'
- Zeichenketten können einer Variablen zugewiesen werden (siehe Beisp.8.5), so z.B.
  z = 'Folge von ASCII-Zeichen'
  Derartige Variablen (z.B. z) werden als *Zeichenkettenvariablen* bezeichnet, denen eine Zeichenkette mit n Zeichen als Feld mit einer Zeile und n Spalten zugewiesen wird.
- Zur Arbeit mit Zeichenketten sind in MATLAB *Zeichenkettenfunktionen* vordefiniert, von denen im Folgenden **disp**, **sprintf** und **num2str** eingesetzt werden.
- Ausführliche Informationen über alle Zeichenkettenfunktionen liefert die MATLAB-Hilfe, wenn im HelpNavigator *String Functions* eingegeben wird.

3.4.2 Texteingabe

Um in Kommandozeilen eingegebenen *Text* von Ausdrücken und Funktionen/Kommandos zu unterscheiden, muss ihm ein *Prozentzeichen* % vorangestellt werden. Daran erkennt MATLAB, dass es sich um Text handelt und nach % nichts zu berechnen ist:

MATLAB fügt bei Texteingabe *keinen automatischen Zeilenwechsel* ein, sondern schreibt in der aktuellen Kommandozeile weiter. Möchte man aus Gründen der Übersichtlichkeit in der nächsten Zeile weiterschreiben, so ist die EINGABE-Taste zu drücken und in der neuen aktuellen Kommandozeile wieder als Erstes ein Prozentzeichen % vor dem Text einzugeben.

In einer Kommandozeile lassen sich gleichzeitig durchzuführende Berechnungen und Text eingeben, wenn zuerst die Berechnungen stehen und anschließend der Text, dem ein Prozentzeichen % voranzustellen ist.

Wird zuerst Text eingegeben, so interpretiert MATLAB die gesamte Kommandozeile aufgrund des vorangestellten Prozentzeichens % als *Textzeile* und danach eingegebene Berechnungen werden nicht durchgeführt.

Beispiel 3.3:
Im Folgenden wird die *Eingabe* von *erläuterndem Text* in das Kommandofenster von MATLAB am Beispiel der Volumenberechnung für einen geraden Kreiszylinder mit Radius r=0.5 und Höhe h=2 illustriert:

a) *Texteingabe vor Berechnungen:*

Hier wird die Berechnung des Volumens eines Kreiszylinders mit Radius 0.5 und Höhe 2 vor Ausführung der Berechnung in zwei Kommandozeilen erläutert:
>> *% Berechnung des Volumens V eines Kreiszylinders*
>> *% mit Radius r=0.5 und Hoehe h=2 mittels der Formel* V=**pi**∗r^2∗h
>> r=0.5 ; h=2 ; V=**pi**∗r^2∗h
V = 1.5708

b) *Texteingabe nach Berechnungen* in die *gleiche Kommandozeile:*
Hier wird die Berechnung aus Beisp.a zuerst durchgeführt und danach erläutert:
>> r=0.5 ; h=2 ; V=**pi**∗r^2∗h ; *% Berechnung des Volumens V eines Kreiszylinders*
>> *% mit Radius r=0.5 und Hoehe h=2 mittels der Formel* V=**pi**∗r^2∗h
V = 1.5708

c) *Texteingabe vor Berechnungen* in die *gleiche Kommandozeile:*
Die Texteingabe in einer Kommandozeile vor Berechnungen bewirkt, dass MATLAB die gesamte Zeile als Text interpretiert und keine Berechnungen durchführt, obwohl nach dem Text ein Semikolon steht.
Deshalb bezeichnet MATLAB die folgende Variable V als undefiniert:
>> *%Volumenberechnung für einen Kreiszylinder*; r=0.5 ; h=2 ;V=**pi**∗r^2∗h
>> V
??? Undefined function or variable 'V'

3.4.3 Textausgabe

MATLAB stellt zur *Textausgabe* in das Kommandofenster spezielle *Zeichenkettenfunktionen* bereit:
Sie benötigen als Argumente den auszugebenden Text in Form von Zeichenketten.
Für mathematische Berechnungen reichen die Zeichenkettenfunktionen **sprintf**, **disp** und **num2str** aus, um Ergebnisausgaben durch Erklärungen (erläuternden Text) anschaulich zu gestalten (siehe Beisp.3.4).

Beispiel 3.4:
Illustration der *Ausgabe* von *erläuterndem Text* im Kommandofenster von MATLAB mittels der *Zeichenkettenfunktionen* **sprintf**, **disp** und **num2str** für die Aufgabe der Volumenberechnung eines Kreiszylinders aus Beisp.3.3:

a) Bei Anwendung der Zeichenkettenfunktion **sprintf** können z.B. folgende zwei Formen in das Kommandofenster eingegeben werden, um die Ergebnisausgabe mittels **ans** zu erläutern:

I. >> r=0.5 ; h=2 ; V=**pi**∗r^2∗h ;
    >> **sprintf**('*Ein Kreiszylinder mit* \n *Radius* %g *und Hoehe* %g \n *hat das Volumen* %g',r,h,V)
    ans =
    Ein Kreiszylinder mit
    Radius 0.5 und Hoehe 2
    hat das Volumen 1.5708

II. >> r=0.5 ; h=2 ; V=**pi**∗r^2∗h ;
    >> **sprintf**('*Ein Kreiszylinder mit Radius* %g *und Hoehe* %g *hat das Volumen* %g', r,h,V)
    ans = *Ein Kreiszylinder mit Radius 0.5 und Hoehe 2 hat das Volumen 1.5708*

b) Bei Anwendung der Zeichenkettenfunktionen **disp** und **num2str** können z.B. folgende zwei Formen in das Kommandofenster eingegeben werden, um die Ergebnisausgabe zu erläutern:

I. >> r=0.5 ; h=2 ; V=pi*r^2*h ;
>> disp(['*Ein Kreiszylinder mit Radius*',**num2str**(r),'*und Hoehe*',**num2str**(h)]) , disp(['*hat das Volumen*',**num2str**(V)])
Ein Kreiszylinder mit Radius 0.5 und Hoehe 2
hat das Volumen 1.5708

II. >> r=0.5 ; h=2 ; V=pi*r^2*h ;
>> **disp**('*Ein Kreiszylinder mit Radius*') , **disp**(r) , **disp**('*und Hoehe*') , **disp**(h) , **disp**('*hat das Volumen*') , **disp**(V)
Ein Kreiszylinder mit Radius
0.5000
und Hoehe
2
hat das Volumen
1.5708

☞

Die Anwendungsweise der Zeichenkettenfunktionen **sprintf**, **disp** und **num2str** zur Textausgabe ist aus Beisp.3.4 unmittelbar ersichtlich:

sprintf :

Auszugebender *Text* ist im Argument von **sprintf** als *Zeichenkette* zu schreiben, wobei das Zeichen \n einen *Zeilenvorschub* erzeugt.

Innerhalb des Textes werden an den entsprechenden Stellen die Formate der auszugebenden Zahlenergebnisse analog wie in der Programmiersprache C eingefügt, d.h. nach dem Prozentzeichen % ist das *Zahlenformat* anzugeben (siehe Abschn.5.2.2). Hier stehen

f   für *Festkommadarstellung*,
e   für *Exponentialdarstellung*,
g   für *automatische Auswahl* zwischen f und e.

Abschließend sind die Variablen der auszugebenden Zahlen durch Komma getrennt einzutragen.

disp :

Auszugebender *Text* ist im Argument von **disp** als *Zeichenkette* zu schreiben.

Wenn im Argument von **disp** sowohl Text als auch Zahlen gleichzeitig ausgegeben werden sollen, so sind diese als Feld mit eckigen Klammern zu schreiben und für auszugebende Zahlen ist die Zeichenkettenfunktion **num2str** einzusetzen, die Zahlen in Zeichenketten umwandelt.

3.5 Zusammenarbeit von MATLAB mit anderen Systemen

MATLAB gestattet die Zusammenarbeit mit dem Mathematiksystem MAPLE bzw. MuPAD und dem Tabellenkalkulationssystem EXCEL, die wir im Folgenden kurz vorstellen.

Im Buch kann nicht ausführlich auf diese Zusammenarbeit eingegangen werden. Es werden nur ein Überblick und einige Beispiele gegeben, die als erste Vorlagen für umfangreichere Nutzung der Systeme MAPLE, MuPAD und EXCEL dienen können.

Weiterhin wird auf umfangreiche Erläuterungen der MATLAB-Hilfe verwiesen, wenn im HelpNavigator die Begriffe MAPLE, MuPAD bzw. EXCEL eingegeben werden.

3.5.1 Zusammenarbeit mit MAPLE

Bis zur Version R2008a hat MATLAB neben der Toolbox SYMBOLIC MATH, in die eine Minimalvariante des Symbolprozessors von MAPLE integriert ist, eine weitere Möglichkeit geschaffen, um mit MAPLE zusammenzuarbeiten:
Es lassen sich *MAPLE-Kommandos* und *-Funktionen* in MATLAB mittels
\>> **maple**('MAPLE-Kommando') bzw. \>> **maple**('MAPLE-Funktion',arg1,arg2,...)
für exakte und numerische Berechnungen anwenden, wie im Beisp.3.5 illustriert ist.
Ab Version R2008b ist die Zusammenarbeit mit MAPLE nur noch möglich, wenn auf dem Computer eine Version von MAPLE installiert ist. Ansonsten gibt MATLAB folgende Fehlermeldung aus: *Maple engine is not installed.*
Nähere Hinweise zur Vorgehensweise werden aus der MATLAB-Hilfe erhalten, wenn *Using Maple and MuPAD Engines* in den HelpNavigator eingegeben wird.

Beispiel 3.5:
Illustration der Zusammenarbeit mit MAPLE:
a) Numerische Berechnung des Wertes von π im Kommandofenster von MATLAB mittels des MAPLE-Kommandos **evalf** mit einer Genauigkeit von 50 Stellen:
\>> **maple**('**evalf**(Pi,50)')
ans = 3.1415926535897932384626433832795028841971693993751
Das gleiche Ergebnis wird mit der MATLAB-Funktion **vpa** zur näherungsweisen Berechnung reeller Zahlen mit vorgegebener Genauigkeit erzielt:
\>> **vpa**(pi,50)
ans = 3.1415926535897932384626433832795028841971693993751

b) Durchführung folgender bereits aus Abschn.2.2 (Abb.2.1) bekannter Berechnungen mittels MAPLE-Kommandos im Kommandofenster von MATLAB:

Die exakte Berechnung der *zweiten Ableitung* $\frac{d^2}{dx^2}(\sin(x) \cdot \ln(x)+1) = -\sin(x) + \frac{1}{x^2}$

mittels des MAPLE-Kommandos **diff** gestaltet sich im Kommandofenster von MATLAB folgendermaßen:
\>> **maple**('**diff**(sin(x)·ln(x)+1,x$2)')
ans = -sin(x)+1/x^2

Die Berechnung des *Integrals* $\int_0^\pi x \cdot \sin(x)\,dx = \pi$ mittels des MAPLE-Kommandos **int**

gestaltet sich im Kommandofenster von MATLAB folgendermaßen:
Exakte Berechnung:
\>> **maple**('**int**(x*sin(x),x=0..Pi)')
ans = pi
Numerische Berechnung:
\>> **maple**('**evalf**(int(x*sin(x),x=0..Pi))')
ans = 3.1415926535897932384626433832795

Die *exakte Berechnung* der Lösungen der quadratischen Gleichung
$x^2 + x - 2 = 0$ (mit Lösungen $x_1 = 1$, $x_2 = -2$)
mittels des MAPLE-Kommandos **solve** gestaltet sich im Kommandofenster von MATLAB folgendermaßen:
\>> **maple**('**solve**(x^2+x-2=0,x)')
ans = 1, -2

3.5.2 Zusammenarbeit mit MuPAD

Ab Version R2008a hat MATLAB in die Toolbox SYMBOLIC MATH das Mathematiksystem MuPAD integriert.
Es lassen sich *MuPAD-Kommandos* und *-Funktionen* im Kommandofenster von MATLAB mittels
>> **evalin**(symengine,'MuPAD-Kommando')   bzw.
>> **feval**(symengine,'MuPAD-Funktion',arg1,arg2,...)
für exakte und numerische Berechnungen anwenden, wie im Beisp.3.6a illustriert ist.

Man kann auch direkt mit dem MuPAD-Notebook (MuPAD-Desktop) arbeiten, das durch Eingabe von
>> nb=**mupad**   oder   >> **mupad**
in das Kommandofenster von MATLAB erhalten wird. Abb.3.1 liefert hierfür eine Illustration mit den Berechnungen aus Beisp.3.5b.

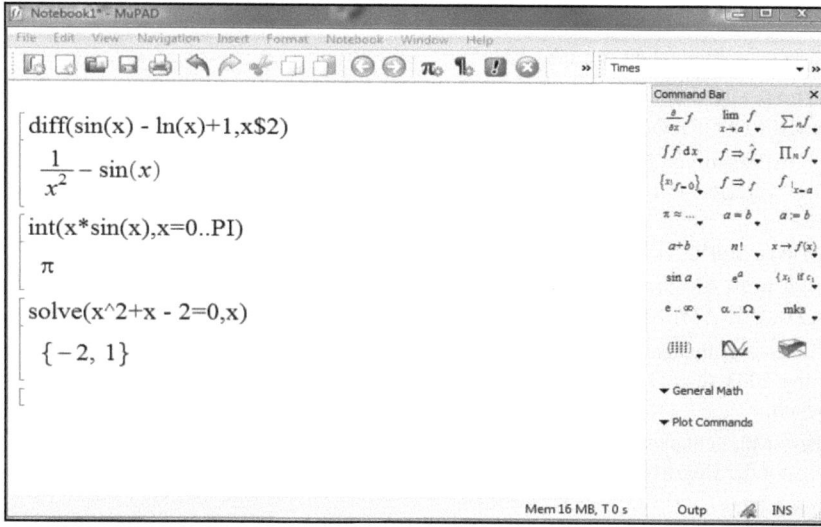

Abb.3.1: MuPAD-Notebook mit den Berechnungen aus Beisp.3.6b

Da Eingaben von MuPAD-Kommandos und -Funktionen in *MuPAD-Syntax* erfolgen müssen, sind Kenntnisse über diese Syntax erforderlich:
Am einfachsten kann die Hilfe von MATLAB hierüber Auskunft geben, indem *Symbolic Math Toolbox* im HelpNavigator markiert und anschließend im HelpBrowser <u>MuPAD Help</u> angeklickt wird. Im erscheinenden Fenster gibt es umfangreiche Informationen zu allen MuPAD-Problemen.
Zusätzlich kann die Literatur [52,53] zu MuPAD konsultiert werden.

Beispiel 3.6:
Illustration der Zusammenarbeit mit MuPAD:
a) Durchführung von Berechnungen aus Beisp.3.5b im Kommandofenster von MATLAB mittels MuPAD-Kommandos:
   Die *exakte Berechnung* der *zweiten Ableitung* mittels des MuPAD-Kommandos **diff** gestaltet sich folgendermaßen:
   >> **evalin**(symengine,'**diff**(sin(x) - ln(x)+1,x$2)')
   ans = 1/x^2 - sin(x)

Die *Integralberechnung* mittels MuPAD-Kommandos gestaltet sich folgendermaßen:
Exakte Berechnung mittels **int**:
\>\> **evalin**(symengine,'**int**(x*sin(x),x=0..PI)')
ans = pi
Numerische Berechnung mittels **numeric::int**:
\>\> **evalin**(symengine,'**numeric::int**(x*sin(x),x=0..pi)')
ans = 3.1415926535897932384626433832795
Die *exakte Berechnung* der Lösungen der quadratischen Gleichung mittels des MuPAD-Kommandos **solve** gestaltet sich folgendermaßen:
\>\> **evalin**(symengine,'**solve**(x^2+x - 2=0,x)')
ans = [1,-2]

b) Durchführung der Berechnungen aus Beisp.3.5b direkt im *MuPAD-Notebook*. Die Ergebnisse sind aus Abb.3.1 ersichtlich. Dieses Notebook erhält man aus MATLAB heraus, indem man z.B. \>\> **nb=mupad** in das Kommandofenster eingibt.

3.5.3 Zusammenarbeit mit EXCEL

MATLAB bietet Möglichkeiten, um mit dem Tabellenkalkulationsprogramm EXCEL aus dem MICROSOFT-OFFICE-Programmpaket zusammenzuarbeiten.

MATLAB kann von EXCEL gespeicherte Tabellen lesen und verarbeiten, die sich im aktuellen Verzeichnis (Current Directory/Folder) von MATLAB befinden. Dies geschieht mittels

\>\> **M=xlsread**('DATEINAME.xlsx') bzw. \>\> **M=xlsread**('DATEINAME.xls') :

Hiermit weist MATLAB der Matrix **M** den Inhalt der EXCEL-Datei DATEINAME.xlsx bzw. DATEINAME.xls zu, wie im folgenden Beisp.3.7 illustriert ist.

Die unterschiedlichen Dateiendungen resultieren aus dem Sachverhalt, dass EXCEL bis zur Version 2003 seine Tabellen mit Endung xls und ab der Version 2007 mit Endung xlsx speichert.

Weitere Möglichkeiten der Zusammenarbeit liefert die MATLAB-Hilfe, indem im Help-Navigator der Begriff EXCEL eingegeben wird.

Beispiel 3.7:
In einer EXCEL-Tabelle befinden sich folgende Zahlen:

	A	B	C
1	1,2	5,67	23,567
2	4,09	31,23	123,321
3	765,23	253,37	21,56
4			

Diese Tabelle wird als Datei TEST.xlsx in das aktuelle Verzeichnis (Current Directory/Folder) von MATLAB gespeichert und anschließend von MATLAB mittels
\>\> **M = xlsread**('TEST.xlsx')
in das Kommandofenster eingelesen. MATLAB weist die Gleitkommazahlen der EXCEL-Tabelle der Matrix **M** als Gleitpunktzahlen zu:
M =
1.2000   5.6700   23.5670
4.0900   31.2300   123.3210
765.2300   253.3700   21.5600
Diese Matrix **M** steht für weitere Rechnungen von MATLAB zur Verfügung.

4 Hilfen für MATLAB

4.1 Überblick

Das *Hilfesystem* von MATLAB ist sehr umfangreich, so dass für die meisten auftretenden Fragen und Probleme ausführliche Antworten bzw. Hinweise erhalten werden.
In den folgenden Abschn.4.2-4.5 werden grundlegende Eigenschaften des *Hilfesystems* von MATLAB vorgestellt, das für jede neue Version erweitert und verbessert wird und sich unterteilt in
Hilfekommandos (siehe Abschn.4.2)
Hilfefenster (siehe Abschn.4.3)
Einen großen Teil der Hilfen kann über das Menü **Help** gestartet werden, das u.a. folgende *Untermenüs* enthält:
Product Help öffnet das Hilfefenster (siehe Abschn.4.3).
Using the Desktop gibt Erläuterungen zum MATLAB-Desktop (siehe Abschn.2.1).
Using the Command Window gibt Erläuterungen zum Kommandofenster (siehe Abschn. 2.2).
Web Resources gibt Möglichkeiten an, um über das Internet Hilfen zu erhalten (siehe Abschn.4.6).
Demos öffnet das Hilfefenster zu Illustrationen (Beispiele, Erläuterungen, Videos - siehe Abschn.4.4).
Da die Hilfemöglichkeiten von MATLAB sehr komplex sind, sollten Hilfen häufig herangezogen werden, um ihre volle Breite kennenzulernen.
Da für MATLAB nur englischsprachige Versionen existieren, sind zum Verständnis der gelieferten Hilfen gewisse Englischkenntnisse erforderlich.

4.2 Hilfekommandos

MATLAB stellt eine Reihe von *Hilfekommandos* zur Verfügung, die direkt in das Kommandofenster eingegeben werden, ohne vorher das Hilfefenster öffnen zu müssen.
Ein wichtiges Hilfekommando ist **help**.
Es eignet sich dazu, schnell eine Hilfe (Erläuterung) für MATLAB-Funktionen oder -Kommandos zu erhalten, indem hinter **help** der betreffende Funktions- bzw. Kommandonamen eingegeben wird.
Die *ersten Textzeilen* im Kopf einer *M-Datei* (z.B. Funktionsdatei) lassen sich mittels **help** im Kommandofenster anzeigen (siehe Abschn.11.3).
Durch Eingabe von
>> help *helptools*
werden alle von MATLAB zur Verfügung gestellten Hilfekommandos im Kommandofenster angezeigt und kurz erklärt.

4.3 HelpBrowser (Hilfefenster) und HelpNavigator (Hilfenavigator)

Der *HelpBrowser* von MATLAB wird im Weiteren als *Hilfefenster* bezeichnet.
Das Hilfefenster bietet eine bequeme Art zur Hilfesuche und liefert umfangreiche Möglichkeiten, um Antworten, Erklärungen und Hinweise zu erhalten.
Das *Hilfefenster* lässt sich auf eine der folgenden Arten *öffnen:*
Anklicken des folgenden Symbols in der Symbolleiste

Aktivierung der Menüfolge **Help ⇒ Product Help**.
Eingabe des Hilfekommandos **>> helpbrowser** in das Kommandofenster.
Im geöffneten Hilfefenster befindet sich auf der linken Seite der *HelpNavigator* (*Hilfenavigator*) mit folgenden Einträgen:
Contents (Inhaltsverzeichnis): Hier stehen Informationen
zur installierten Version von MATLAB (*Release Notes*)
zur *Installation* von MATLAB
zu verschiedenen *Gebieten* von MATLAB
zu installierten *Toolboxen*

Search Results (Suchen):
Hier kann ein Begriff eingegeben werden, für den Informationen gesucht sind.

4.4 Demos (Beispiele, Erläuterungen und Videos)

MATLAB stellt sogenannte *Demos* zur Verfügung, die sich durch
Anwendung der Menüfolge **Help ⇒ Demos**
o d e r
Eingabe von **>> demos** in das Kommandofenster
aufrufen lassen:
Es erscheint ein *Hilfefenster* mit dem Titel *MATLAB Demos,* in dem durch Auswahl mittels des *HelpNavigators* Beispiele, Erläuterungen und Videos zu MATLAB und installierten Toolboxen erhalten werden können.
Zum Ansehen von Videos ist eine Internetverbindung erforderlich.

4.5 Fehlermeldungen

Bei Berechnungen mit MATLAB können gelegentlich *Fehler* auftreten, die sich folgendermaßen charakterisieren lassen:
Vom Anwender begangen Fehler (*Anwenderfehler*).
Durch interne Probleme (*Programmfehler*) von MATLAB entstandene Fehler.
Die Gründe für *Anwenderfehler* können vielfältig sein. Häufig begangene Fehler sind:
- Division durch Null.
- Fehler bei Matrixoperationen: Die beteiligten Matrizen haben nicht den richtigen Typ bzw. sind singulär.
- Vordefinierte Funktionen werden falsch geschrieben oder mit nicht zulässigen Argumenten eingegeben.

Wenn *Fehler* während einer *Berechnung* auftreten, so zeigt
- MATLAB meistens eine *Fehlermeldung* an.
- MATLAB mathematisch unkorrekt bei einigen Fehlern wie z.B. Division durch Null oder nicht zulässigen Funktionsargumenten (z.B. **log**(0)) *keine Fehlermeldung* an, sondern das Ergebnis **Inf** (Unendlich).

MATLAB gibt in seinen *Fehlermeldungen* auch Ursachen an, die nicht immer den wahren Fehler bezeichnen. Dies ist nicht verwunderlich, da *Fehlerursachen* sehr komplex sein können und MATLAB oft erst *Folgefehler* erkennt.

4.6 MATLAB im Internet

MATLAB bietet viele Möglichkeiten, um über das Internet zahlreiche Informationen, Hinweise, Erläuterungen und Hilfen zu erhalten. Man erhält über die *Menüfolge*

Help ⇒ Web Resources ⇒ The MathWorks Web Site

Zugriff auf die Internetseite (Webseite) von MATHWORKS, auf der man umfangreiche Hilfen zu MATLAB und allen Toolboxen aufrufen kann und mit anderen Nutzern kommunizieren kann.

Help ⇒ Web Resources ⇒ Products & Services

Zugriff zu allen Produkten und Dienstleistungen von MATHWORKS.

Help ⇒ Web Resources ⇒ Support

Zugriff zu Unterstützungen bei allen Fragen zu MATLAB.

Help ⇒ Web Resources ⇒ Training

Zugriff zu vorgesehenen Trainingskursen zu MATLAB.

Help ⇒ Web Resources ⇒ MathWorks Account

Zugriff auf das Lizenzzentrum von MATHWORKS, in dem man sich über die auf dem Computer installierte MATLAB-Lizenz informieren bzw. eine neu installierte Version anmelden kann.

Help ⇒ Check for Updates

Zugriff auf Informationen über eventuell verfügbare Updates für die auf dem Computer installierten MATLAB-Produkte.

Help ⇒ Licensing

Zugriff auf Informationen über die Lizenz der auf dem Computer installierten MATLAB-Version.

5 Zahlen in MATLAB

5.1 Einführung

Zahlen bilden die Grundlage aller Berechnungen mit MATLAB. Deshalb ist es erforderlich, über sie ausreichende Kenntnisse im Rahmen von MATLAB zu besitzen.

Die Darstellung und Verarbeitung reeller und komplexer Zahlen in MATLAB wird in den folgenden Abschn.5.2 und 5.3 vorgestellt und an Beispielen illustriert.

MATLAB kann mit reellen und komplexen Zahlen *Rechenoperationen* Addition, Subtraktion, Multiplikation, Division und Potenzierung durchführen, für die *Operationszeichen* + , - , * , / bzw. ^ zu verwenden sind (siehe Beisp.5.2 und 5.3).

MATLAB führt alle *Rechenoperationen numerisch* (näherungsweise) durch, wenn nicht die symbolische Berechnung mittels Toolbox SYMBOLIC MATH unter Einsatz der MATLAB-Funktion **sym** veranlasst wird (siehe Abschn.3.3.4 und Beisp.5.2).

5.2 Reelle Zahlen

Reelle Zahlen teilen sich in zwei Klassen von Zahlen auf:

- *Rationale Zahlen*
  bestehen aus ganzen und gebrochenen Zahlen (Brüchen ganzer Zahlen) und können in dieser Form von MATLAB verarbeitet werden (siehe Abschn.5.2.1 und 5.2.2).

- *Irrationale Zahlen*
  lassen sich nicht durch Brüche ganzer Zahlen darstellen, sondern nur durch *nichtperiodische unendliche Dezimalzahlen* (Dezimalbrüche) oder *Symbole* (symbolische Darstellung). Bei ihrer *Anwendung* in MATLAB ist Folgendes zu *beachten:*
  Sie lassen sich nur *exakt* in das Kommandofenster *eingeben* bzw. *ausgeben*, wenn dies als *symbolische Bezeichnung* möglich ist (siehe Beisp.5.1), wie z.B.
  $\sqrt{2}$, π und e mittels **sqrt**(2), **pi** bzw. **exp**(1)
  Ihre *exakte Eingabe* ist erforderlich, wenn im Rahmen der Toolbox SYMBOLIC MATH *exakte (symbolische) Berechnungen* (siehe Abschn.3.3 und 8.4.2) durchzuführen sind.

Ohne installierte Toolbox SYMBOLIC MATH sind in MATLAB nur *numerische Berechnungen* (siehe Abschn.3.3 und 8.4.2) mit *reellen Zahlen* durchführbar:
Diese geschehen auf Basis *endlicher Dezimalzahlen* (siehe Abschn.5.2.2).
Exakt eingegebene reelle Zahlen werden hierbei durch endliche Dezimalzahlen angenähert, wobei Rundungsfehler auftreten können (siehe Beisp.5.1).

Beispiel 5.1:

Die Problematik der *exakten Darstellung irrationaler Zahlen* in MATLAB lässt sich bereits anschaulich an der Berechnung von $\sin(\pi/4) = \sqrt{1/2} = \sqrt{2}/2$ illustrieren:

Bei *numerischer Berechnung* wird ein Näherungswert 0.7071 geliefert, d.h. das irrationale Zahlenergebnis $\sqrt{1/2}$ wird hierdurch angenähert:

\>> **sin(pi/4)**
ans = 0.7071

Bei *exakter Berechnung* mittels **sym** (siehe Abschn.3.3.4) wird das erhaltene Ergebnis symbolisch als **sqrt**(1/2) ausgegeben:

\>> **sym(sin(pi/4))**
ans = **sqrt**(1/2)

5.2.1 Ganze Zahlen und Brüche ganzer Zahlen

Obwohl in MATLAB meistens mit endlichen Dezimalzahlen (siehe Abschn.5.2.2) gerechnet wird, werden *ganze Zahlen* und *Brüche ganzer Zahlen* ebenfalls benötigt:
- *Ganze Zahlen* (engl.: Integers) werden in der üblichen Form als endliche Folge von Ziffern in das Kommandofenster von MATLAB eingegeben.
- *Brüche ganzer Zahlen* haben die Form

  $$\frac{m}{n} \quad (\text{m , n - ganze Zahlen})$$

  und werden in das Kommandofenster von MATLAB eingegeben, indem statt des Bruchstrichs der Schrägstrich (Slash) **/** zu schreiben ist, d.h. Brüche sind in linearer Form m/n zu schreiben.
- Brüche ganzer Zahlen lassen sich in endliche bzw. unendliche periodische Dezimalzahlen (Dezimalbrüche) umwandeln und umgekehrt. Da MATLAB nur endliche Dezimalzahlen verarbeitet, werden nur Näherungswerte für unendliche periodische Dezimalzahlen geliefert (siehe Beisp.5.2a).

In das Kommandofenster *eingegebene Brüche* werden von MATLAB folgendermaßen *verarbeitet* (siehe Beisp.5.2):

Exakte Berechnungen:
Bei Anwendung der MATLAB-Funktion **sym** wird die Bruchform beibehalten und berechnete Ergebnisse werden in Bruchform ausgegeben.
Sollen als Brüche vorliegende Ergebnisse exakter Berechnungen in *Dezimalzahlen* umgewandelt werden, so lassen sich folgende MATLAB-Funktionen einsetzen:
single oder **double**, je nachdem welche Genauigkeit gewünscht wird (siehe Beisp.5.2b).
vpa (siehe Abschn.5.2.2 und Beisp.5.2b).

Numerische Berechnungen:
Brüche werden durch *endliche Dezimalzahlen* in eingestellter Genauigkeit (Format) ersetzt bzw. angenähert.

5.2.2 Dezimalzahlen

Endliche Dezimalzahlen (*Gleitkommazahlen*) bilden die wichtigste Zahlenklasse bei der Arbeit mit MATLAB:
- Sie können unmittelbar in das Kommandofenster eingegeben werden, wobei statt des Dezimalkommas der *Dezimalpunkt* zu schreiben ist, so dass statt von Gleitkommazahlen auch von *Gleitpunktzahlen* (engl.: floating-point numbers) gesprochen wird.
- Bei *numerischen Berechnungen* kann MATLAB nur mit *endlichen Dezimalzahlen* arbeiten, wobei die interne Darstellung (mit 15 Dezimalstellen) immer die gleiche ist. Für die Ausgabe (Anzeige) im Kommandofenster stellt MATLAB *Zahlenformate* zur Einstellung der *Genauigkeit* zur Verfügung, die im Folgenden vorgestellt werden:
  Bei Ergebnisausgaben von *numerischen Berechnungen* verwendet MATLAB als *Standardformat* eine *Festkommadarstellung* mit 4 *Dezimalstellen*, wenn kein anderes Format eingestellt ist. Dies entspricht dem Formatkommando **format short**.
  Im Folgenden werden wichtige *Formatkommandos* von MATLAB aufgelistet:

5.2 Reelle Zahlen

>> format short   *Festkommadarstellung* mit 4 Dezimalstellen
>> format long   *Festkommadarstellung* mit 15 Dezimalstellen
>> format short e   *Exponentialdarstellung* mit 5 Ziffern
>> format long e   *Exponentialdarstellung* mit 16 Ziffern
>> format short g   automatische Auswahl aus vorangehenden Kurzformen
>> format long g   automatische Auswahl aus vorangehenden Langformen

- Ein in das Kommandofenster mit Hilfe von *Formatkommandos* eingegebenes *Zahlenformat* gilt solange, bis ein neues Formatkommando eingegeben wird.
- Falls die mit Formatkommandos angezeigte Genauigkeit nicht ausreicht, kann die MATLAB-Funktion **vpa** eingesetzt werden, bei der die Anzahl der gewünschten Dezimalstellen vorgebbar ist (siehe Beisp.5.2b).

Beispiel 5.2:

a) Illustration der Umwandlung von Brüchen in Dezimalzahlen und umgekehrt:
   Umwandlung eines *Bruchs* (1/7) in eine *Dezimalzahl* mittels numerischer Berechnung und anschließender Versuch, mittel der Funktion **sym** die erhaltene Dezimalzahl wieder in einen Bruch umzuwandeln:
   >> format long ; 1/7
   ans = 0.142857142857143
   >> sym(ans)
   ans = 1/7
   Obwohl 1/7 durch eine unendliche periodische Dezimalzahl dargestellt wird, die MATLAB in der 15. Dezimalstelle rundet, geschieht die Rückwandlung der angenäherten Dezimalzahl exakt in 1/7. Dies ist nur dadurch erklärbar, dass sich MATLAB intern diese Umwandlung merkt.
   Umwandlung von *Dezimalnäherungen* von 1/7 in *Brüche* mittels **sym**:
   >> sym(0.1429)
   ans = 1429/10000
   >> sym(0.14286)
   ans = 7143/50000
   >> sym(0.142857)
   ans = 643370731967267/4503599627370496
   Hier wird bei der Umwandlung nicht 1/7 erhalten. Da die eingegebenen Dezimalzahlen nur Näherungswerte von 1/7 sind, ergeben sich unterschiedliche Brüche.

b) Im Folgenden ist bereits anschaulich an einem Beispiel der Bruchrechnung der *Unterschied* zwischen *exakter* und *numerischer Berechnung* ersichtlich:
   Bei Anwendung der MATLAB-Funktion **sym** (siehe Abschn.3.3.4) wird das Ergebnis einer Bruchrechnung wieder als Bruch ausgegeben, wie folgendes Beispiel illustriert:
   >> x = sym(1/3+1/7)
   x = 10/21
   Wenn das Ergebnis nicht als Bruch sondern als *Dezimalzahl* gewünscht ist, kann anschließend die MATLAB-Funktion **single** oder **double** eingesetzt werden:
   Bei eingestelltem **format long** liefern beide Funktionen eine unterschiedliche Anzahl von Dezimalstellen, wie im Folgenden zu sehen ist:
   >> format long ; single(x)
   ans = 0.4761905

```
>> double(x)
ans = 0.476190476190476
```
Bei eingestelltem **format short** liefern beide Funktionen nur 4 Dezimalstellen, wie im Folgenden zu sehen ist:
```
>> format short ; single(x)
ans = 0.4762
>> double(x)
ans = 0.4762
```
Bei *numerischer Berechnung* werden Brüche in Dezimalzahlen (näherungsweise) umgewandelt, so dass das Ergebnis als gerundete Dezimalzahl ausgegeben wird, wie folgendes Beispiel illustriert:
```
>> format long ; x=1/3+1/7
x = 0.476190476190476
```
Falls die angezeigten Dezimalstellen nicht ausreichen, kann die MATLAB-Funktion **vpa** eingesetzt werden, um z.B. 50 Dezimalstellen zu berechnen:
```
>> vpa(1/3+1/7,50)
ans = .47619047619047619047619047619047619047619047619047
```
c) Zuweisung des Bruchs 1250/21 an die Variable x und Auslösung der Arbeit von MATLAB durch Drücken der EINGABE-Taste:
```
>> x = 1250/21
x = 59.5238
```
Da die Variable x nicht als symbolisch gekennzeichnet ist (siehe Abschn.8.4.2), nähert MATLAB den Bruch durch eine Dezimalzahl an:

Wenn vorher im Kommandofenster kein Formatkommando eingegeben wurde, wandelt MATLAB den Bruch in die Standard-Dezimalform mit 4 Dezimalstellen um, die dem Formatkommando **format short** entspricht.

Nach Eingabe des Formatkommandos **format long** bzw. **format long e** zeigt MATLAB Folgendes im Kommandofenster:
```
>> format long ; 1250/21
ans = 59.523809523809526
>> format long e ; 1250/21
ans = 5.952380952380953e+001
```
d) *Exakt (symbolisch)* eingegebene *irrationale Zahlen* werden bei *numerischer Arbeitsweise* von MATLAB durch *endliche Dezimalzahlen* mit dem eingestellten Format angenähert, wie im Folgenden am Beispiel von **pi** und **sqrt**(2) zu sehen ist:
```
>> format short ; pi
ans = 3.1416
>> sqrt(2)
ans = 1.4142
>> format long ; pi
ans = 3.141592653589793
```

```
>> sqrt(2)
ans = 1.414213562373095
```

e) Illustration der Durchführung von Rechenoperationen zwischen ganzen Zahlen und Brüchen anhand der Berechnung eines Ausdrucks, wobei zuerst numerisch gerechnet und danach das exakte Ergebnis mittels **sym** ausgegeben wird:

```
>> 1/2+1/3*1/4+2^3 - 5
ans = 3.5833
>> sym(ans)
ans = 43/12
>> sym(1/2+1/3*1/4+2^3 - 5)
ans = 43/12
```

5.3 Komplexe Zahlen

Komplexe Zahlen haben die Form $\quad z = a+b\cdot i$
wobei a und b beliebige reelle Zahlen sind und als *Realteil* bzw. *Imaginärteil* und **i** als *imaginäre Einheit* ($i^2 = -1$) bezeichnet werden:

- Offensichtlich sind reelle Zahlen eine Teilmenge der komplexen Zahlen, da sie sich für b=0 ergeben, d.h. komplexe Zahlen bilden eine Erweiterung der Menge der reellen Zahlen, wobei für a und b in MATLAB die gleichen Zahlenformate wie im Abschn.5.2 anwendbar sind.

- Komplexe Zahlen werden in das Kommandofenster von MATLAB in *mathematischer Schreibweise* eingegeben, wobei folgende Formen möglich sind:
Die imaginäre Einheit kann mit **i** oder **j** bezeichnet werden.
Imaginärteil und imaginäre Einheit können mit oder ohne Multiplikationszeichen verbunden sein. Bei Schreibweise ohne Multiplikationszeichen darf kein Leerzeichen zwischen Imaginärteil und imaginäre Einheit stehen.
Damit sind in MATLAB folgende vier *Schreibweisen* für *komplexe Zahlen* möglich:

    a+b·i   a+bi   a+b·j   a+bj

Für *komplexe Zahlen* $\quad z=a+b\cdot i \quad$ kann MATLAB Folgendes berechnen:
Betrag, Winkel, Real- und *Imaginärteil* mittels folgender MATLAB-Funktionen:

abs(z)   berechnet den *Betrag* $r=|z|=\sqrt{a^2+b^2}$
angle(z)   berechnet den *Winkel* φ im Bogenmaß.
real(z)   berechnet den *Realteil* a.
imag(z)   berechnet den *Imaginärteil* b.

Mittels **abs** und **angle** lassen sich
trigonometrische Form $z=r\cdot(\cos\varphi+\sin\varphi)$
exponentielle Form $z=r\cdot e^{i\cdot\varphi}$
einer *komplexen Zahl* $z=a+b\cdot i$ berechnen, wobei sich Radius r und Winkel φ (im Bogenmaß) folgendermaßen ergeben:

$r=\mathbf{abs}(z)=\sqrt{a^2+b^2}$, $\varphi=\mathbf{angle}(z)=\arctan\dfrac{b}{a}$

Beispiel 5.3:

a) Berechnung für die im Kommandofenster stehende komplexe Zahl   `>> z=1+2i ;`

von *Betrag, Winkel, Real-* und *Imaginärteil* mit entsprechenden MATLAB-Funktionen:
```
>> abs(z)      >> angle(z)     >> real(z)     >> imag(z)
ans = 2.2361   ans = 1.1071    ans = 1        ans = 2
```
b) Durchführung von *Rechenoperationen* in MATLAB für die beiden im Kommandofenster stehenden komplexen Zahlen
```
>> z1=1+2i ; z2=-2+3i ;
```
Addition:
```
>> z1+z2
ans = -1.0000+5.0000i
```
Multiplikation:
```
>> z1*z2
ans = -8.0000 - 1.0000i
```
Division:
```
>> z1/z2
ans = 0.3077 - 0.5385i
```
Potenzierung:
```
>> z1^z2
ans = 0.0071+0.0014i
>> z1^2
ans = -3.0000+4.0000i
```

5.4 Umwandlung von Zahlen

Die im Abschn.5.2 und 5.3 für Zahlen vorgestellten *Typen* und *Formate* für die Durchführung von Berechnungen im Rahmen der Ingenieurmathematik reichen in den meisten Fällen aus.
Im Folgenden werden gelegentlich benötigte MATLAB-Funktionen zur *Umwandlung* von *Zahlen* kurz vorgestellt (siehe Beisp.5.4):

dec2bin
Zur Umwandlung von Dezimal- in Dualzahlen.

bin2dec
Zur Umwandlung von Dual- in Dezimalzahlen.

logical
Zur Umwandlung numerischer in logische Werte (0 und 1).

int8, uint8, int16, uint16,...
Zur Speicherung und Verarbeitung ganzer Zahlen (Integer-Zahlen).

char
Zur Umwandlung eines Zahlenfeldes in eine Zeichenkette (siehe Abschn.3.4.1), wenn das Zahlenfeld nur ganze Zahlen im Bereich des ASCII-Codes enthält.

abs
Zur Umwandlung der Zeichen einer Zeichenkette in ihren ASCII-Code

Beispiel 5.4:

a) Umwandlung der Dezimalzahl 101 in die Dualzahl 1100101 und umgekehrt geschieht folgendermaßen:
>> **dec2bin**(101)
ans = 1100101
>> **bin2dec**('1100101')
ans = 101

b) Umwandlung von Gleitkommazahlen (Gleitpunktzahlen) in ganze Zahlen (Integer-Zahlen) durch Auf- oder Abrunden geschieht folgendermaßen:
>> **int8**(3.49999)
ans = 3
>> **int8**(3.5)
ans = 4

c) Umwandlung von Zeichenketten in ASCII-Code und umgekehrt geschieht folgendermaßen:
>> **abs**('Zeichenkette')
ans = 90 101 105 99 104 101 110 107 101 116 116 101
>> **char**([90 101 105 99 104 101 110 107 101 116 116 101])
ans = Zeichenkette

6 Konstanten in MATLAB

MATLAB kennt eine Reihe von Konstanten, die als *vordefinierte Konstanten* oder *Built-In-Konstanten* oder *MATLAB-Konstanten* bezeichnet werden. Sie sind dadurch charakterisiert, dass MATLAB ihnen immer den gleichen Wert zuweist.

Im Folgenden werden die von MATLAB als *mathematisch* bezeichneten *Konstanten* aufgelistet:

- Die reelle (irrationale) Zahl $\pi = 3.14159...$
  wird in MATLAB durch Eingabe von **pi** realisiert.
- Die reelle (irrationale) Zahl $e = 2.718281...$
  wird in MATLAB durch Eingabe von **exp**(1) realisiert.
- Die *imaginäre Einheit* $\sqrt{-1}$
  wird in MATLAB durch Eingabe von **i** oder **j** realisiert.
- *Unendlich* ∞
  wird in MATLAB durch Eingabe von **Inf** oder **inf** realisiert. MATLAB liefert dieses Ergebnis, wenn durch *Null dividiert* wird oder wenn ein *Überlauf* auftritt (siehe Beisp. 6.1d). Mathematisch ist dies nicht exakt, da Unendlich keine Zahl ist und nur als Grenzwert zu verstehen ist.
- **eps**
  wählt MATLAB so, dass sie im Computer eine Zahl größer 1 realisiert, wenn sie zu 1 addiert wird.
- **intmin**
  gibt die *kleinste* in MATLAB verwendbare negative *ganze Zahl* des eingesetzten Integer-Datentyps aus.
- **intmax**
  gibt die *größte* in MATLAB verwendbare positive *ganze Zahl* des eingesetzten Integer-Datentyps aus.
- **realmin**
  gibt die *kleinste* in MATLAB verwendbare positive *Dezimalzahl* (Gleitkommazahl/ Gleitpunktzahl) aus. Kleinere Zahlen werden als 0 interpretiert.
- **realmax**
  gibt die *größte* in MATLAB verwendbare positive *Dezimalzahl* (Gleitkommazahl/ Gleitpunktzahl) aus. Größere Zahlen werden durch **Inf** (Unendlich) dargestellt.
- **NaN**
  Dies ist die *Abkürzung* für die englische Bezeichnung *keine Zahl* (Not-a-Number) und wird ausgegeben, wenn ein *Ergebnis undefiniert* ist (siehe Beisp.6.1d).

Die MATLAB-Hilfe liefert durch Eingabe von *Math Constants* in den HelpNavigator Informationen zu diesen Konstanten.

Vordefinierten Konstanten sollten keine anderen Werte zugewiesen werden, da diese dann nicht mehr zur Verfügung stehen:

Dies betrifft besonders die Verwendung von **i** und **j** als Laufvariable bei Schleifen (siehe Abschn.11.2.5), wodurch die imaginäre Einheit überschrieben wird.

MATLAB bietet die Möglichkeit, überschriebene Konstanten mit dem Kommando
clear wiederherzustellen (siehe Beisp.6.1g).

Beispiel 6.1:

Vorstellung von *vordefinierten Konstanten* (im Standardformat) und Durchführung einiger Rechnungen:

a) *Zahl* π
   ```
   >> pi
   ans = 3.1416
   ```
b) *Zahl* e
   ```
   >> exp(1)
   ans = 2.7183
   ```
c) *imaginäre Einheit* **i** oder **j**
   ```
   >> i
   ans = 0+1.0000i
   ```
   Rechnungen mit **i** sind möglich, z.B.
   ```
   >> i^2
   ans = -1
   >> i^3+1
   ans = 1.0000 - 1.0000i
   ```
d) *Unendlich*
   ```
   >> Inf
   ans = Inf
   ```
   In folgenden Fällen gibt MATLAB **Inf** als *Ergebnis* aus:

   Division durch 0
   ```
   >> 1/0
   ans = Inf
   ```
   Auftreten eines *Zahlenüberlaufs*, d.h. die größte in MATLAB darstellbare Zahl wird überschritten, wie z.B. bei
   ```
   >> exp(2000)
   ans = Inf
   >> factorial(1000)
   ans = Inf
   ```
   Bei beiden Fällen liefert MATLAB leider keine Fehlermeldung.

   MATLAB gestattet alle *Rechenoperationen* mit **Inf** (*Unendlich*), obwohl diese mathematisch nicht definiert bzw. nur über *Grenzwertbetrachtungen* erklärbar sind:

   Bei den folgenden Operationen mit **Inf** erhält MATLAB als Ergebnis wieder **Inf**:
   ```
   >> Inf+Inf
   ans = Inf
   >> Inf^Inf
   ans = Inf
   >> Inf*Inf
   ans = Inf
   ```
   Bei den folgenden Operationen erhält MATLAB als *Ergebnis*
   NaN   (engl.: Not-a-Number)

Dies ist die Abkürzung für die englische Bezeichnung *keine Zahl* und weist darauf hin, dass das *Ergebnis undefiniert* ist.

```
>> Inf - Inf
ans = NaN
>> Inf/Inf
ans = NaN
>> 0/0
ans = NaN
>> 0*Inf
ans = NaN
```

Diese durchgeführten Operationen sind mathematisch nicht erklärt, sondern entstehen bei *Grenzwertbetrachtungen* als unbestimmte Ausdrücke.

Für die *Potenzen*

$$0^\infty \quad \text{und} \quad \infty^0$$

erhält MATLAB folgende *Ergebnisse*, die ebenfalls mathematisch unvertretbar sind:

```
>> Inf^0
ans = 1
>> 0^Inf
ans = 0
```

e) Bei der Eingabe von **eps** zeigt MATLAB im Kommandofenster folgendes Resultat in Exponentialdarstellung an:

```
>> eps
ans = 2.2204e-016
```

f) Für die kleinste bzw. größte in MATLAB verwendbare positive Dezimalzahl wird Folgendes ausgegeben:

```
>> realmin
ans = 2.2251e-308
>> realmax
ans = 1.7977e+308
```

g) Ordnen wir der *vordefinierten Konstanten* **i** (imaginäre Einheit) einen neuen Wert zu und stellen anschließend mittels **clear** den ursprünglichen Zustand wieder her:

```
>> i=5
i = 5
>> clear i
>> i
ans = 0+1.0000i
```

7 Felder in MATLAB

7.1 Einführung

Bei einer Reihe von Problemen ist es vorteilhaft, *mehrere Größen* als eine *Gesamtheit* zu betrachten und hiermit zu rechnen wie mit einem einzigen Objekt, wofür MATLAB ähnlich wie Programmiersprachen *Felder, Zellenfelder, Strukturfelder* und *Mengen* bereitstellt.

Wir betrachten nur *Felder*, die beim Einsatz von MATLAB in der Ingenieurmathematik eine große Rolle spielen.

Felder sind dominierend, da MATLAB *matrixorientiert* ist (siehe Abschn.3.2) und Matrizen durch Felder dargestellt werden (siehe Abschn.16.2). Dies bedeutet, dass alle Eingaben von Zahlen auf der Basis von Feldern realisiert werden.

Es werden *ein-* und *zweidimensionale Zahlenfelder* betrachtet, die MATLAB zur Darstellung von *Vektoren* bzw. *Matrizen* benötigt.

Feldern kann ein Name (Feldname) zugewiesen werden, der in Anlehnung an Vektoren und Matrizen (siehe Kap.16) meistens für eindimensionale Felder mit Kleinbuchstaben **a, b, c**,... und für zweidimensionale Felder mit Großbuchstaben **A, B, C**,... in Fettdruck gebildet wird.

Seit Version 5 sind in MATLAB *mehrdimensionale Felder* mit Dimensionen größer als zwei möglich, da es hierfür praktische Anwendungen gibt. Hierzu wird auf die MATLAB-Hilfe verwiesen.

7.2 Darstellung von Feldern

Felder können in verschiedenen *Darstellungen* in das Kommandofenster von MATLAB eingegeben werden, wobei wir uns auf ein- und zweidimensionale Felder beschränken, die mittels eckiger Klammern gebildet werden:

- *Eindimensionale Felder* (z.B. das Feld **a**) lassen sich in einer der Formen
  >> a=[a1 a2...an]   oder   >> a=[a1,a2,...,an]

  in das Kommandofenster eingeben und sind folgendermaßen *charakterisiert:*
  Die n Elemente des Feldes (*Feldelemente*) sind durch Leerzeichen oder Komma zu trennen, d.h. es ist a1 a2...an bzw. a1,a2,...,an zu schreiben. Aufgrund der besseren Übersichtlichkeit wird im Buch das *Komma* verwendet, das die Trennung besser veranschaulicht als Leerzeichen.
  Sie werden für die Bildung von Vektoren benötigt.

- *Zweidimensionale Felder* (z.B. das Feld **A**) werden in *Zeilen* und *Spalten* eingeteilt, d.h. sie besitzen *Matrixstruktur* (siehe Kap.16) und lassen sich (bei m Zeilen und n Spalten) in der Form
  >> A=[a11 a12...a1n;a21 a22...a2n;...;am1 am2...amn]
  o d e r
  >> A=[a11,a12,...,a1n;a21,a22,...,a2n;...;am1,am2,...,amn]

  in das Kommandofenster eingeben und sind folgendermaßen *charakterisiert:*
  * Zeilen sind durch Semikolon zu trennen, während einzelne Feldelemente der Zeilen (Zeilenelemente) wie bei eindimensionalen Feldern zu trennen sind, d.h. durch Leerzeichen oder Komma.
  * Bei n Spalten müssen in jeder Zeile genau n Elemente stehen.
  * Zweidimensionale Felder werden zur Bildung von Matrizen benötigt.
  * Eindimensionale Felder mit n Elementen sind offensichtlich ein Spezialfall mit 1 Zeile und n Spalten.

Wie bereits erwähnt, kann Feldern ein *Feldname zugewiesen* werden:

Dies erleichtert die Arbeit wesentlich, wenn ein Feld mehrmals benötigt wird.

Um Feldnamen von Variablennamen (siehe Abschn.8.3) zu unterscheiden, bezeichnen wir Feldnamen ebenso wie Matrixnamen (siehe Kap.16) durch Fettdruck.

Durch Eingabe des Feldnamens (z.B. **A**) oder Verwendung der MATLAB-Funktion **disp(A)** lässt sich ein bereits eingegebenes Feld **A** im Kommandofenster *anzeigen*.

7.3 Arten von Feldern

Nach Art der Feldelemente unterscheidet MATLAB zwischen drei *Feldarten*:

Felder mit *symbolischen Elementen:*
Hier ist mindestens ein Element eine symbolische Konstante oder Variable, die mittels des Kommandos **syms** gekennzeichnet ist (siehe Beisp.7.1c).

Zeichenfelder:
Hier bestehen die Feldelemente aus *Zeichenketten* (siehe Abschn.3.4.1). MATLAB interpretiert diese Felder als Gesamtzeichenketten. Dies wird im Beisp.7.2f illustriert.

Zahlenfelder (*numerische Felder*):
Hier bestehen sämtliche Feldelemente aus *Zahlen*.
Sie werden zur Bildung von *Vektoren* und *Matrizen* benötigt (siehe Kap.16).
Die *Erzeugung* von Zahlenfeldern mit *gleichabständigen Elementen* gelingt in MATLAB effektiv mit dem *Doppelpunktoperator* **:** (siehe Beisp.7.1a und b):

\>\> **x=a:b**

erzeugt das eindimensionale *Zahlenfeld*   x=a a+1 a+2...b*

wobei die *Schrittweite* 1 beträgt und b* die größte Zahl kleiner oder gleich b ist, die durch Schrittweite 1 erreichbar ist.

\>\> **x=a:Δx:b**

erzeugt das eindimensionale *Zahlenfeld*   x=a a+Δx a+2·Δx...b*

wobei die *Schrittweite* Δx beträgt und b* die größte Zahl kleiner oder gleich b ist, die durch Schrittweite Δx erreichbar ist.

Beispiel 7.1:
Illustration verschiedener Arten von Feldern:
a) Die Folge von Zahlen 1, 2, 3, 4, 5, 6, 7, 8 kann mittels
   \>\> **A=[1 2 3 4 5 6 7 8]**   o d e r   \>\> **A=[1,2,3,4,5,6,7,8]**   o d e r
   Anwendung des *Doppelpunktoperators*   \>\> **A=[1:8]**   bzw.   \>\> **A=1:8**
   einem *eindimensionalen Zahlenfeld* **A** zugewiesen werden. MATLAB gibt das Ergebnis in folgender Form aus: **A** = 1 2 3 4 5 6 7 8

b) Das mittels Doppelpunktoperator erzeugte *Zahlenfeld*   \>\> **A=[1:2:11;3:8]**
   ist zweidimensional und wird von MATLAB folgendermaßen ausgegeben:
   A =
   1 3 5 7 9 11
   3 4 5 6 7 8

c) Im Folgenden ist die Eingabe eines Feldes **A** in das Kommandofenster zu sehen, das mittels **syms** gekennzeichnete *symbolische Elemente* enthält:
   \>\> **syms** a b c d ; **A=[1:3,c,d;a,b,4:2:8]**
   A =
   [1,2,3,c,d]
   [a,b,4,6,8]

7.4 Eigenschaften von Feldern

Felder besitzen in MATLAB folgende grundlegende *Eigenschaften:*
- Feldelemente können wieder Felder sein, d.h. Felder lassen sich *schachteln* (siehe Beisp.7.2a und c). Durch *Schachtelung eindimensionaler Felder* lassen sich *zweidimensionale Felder* mit m Zeilen und n Spalten folgendermaßen darstellen:
  [[a11 a12...a1n];[a21 a22...a2n];...;[am1 am2...amn]]
  o d e r
  [[a11,a12,...,a1n];[a21,a22,...,a2n];...;[am1,am2,...,amn]]
- Die Anzahl der Zeilen und Spalten eines zweidimensionalen Feldes **A** lässt sich mittels der MATLAB-Funktion **size**(**A**) anzeigen (siehe Beisp.7.2b).
- Der *Zugriff* auf einzelne *Feldelemente* geschieht durch Angabe des Index (Zählung beginnt bei 1), der nach dem Feldnamen in runde Klammern einzuschließen ist. Bei zweidimensionalen Feldern sind beide Indizes durch Kommas zu trennen (siehe Beisp.7.2d und e). Dies bedeutet, dass auf Elemente eines

  eindimensionalen Feldes **A**   mittels A(i)   (i - Zeilenindex)
  zweidimensionalen Feldes **A**   mittels A(i,k)   (i - Zeilenindex , k - Spaltenindex)
  zuzugreifen ist.

Beispiel 7.2:

a) Betrachtung von Beispielen für die *Schachtelung* von Zahlenfeldern:
   In der Eingabe   >> A=[[1,2,3],[4,5]]
   werden für die beiden Feldelemente eines *eindimensionalen Feldes* wieder eindimensionale Felder (mit drei bzw. zwei Elementen) eingesetzt.
   Das von MATLAB erhaltene Ergebnis ist ein eindimensionales Feld **A** mit fünf Elementen:
   A=1 2 3 4 5

   Für ein *zweidimensionales Feld* mit zwei Zeilen und einer Spalte wird für jedes der beiden Elemente ein eindimensionales Feld mit drei Elementen eingesetzt:
   >> A=[[1,2,3];[4,5,6]]
   so dass ein zweidimensionales Feld **A** mit zwei Zeilen und drei Spalten entsteht, wie die Ausgabe von MATLAB zeigt:
   A =
   1 2 3
   4 5 6

   Für ein *zweidimensionales Feld* mit zwei Zeilen und zwei Spalten wird für jedes der vier Elemente ein eindimensionales Feld mit zwei Elementen eingesetzt:
   >> A=[[1,2],[3,4];[5,6],[7,8]]
   so dass ein zweidimensionales Feld **A** mit zwei Zeilen und vier Spalten entsteht, wie die Ausgabe von MATLAB zeigt:
   A =
   1 2 3 4
   5 6 7 8

b) Mittels der Eingabe
   >> A=[1 2 3;4 5 6]   o d e r
   >> A=[1,2,3;4,5,6]   o d e r durch *Schachtelung*
   >> A=[[1 2 3];[4 5 6]] b z w.   >> A=[[1,2,3];[4,5,6]]   o d e r

unter Anwendung des *Doppelpunktoperators* (mit Schrittweite 1)   >> **A**=[1:3;4:6]
wird **A** ein *zweidimensionales Zahlenfeld* (2×3-Matrix) mit zwei Zeilen und drei Spalten zugewiesen:
MATLAB gibt es in folgender Form aus:
A =
1 2 3
4 5 6
Mittels **size(A)** gibt MATLAB die Anzahl der Zeilen (2) und Spalten (3) von **A** aus:
>> size(**A**)
ans = 2 3

c) Betrachtung einer *nichtzulässigen Schachtelung* von Feldern, die MATLAB erkennt und eine *Fehlermeldung* ausgibt:
Die folgende Eingabe ist nicht zulässig. Hier wird gegen die Vorschrift verstoßen, dass in einem Feld in jeder Zeile die gleiche Anzahl von Elementen stehen muss, die gleich der Spaltenanzahl ist:
>> **A**=[[1,2,3];[4,5]]
??? All rows in the bracketed expression must have the same number of columns.

d) Illustration des *Zugriffs* auf Elemente eines *eindimensionalen* Zahlenfeldes **A**
>> **A**=[4,2,3,5,1,6,7,8,0] ;
>> A(1)
ans = 4
>> A(9)
ans = 0

e) Illustration des *Zugriffs* auf Elemente eines *zweidimensionalen* Zahlenfeldes **A**
>> **A**=[1,3,3;5,4,6;7,8,2] ;
>> A(2,3)
ans = 6
>> A(3,3)
ans = 2

f) Bei Feldern mit *Zeichenketten* als Elementen interpretiert MATLAB diese Felder als Gesamtzeichenketten und beim Zugriff werden die einzelnen Zeichen angesprochen und nicht die einzelnen Feldelemente, wie folgendes Beispiel zeigt:
>> **B**=['hans','otto']
B = hansotto
>> B(2)
ans = a
>> B(6)
ans = t

7.5 Rechenoperationen mit Feldern

Für Felder sind in MATLAB *arithmetische Rechenoperationen* definiert, so *Addition, Subtraktion, Multiplikation, Division* und *Potenzierung*.
Eine Form dieser Rechenoperationen wird für ein- und zweidimensionale Felder im Rahmen der *Matrizenrechnung* im Kap.16 erläutert.

7.5 Rechenoperationen mit Feldern

Im Folgenden werden nur *elementweise arithmetische Rechenoperationen* für ein- und zweidimensionale Felder anhand von Addition und Subtraktion (+ , -), Multiplikation und Division (.* , ./) und Potenzierung (.^) vorgestellt und im Beisp.7.3 illustriert:

- Diese Rechenoperationen werden zwischen Elementen des ersten und entsprechenden Elementen des zweiten Feldes durchgeführt. Sie sind auch zwischen einem Feld und einer Zahl möglich (siehe Beisp.7.3c).

- Wenn sich *elementweise Rechenoperationen* von den in der Matrizenrechnung verwendeten Rechenoperationen unterscheiden, ist ein Punkt vor das entsprechende Rechenzeichen zu schreiben.

  Bei *Addition* und *Subtraktion* besteht kein Unterschied, so dass hier kein Punkt vor Plus- oder Minuszeichen gesetzt werden muss.

  Bei *Multiplikation*, *Division* und *Potenzierung* von Feldern gibt es in MATLAB die weitere Möglichkeit der Multiplikation und Potenzierung von Matrizen (siehe Kap. 16 und Beisp.7.3b). Deshalb sind hier *elementweise Rechenoperationen* durch einen *Punkt* vor dem *Rechenzeichen* (d.h. .* , ./ bzw. .^) zu kennzeichnen.

Beispiel 7.3:

a) Für ins Kommandofenster eingegebene eindimensionale Felder **A** und **B**
   >> A=[1,2,3,4] ; B=[3,2,5,7] ;
   mit gleicher Anzahl von Elementen lassen sich z.B. folgende *elementweise Rechenoperationen* durchführen:
   Elementweise Addition und *Subtraktion:*
   >> C=A+B
   C = 4 4 8 11
   >> C=A-B
   C = -2 0 -2 -3
   Elementweise Multiplikation und *Division:*
   >> C=A.*B
   C = 3 4 15 28
   >> C=A./B
   C = 0.3333 1.0000 0.6000 0.5714

b) Für ins Kommandofenster eingegebene *zweidimensionale Felder*
   >> A=[1,2;3,4] ; B=[5,6;7,8] ;
   mit gleicher Anzahl 2 von Zeilen und Spalten lassen sich z.B. folgende *elementweise Rechenoperationen* durchführen:
   Elementweise Addition und *Subtraktion:*
   >> C=A+B
   C =
   6 8
   10 12
   >> C=A-B
   C =
   -4 -4
   -4 -4
   Elementweise Multiplikation und *Division:*
   >> C=A.*B

C =
5 12
21 32
>> C=A./B
C =
0.2000 0.3333
0.4286 0.5000

Bei der elementweisen Multiplikation multipliziert MATLAB Elemente des Feldes **A** mit entsprechenden Elementen des Feldes **B**. So ergibt sich z.B. die Zahl 21 in der zweiten Zeile und ersten Spalte des Ergebnisfeldes **C** durch Multiplikation der beiden gleich positionierten Zahlen 3 und 7 aus den Feldern **A** und **B**.

Dies ist der wesentliche *Unterschied* zu der im Abschn.16.5.3 behandelten *Matrizenmultiplikation* (mittels *), die Folgendes für **C=A∗B** liefert:

>> C=A∗B
C =
19 22
43 50

In dieser für Matrizen verwendeten Multiplikation ergeben sich die Elemente der Ergebnismatrix **C** durch Multiplikation der Zeilen der Matrix **A** mit den entsprechenden Spalten der Matrix **B**.

c) Betrachtung folgender *elementweiser Rechenoperationen* zwischen einem Zahlenfeld **A** und einer Zahl:

Addition:
>> A=[1,2,3,4] ; B=A+1
B = 2 3 4 5

Multiplikation:
>> B=A.∗2
B = 2 4 6 8

Bei Multiplikation mit einer Zahl kann der Punkt auch weggelassen werden, wie im Folgenden zu sehen ist:
>> B=A∗2
B = 2 4 6 8

Potenzierung:
Bei der Potenzierung ist der Punkt zu schreiben, da sonst eine Fehlermeldung kommt, weil MATLAB die Matrizenmultiplikation **A∗A** versucht, die nur für verkettete Felder erklärt ist (siehe Abschn.16.5.3):
>> B=A.^2
B = 1 4 9 16

d) Betrachtung eines Beispiels für elementweise Rechenoperationen Addition und Multiplikation mit Zeichenfeldern:

>> A=['a','b'] ; B=['c','d'] ;
>> C=A+B
C = 196 198
>> A.∗B
ans = 9603 9800

MATLAB wandelt hier vor Durchführung der Operationen die Zeichenketten in *ASCII-Code* (a=97, b=98, c=99, d=100) um und rechnet mit diesen Zahlen, wie leicht nachzuprüfen ist.

7.6 Einlesen und Ausgabe von Zahlenfeldern

Einlesen und *Ausgabe* (Speicherung) von Zahlen (Zahlenfeldern) ist für die Arbeit mit MATLAB wichtig, da für Berechnungen häufig *Eingabewerte* (z.B. *Messwerte*) erforderlich und berechnete Ergebnisse auszugeben sind.

Einlesen und *Ausgabe* von Zahlen und allgemein Zahlenfeldern geschehen in MATLAB auf Basis von *Dateien:*

- Einlesen und Ausgabe von *Dateien* von bzw. auf Datenträger ist möglich, wenn diese im *ASCII-Format* vorliegen, d.h. ASCII-Dateien sind.
- Es werden nur Dateien betrachtet, die *Zahlen* enthalten (d.h. Zahlendateien) und in Form eines Feldes (*Matrixform*) vorliegen.
- MATLAB stellt für Einlesen und Ausgabe die Kommandos **load** bzw. **save** bereit (siehe auch Abschn.10.3):
  * Beide Kommandos benötigen den Pfad der betreffenden Datei.
  * Um zu kennzeichnen, dass es sich um *ASCII-Dateien* handelt, kann bei beiden Kommandos zusätzlich das *Attribut* -ascii eingegeben werden. Es geht auch ohne Attribut, da ASCII-Dateien von MATLAB automatisch erkannt werden.
  * Zum Einlesen mittels **load** müssen Zahlendateien in Form von *Zeilen* und *Spalten* (d.h. Matrixform) auf Datenträgern vorliegen. Dies geschieht mittels *Trennzeichen*, von denen MATLAB *Leerzeichen* und *Zeilenumbrüche* akzeptiert:
    Leerzeichen dienen zur Trennung von *Zeilenelementen*.
    Das *Zeilenende* ist durch *Zeilenumbruch* zu kennzeichnen.
  * Bei der *Ausgabe* mittels **save** wird ein *Feld* als Datei auf Datenträgern gespeichert.
  * Im Beisp.7.4 wird die Anwendung von **load** und **save** illustriert. Es empfiehlt sich, anhand dieser Beispiele mit den Ein- und Ausgabekommandos zu experimentieren, um Erfahrungen zu sammeln.
- Einlesen einzelner Zahlendateien kann auch mittels Menüfolge **File ⇒ Import Data...** geschehen, während Ausgabe mittels **File ⇒ Save Workspace As...** alle im Kommandofenster befindlichen Dateien speichert (siehe Abschn.10.3).

Beispiel 7.4:
Illustration der Anwendung der Kommandos **load** und **save**:
a) Für die auf Datenträger C befindliche Zahlendatei DATEN.dat der Form   1 2 3 4 5
liefert *Einlesen* mittels
>> **load** C:\DATEN.dat -ascii
das Ergebnis
>> DATEN
DATEN = 1 2 3 4 5
d.h. MATLAB ordnet der *Feldvariablen* DATEN das eindimensionale Feld [1,2,3,4,5] zu, dessen Elemente mittels DATEN(i) aufgerufen werden, so z.B.
>> DATEN(4)
ans = 4

b) Auf Datenträger C befinden sich in der Zahlendatei DATEN.dat die in Matrixform (2 Zeilen, 2 Spalten) gespeicherten Zahlen
1 2
3 4
wobei als *Trennzeichen* Leerzeichen und Zeilenumbruch verwendet werden.
Das Einlesen dieser Datei mittels
\>\> **load** C:\DATEN.dat -ascii
liefert das Ergebnis
\>\> DATEN
DATEN =
1 2
3 4
Hier bezeichnet die *Feldvariable* DATEN das zweidimensionale Feld [1,2;3,4], dessen Elemente mittels DATEN(i,k) aufzurufen sind, so z.B.
\>\> DATEN(1,2)
ans = 2

c) Das eindimensionale Zahlenfeld \>\> **F**=[1,2,3,4,5] wird mittels
\>\> **save** C:\DATEN.dat **F** -ascii
als ASCII-Datei auf Datenträger C in die Datei DATEN.dat gespeichert und steht hier in der Form
1.0000000e+000 2.0000000e+000 3.0000000e+000 4.0000000e+000 5.0000000e+000
Wird dieses gespeicherte Feld später wieder benötigt, kann es mittels
\>\> **load** C:\DATEN.dat -ascii
gelesen werden und steht in der Feldvariablen DATEN zur Verfügung:
\>\> DATEN
DATEN=1 2 3 4 5

d) Das zweidimensionale Zahlenfeld \>\> **F**=[1,2;3,4] wird mittels
\>\> **save** C:\DATEN.dat **F** -ascii
als ASCII-Datei auf Datenträger C in die Datei DATEN.dat gespeichert und steht hier in der Form
1.0000000e+000 2.0000000e+000
3.0000000e+000 4.0000000e+000
Wird dieses gespeicherte Feld später wieder benötigt, kann es mittels
\>\> **load** C:\DATEN.dat -ascii
gelesen werden und steht in der Feldvariablen DATEN zur Verfügung:
\>\> DATEN
DATEN =
1 2
3 4

e) Ist ein Ergebnis auszugeben, das nur in Form einer einzigen Zahl vorliegt, so ist analog wie im Beisp.c vorzugehen, wie das folgende Beispiel illustriert:
\>\> **sin(pi/3)**
ans = 0.8660
\>\> **save** C:\DATEN.dat **ans** -ascii
In der Datei DATEN.dat auf Datenträger C steht das gespeicherte Ergebnis in der Form
8.6602540e-001

8 Variablen in MATLAB

8.1 Einführung

Variablen (*veränderliche Größen*) spielen eine fundamentale Rolle, da sie in Formeln und Ausdrücken mathematischer Modelle auftreten, so dass Variablen bei Anwendung von MATLAB erforderlich sind.

Variablen sind durch *Namen* gekennzeichnet, die nach gewissen Regeln zu bilden sind.

Bei *Berechnungen* mathematischer Probleme besteht ein großer Teil der Arbeit im Kommandofenster in der *Eingabe* von *Variablen*, in *Zuweisungen* von Zahlen bzw. Ausdrücken an *Variablen* und in der *Verarbeitung* von *Variablen* durch MATLAB-Funktionen.

Um Variablen in MATLAB anwenden zu können, sind Kenntnisse über *Eigenschaften* von *Variablen*, *Variablennamen* und *Variablenarten* erforderlich, die im Folgenden gegeben werden.

8.2 Eigenschaften von Variablen

Variablen sind in MATLAB folgendermaßen *charakterisiert:*
- Alle benötigten Variablen lassen sich problemlos definieren, indem ein *Variablenname* (z.B. v) festgelegt (siehe Abschn.8.3) und diesem Namen im Kommandofenster von MATLAB eine Größe G (*Ausdruck, Funktion, Feld, Zahl, Konstante* oder *Zeichenkette*) zugewiesen, d.h. die *Zuweisung* >> v=G mittels Gleichheitszeichen = (*Zuweisungsoperator*) durchgeführt wird:
    * MATLAB benötigt keine Deklarationen, Typerklärungen oder Dimensionsanweisungen für Variablen. Wird ein neuer Variablennamen in das Kommandofenster eingegeben, so richtet MATLAB diese Variable automatisch ein und ordnet ihr Speicherplatz und einen *Datentyp* aufgrund der Zuweisung zu.
    * Da MATLAB einer Variablen anhand der zugewiesenen Größe automatisch einen Datentyp zuweist, kann mittels des Kommandos **whos** oder im *Workspace-Fenster* (siehe Abschn.8.5) nachgesehen werden, ob der zugewiesene Datentyp akzeptabel ist oder ein anderer Datentyp zugewiesen werden sollte.
- Wird im Kommandofenster stehenden Variablen eine *neue Größe zugewiesen*, so wird ihr alter Inhalt überschrieben und ist nicht mehr verfügbar (siehe Beisp.8.1).
- Mittels des Kommandos   **clear** *Variablenname*
  wird der *Inhalt* der bezeichneten Variablen im Kommandofenster *gelöscht*.
- Mittels des Kommandos   **clear all**
  werden die *Inhalte aller Variablen* im Kommandofenster *gelöscht*.
- Mittels des Kommandos   **clc**
  wird das gesamte aktuelle Kommandofenster gelöscht, während die Inhalte aller Variablen erhalten bleiben. Dies wird auch durch Aktivierung folgender Menüfolge erreicht:
  Edit ⇒ Clear Command Window

Beispiel 8.1:

Illustration der Anwendung des Kommandos **clear**:
a) Im Folgenden wird der Variablen y zuerst die Zahl 13 zugewiesen und anschließend gelöscht, so dass y wieder ohne Wert ist, wie die Fehlermeldung anzeigt:
   >> y=13
   y = 13
   >> **clear** y
   >> y
   ??? Undefined function or variable 'y'.

b) Wenn einer Variablen ein neuer Wert zugewiesen wird, so ist der vorhergehende Wert nicht mit dem Kommando **clear** wiederherstellbar, wie folgendes Beispiel illustriert:
>> v=9
v = 9
>> v=10
v = 10
>> **clear** v
>> v
??? Undefined function or variable 'v'.

8.3 Variablennamen

Wie bereits erwähnt, sind Variablen durch Ihren Namen charakterisiert, wobei in MATLAB Folgendes bei der Festlegung von *Variablennamen* zu beachten ist:
- Für Variablennamen sollten keine Namen in MATLAB vordefinierter Konstanten, Variablen und Funktionen verwendet werden, da diese dann nicht mehr verfügbar sind.
- Es sind Variablennamen zugelassen, die aus mehreren Zeichen (Buchstaben und Ziffern) bestehen:
  * Jeder Variablenname muss mit einem *Buchstaben beginnen*.
  * Außer Buchstaben und Ziffern ist noch der *Unterstrich* _ erlaubt.
  * *Leerzeichen* sind in Variablennamen *nicht* zugelassen.
  * MATLAB berücksichtigt in Variablennamen nur die ersten 31 Zeichen.
  * MATLAB unterscheidet bei Variablennamen zwischen *Groß*- und *Kleinschreibung*.
- Da MATLAB einfache und indizierte Variable kennt, sind nach dem Variablennamen noch in Klammern eingeschlossene und durch Komma getrennte Indizes erlaubt (siehe Abschn.8.4.1).

Beispiel 8.2:
Betrachtung einiger Beispiele für richtige und falsche Verwendung von Variablennamen:
a) *Variablennamen* müssen immer mit einem *Buchstaben beginnen* und dürfen außer Buchstaben nur noch Zahlen und Unterstrich _ enthalten. Ansonsten werden sie von MATLAB zurückgewiesen, wie aus folgenden Fehlermeldungen zu entnehmen ist:
>> 2v=5
??? 2v=5
Error: Unexpected MATLAB expression.
>> _w=7
??? _w=7
Error: The input character is not valid in MATLAB
statements or expressions.
>> w&=6
??? w&=6
Error: The expression to the left of the equals sign is
not a valid target for an assignment.

8.4 Variablenarten 49

MATLAB erkennt bei den verwendeten *Variablennamen* 2v, _w, w&, dass diese gegen die Syntax verstoßen. Wie zu erwarten, wird dies in den Fehlermeldungen nicht immer exakt angezeigt. So ist z.B. aus der *Bezeichnung* 2v für MATLAB nicht ersichtlich, ob es sich um eine falsch geschriebene Zahl oder einen Variablennamen handelt.

b) Im Folgenden sind Beispiele für *zulässige Variablennamen* zu sehen:
>> v_1=8
v_1 = 8
>> v_1_2=9
v_1_2 = 9

8.4 Variablenarten

Während die Mathematik nur zwischen *einfachen* und *indizierten Variablen* unterscheidet, verwendet MATLAB weitere Variablenarten, die im Folgenden vorgestellt werden.

Ausführliche Erläuterungen mit Beispielen zu Variablenarten liefert die MATLAB-Hilfe, wenn im HelpNavigator der Begriff *types of variables* eingegeben wird.

8.4.1 Einfache und indizierte Variablen

Einfache und *indizierte Variablen* der Mathematik sind in MATLAB anwendbar und werden folgendermaßen dargestellt:

- *Einfache Variablen:*
  Sie werden wie in der Mathematik und in MATLAB nur mittels *Variablennamen* bezeichnet.
  Sie können auch zur Bezeichnung von Vektoren, Matrizen, Feldern,... verwendet werden und heißen Vektorvariablen, Matrixvariablen, Feldvariablen,...
- *Indizierte Variablen:*
  Sie werden in der Mathematik mittels Variablennamen und Index bezeichnet, wie z.B.
  $Variablenname_i$ bzw. $Variablenname_{ik}$
  Sie müssen in MATLAB in der Form
  Variablenname(i)   bzw.   *Variablenname*(i,k)
  geschrieben werden, d.h. nach *Variablenname* werden Index bzw. durch Komma getrennte Indizes in Klammern eingeschlossen.
  Sie bezeichnen *Elemente* von *Feldern* und *Matrizen* bzw. Komponenten von *Vektoren*, die ausführlicher im Kap.7 bzw. 16 behandelt werden.

Beispiel 8.3:
Zuweisung eines Feldes an eine Variable **A**:
>> A=[1,2;3,4]
A =
1 2
3 4
und Auswahl des Elements aus Zeile 1 und Spalte 2 von **A**:
>> A(1,2)
ans = 2

8.4.2 Numerische und symbolische Variablen

MATLAB unterscheidet bei Variablen zwischen zwei Arten, die folgendermaßen charakterisiert sind:

Numerische Variablen
werden bei *numerischen Berechnungen* benötigt und sind dadurch gekennzeichnet, dass ihnen immer Zahlen zuzuweisen sind.

Symbolische Variablen
werden in *exakten (symbolischen) Berechnungen* im Rahmen der Computeralgebra benötigt, d.h. bei Anwendung der Toolbox SYMBOLIC MATH.
Symbolische Variablen x, y, ... müssen mit dem Kommando **syms** oder im Rahmen der Funktion **sym** mittels Hochstrichen als solche gekennzeichnet sein.
syms und **sym** (siehe Abschn.3.3.4) sind eng miteinander verbunden:
syms x entspricht der Zuweisung x = **sym**('x')
Ein Unterschied besteht darin, dass **syms** nur zur Kennzeichnung (Deklarierung) symbolischer Variablen einsetzbar ist, während **sym** die Ergebnisse von Berechnungen exakt (symbolisch) anzeigt, wie im folgenden Beispiel illustriert ist.

Beispiel 8.4:
Illustration des *Unterschieds* zwischen *numerischen* und *symbolischen Variablen*, indem eine Variable v zu numerischen bzw. symbolischen Berechnungen eingesetzt wird:
Einsatz von v als *numerische Variable* für eine Potenzierung:
\>\> v=9 ; v^2
ans = 81
Hier muss v vor Verwendung ein *Zahlenwert zugewiesen* werden.
Einsatz von v als *symbolische Variable* für eine Potenzierung bzw. Differentiation unter Verwendung von **syms** bzw. **sym** bzw. Hochstrichen:
Mittels des Kommandos **syms**:
Potenzierung
\>\> **syms** v ; v^2
ans = v^2
Differentiation
\>\> **syms** v ; **diff**(v^2,v)
ans = 2*v
Mittels der Funktion **sym** gelingt die Potenzierung:
\>\> **sym**('v^2')
ans = v^2
Mittels *Hochstrichen*:
Potenzierung
\>\> 'v^2'
ans = v^2
Differentiation
\>\> **diff**('v^2','v')
ans = 2*v

8.4.3 Vordefinierte Variablen

MATLAB kennt Variablen, die als *vordefinierte Variablen* oder *Built-In-Variablen* oder *MATLAB-Variablen* bezeichnet werden. Wir benötigen hiervon nur **ans**.
MATLAB weist der vordefinierten Variablen **ans** ein berechnetes Ergebnis zu, wenn es vom Anwender keiner anderen Variablen zugewiesen wird. **ans** tritt häufig auf, wie im Buch zu sehen ist.

8.4.4 Lokale, globale und persistente Variablen

MATLAB unterscheidet zwischen lokalen, globalen und persistenten Variablen:

- *Lokale Variablen*
  Jede MATLAB-Funktion (vordefiniert oder vom Anwender definiert) hat ihre eigenen lokalen Variablen, deren Werte nicht für andere Funktionen zur Verfügung stehen.
- *Globale Variablen*
  Globale Variable stehen allen Funktionen von MATLAB, d.h. dem gesamten Workspace (siehe Abschn.2.2.7) zur Verfügung. Eine globale Variable x ist folgendermaßen zu definieren: >> **global** x
- *Persistente Variablen*
  Lokale Variablen sind auch bei wiederholtem Aufruf in einer MATLAB-Funktion nicht mit einem Wert belegt. Dagegen sind persistente Variable als spezielle lokale Variablen mit Werten belegt, die auch bei erneuten Aufrufen einer Funktion noch bekannt sind. Eine persistente Variable x ist innerhalb einer M-Datei von MATLAB folgendermaßen zu definieren: >> **persistent** x

8.5 Anzeige von Variablen im Workspace-Fenster

Da bei umfangreichen Berechnungen leicht der Überblick über verwendete Variablen verloren gehen kann, besitzt MATLAB folgende Möglichkeiten, um Auskünfte zu erhalten:
Im *Workspace* (siehe Abschn.2.2.7) von MATLAB werden im Kommandofenster verwendete aktuelle Variablen gespeichert.
Das *Workspace-Fenster* zeigt alle Variablen an, d.h. es gibt eine Übersicht über die Struktur der aktuellen Variablen (siehe Beisp.8.5).
Die beiden MATLAB-Kommandos
who und **whos**
geben dem Anwender ebenfalls *Informationen* über aktuelle *Variablen* des Kommandofensters, wie im folgenden Beispiel illustriert ist.

Beispiel 8.5:
Kennzeichnung von u als *symbolische Variable* und Zuweisung von Werten an eine *einfache Variable* x, eine *Feldvariable* y und eine *Zeichenkettenvariablen* z im Kommandofenster von MATLAB:
>> **syms** u
>> x = 1
x = 1
>> y=[1,2,3,4,5]
y = 1 2 3 4 5
>> z='Guten Tag'
z = Guten Tag

Für diese Variablen geben die Kommandos **who** und **whos** bzw. das *Workspace-Fenster* folgende *Informationen* aus:

>> **who**

Your variables are: u x y z

>> **whos**

Name	Size	Bytes	Class	Attributes
u	1x1	60	sym	
x	1x1	8	double	
y	1x5	40	double	
z	1x9	18	char	

Es ist zu sehen, dass **who** nur die Namen der im aktuellen Kommandofenster verwendeten Variablen ausgibt, während **whos** ausführlicher ist und zusätzlich Größe (Size), Speicherplatz (Bytes) und Klasse/Datentyp (Class) der Variablen (symbolische Variable mittels *sym*, numerische Variable mittels *double* bzw. Zeichenkettenvariable mittels *char*) ausgibt.

Die Anzeige des *Workspace-Fensters* ist in folgender Abbildung zu sehen:

Name ▲	Value	Min	Max
u	<1x1 sym>		
x	1	1	1
y	[1,2,3,4,5]	1	5
z	'Guten Tag'		

9 Funktionen, Kommandos, Schlüsselwörter in MATLAB

9.1 Einführung

In MATLAB sind zahlreiche *Kommandos* und *Funktionen* integriert, die als *vordefiniert* bezeichnet werden.

Sie spielen die Hauptrolle bei der Arbeit mit MATLAB, da alle Anwendungen auf ihrem Einsatz beruhen.

MATLAB selbst unterscheidet nicht immer streng zwischen Kommandos und Funktionen. Die MATLAB-Hilfe informiert über diese Problematik, indem in den HilfeNavigator die Begriffe *Commands* bzw. *Functions* eingegeben werden.

Im Buch werden *Kommandos* und *Funktionen* von MATLAB durch folgende Eigenschaften unterschieden:
- *Kommandos* benötigen nach dem Kommandonamen keine in runde Klammern eingeschlossenen Argumente. Eventuell benötigte Parameter werden ohne Klammern nach dem Kommandonamen geschrieben.
- *Funktionen* benötigen *Argumente* nach dem Funktionsnamen, die in *runde Klammern* einzuschließen und durch Kommas zu trennen sind.

Außer Funktionen und Kommandos kennt MATLAB in seiner Programmiersprache noch *Schlüsselwörter* (siehe Abschn.9.4).

9.2 Funktionen

MATLAB stellt zahlreiche *Funktionen* zur Verfügung, die als *vordefinierte Funktionen* oder *Built-In-Funktionen* oder *MATLAB-Funktionen* bezeichnet werden, wobei wir die Bezeichnung MATLAB-Funktion bevorzugen.

9.2.1 Allgemeine und mathematische Funktionen

MATLAB-Funktionen lassen sich in *allgemeine* und *mathematische* Funktionen einteilen, von denen zahlreiche im Buch vorgestellt werden.

Die Gesamtheit aller MATLAB-Funktionen steht im *Function Browser*, der im folgenden Abschn.9.2.2 betrachtet wird.

Da mathematische Funktionen für die Ingenieurmathematik die Hauptrolle spielen, werden sie im Kap.12 ausführlich vorgestellt und ihre Anwendung und Fähigkeiten in den entsprechenden Kapiteln erklärt und an Beispielen illustriert.

9.2.2 Function Browser (Funktionsfenster)

Im *Function Browser*, der im Weiteren als *Funktionsfenster* bezeichnet wird, sind alle in MATLAB und den installierten Toolboxen vordefinierten Funktionen nach Kategorien aufgelistet:
- Das *Funktionsfenster* wird durch eine der folgenden Vorgehensweisen aufgerufen:
  Aktivierung der Menüfolge **Help ⇒ Function Browser**
  Anklicken von

  links neben dem Eingabeprompt der aktuellen Kommandozeile (ab MATLAB-Version R2008b).
- Im geöffneten *Funktionsfenster* (siehe folgende Abbildung) lassen sich durch Mausklick auf die betreffende Kategorie und die danach angezeigten Funktionen ausführlichere In-

formationen erhalten bzw. die ausgewählte Funktion in die aktuelle Kommandozeile einfügen (durch Maus-Doppelklick). Des Weiteren kann hier bei *Search for functions* durch Eingabe von Begriffen nach benötigten Funktionen gesucht werden.

9.3 Kommandos

MATLAB stellt eine Reihe von *Kommandos* zur Verfügung, die zur Arbeit notwendig sind und von denen wichtige im Buch erklärt und in Beispielen illustriert werden.

Wie bereits erwähnt, unterscheiden wir in MATLAB *vordefinierte Kommandos* von Funktionen dadurch, dass sie nur aus dem Namen und eventuell benötigten Parametern bestehen, die nach dem Kommandonamen ohne Klammern zu schreiben sind, wie z.B. **syms** x zur Kennzeichnung von x als symbolische Variable.

Zusätzliche Hilfen zu Kommandos werden durch Eingabe von *Commands* in den HelpNavigator erhalten.

Zu häufig benötigten Kommandos gehören **clear**, **diary**, **edit**, **format short**, **format long**, **funtool**, **global**, **help**, **hold on**, **iskeyword**, **load**, **local**, **save**, **syms**, **ver**, **who**, **whos**.

9.4 Schlüsselwörter

Als *Schlüsselwörter* (engl.: Keywords) werden Sprachelemente der Programmiersprache von MATLAB bezeichnet, die im Kap.11 bei der Programmierung mit MATLAB behandelt werden.

Sämtliche von MATLAB verwendeten Schlüsselwörter werden im Kommandofenster durch Eingabe von **>> iskeyword** angezeigt.

10 Dateien in MATLAB
10.1 Einführung

Grundkenntnisse über verschiedene Dateitypen von MATLAB muss jeder Anwender besitzen, da sonst kein effektives Arbeiten möglich ist. Deshalb werden diese im Folgenden kurz vorgestellt und M- und MAT-Dateien ausführlicher betrachtet:

M-Dateien (siehe Abschn.10.2):
Sie bestehen aus Folgen von *MATLAB-Funktionen, -Kommandos, -Schlüsselwörtern* und *Text*.
Sie sind *ASCII-Dateien*.
Die Bezeichnung *M-Datei* (engl.: *M-File*) kommt von der Dateiendung m.

MAT-Dateien (siehe Abschn.10.3):
Sie enthalten den Inhalt von *Arbeitssitzungen* mit MATLAB, d.h. Auszüge aus Kommandofenstern.
Die Bezeichnung *MAT-Datei* (engl.: *MAT-File*) kommt von der Dateiendung mat.

MEX-Dateien:
Sie dienen der Einbindung von C- und FORTRAN-Programmen in die Arbeit mit MATLAB. Dies ist nur für fortgeschrittene Programmierer interessant und wird im Buch nicht betrachtet.
Die Bezeichnung *MEX-Datei* (engl.: *MEX-File*) kommt von der Dateiendung mex.

10.2 M-Dateien (Script- und Funktionsdateien)

M-Dateien spielen eine Hauptrolle bei der Arbeit mit MATLAB, da sie zur
Definition mathematischer *Funktionen* (siehe Abschn.12.4)
Erstellung von *Programmen* (siehe Abschn.11.3)
nichtinteraktiven Arbeit mit MATLAB (siehe Abschn.3.1)
Erstellung von *Toolboxen* (siehe Abschn.2.4)
benötigt werden.

M-Dateien sind folgendermaßen charakterisiert:

- Sie sind *ASCII-Dateien* und können mit einem beliebigen Texteditor geschrieben werden. Es wird empfohlen, den *MATLAB-Editor* (siehe Abschn.2.5 und Abb.10.1) zu verwenden, der mit dem Kommando >> **edit** aufzurufen ist. Zusätzlich kann der MATLAB-Editor mittels Menüfolge **File** ⇒ **New** ⇒ **M-File** aufgerufen werden.
- Sie bestehen aus Folgen von *MATLAB-Funktionen, -Kommandos, -Schlüsselwörtern* und *Kommentaren (Textzeilen)*, die in MATLAB-Syntax zu schreiben sind.
- Sie werden unter ihren *Dateinamen aufgerufen*, wobei die *Dateibezeichnung* DATEINAME.m
  mit vorzugebendem DATEINAME lautet, d.h. als *Dateiendung* ist m zu verwenden.
- MATLAB arbeitet M-Dateien erst ab, wenn sie aufgerufen werden, d.h. die zur Berechnung eines Problems geschriebenen *MATLAB-Funktionen, -Kommandos* und *-Schlüsselwörter* werden nicht einzeln (interaktiv) abgearbeitet, sondern insgesamt nach Aufruf der Datei.
- M-Dateien können andere M-Dateien und sich selbst aufrufen. Letzteres wird als *rekursive Programmierung* bezeichnet. Bei ihr ist allerdings Vorsicht geboten und sie sollte deshalb nur von fortgeschrittenen Programmierern eingesetzt werden.

- *Textzeilen* (*Kommentare*) werden in M-Dateien ebenfalls wie im Kommandofenster durch Voranstellung des *Prozentzeichens* % gekennzeichnet (siehe Abschn.3.4), da für sie die MATLAB-Syntax gilt.

  Die *ersten Textzeilen* im Kopf einer *M-Datei* mit Namen DATEINAME.m lassen sich mittels Hilfekommando
  >> help DATEINAME
  im Kommandofenster anzeigen (siehe Beisp.11.5 und 11.6).

  Es wird empfohlen, eine M-Datei in ihren ersten Textzeilen kurz zu beschreiben und eventuell einzugebende Argumente zu erläutern.

MATLAB unterscheidet *zwei Arten* von M-Dateien:
Skriptdateien
Funktionsdateien
Beide Dateitypen haben einen *ähnlichen Aufbau*. Ihre *Unterschiede* werden in den Abschn. 11.3.2, 11.3.3 und 12.4.1 erläutert und in den Beisp.11.5-11.7 und 12.1 illustriert. Diese Beispiele können als Vorlagen zum Schreiben von M-Dateien verwendet werden.

10.3 MAT-Dateien

Jede Arbeitssitzung mit MATLAB, d.h. das *aktuelle Kommandofenster*, lässt sich als MAT -Datei *speichern* bzw. *einlesen*. Mittels der Menüfolge

File ⇒ Save Workspace As...

erfolgt die *Speicherung* als *Datei* (mit vorgegebenen Dateinamen) mit *Endung* mat auf Festplatte oder anderen Datenträger, wobei im erscheinenden Dialogfeld **Save to MAT-File** der komplette Pfad (d.h. Datenträger+Dateiname) anzugeben ist:

Gleiches wird mit dem Kommando **save** (mit kompletter Pfadangabe) erreicht.

MATLAB speichert MAT-Dateien im *Binärformat:*

- Es werden nur Werte der im Kommandofenster befindlichen Variablen aber nicht der Inhalt des Kommandofensters gespeichert.
- Deshalb können MAT-Dateien nur mit spezieller Software angesehen werden. Die Betrachtung derartiger Dateien ist jedoch für Anwender nicht erforderlich. Für sie ist nur wichtig, dass nach dem Einlesen einer MAT-Datei die darin befindlichen Variablen wieder verfügbar sind (siehe Beisp.10.1).

Wenn Werte von Variablen früherer Arbeitssitzungen später erneut benötigt werden, so kann die entsprechende MAT-Datei mittels der Menüfolge **File ⇒ Open...** *gelesen* werden, indem im erscheinenden Dialogfeld **Open** der Pfad der betreffenden MAT-Datei eingegeben wird:

- Gleiches wird mittels **load** mit Pfadangabe erreicht (siehe Beisp.10.1a).
- Nach dem Lesen wird die MAT-Datei nicht im Kommandofenster angezeigt. Es sind jedoch ab sofort die Werte der Variablen dieser Datei verfügbar.

Möchte man den *Inhalt* eines Kommandofensters später wieder ansehen, ohne dass die Werte der Variablen benötigt werden, bzw. ihn in eine andere Arbeit (einen anderen Text) einbinden, so ist das Kommandofenster mittels des Kommandos **diary** zu speichern:

- Durch Eingabe von
  >> **diary** D:\INHALT
  in das Kommandofenster wird der folgende Inhalt des Kommandofensters als ASCII-Datei INHALT auf Datenträger D gespeichert, und zwar solange, bis das Kommando

>> **diary off**

in das Kommandofenster eingegeben wird (siehe Beisp.10.1b).

- Der in der Datei INHALT gespeicherte Ausschnitt des Kommandofensters kann später mittels eines beliebigen Texteditors wieder *gelesen*, anschließend bearbeitet und z.B. in andere Texte eingefügt werden.

Beispiel 10.1:

Speicherung des Inhalts eines Kommandofensters auf beide angegebenen Arten und anschließendes Lesen:

Für folgende zwei Beispiele wird im Kommandofenster den Variablen x und y jeweils ein Zahlenausdruck zugewiesen:

>> x=3^2+**sqrt**(5)
x = 11.2361
>> y=**sin(pi**/3)+**log**(2)
y = 1.5592

a) Zuerst wird das so erhaltene Kommandofenster mittels des Kommandos **save**
>> **save** D:\TEST.mat
gespeichert, d.h. als Datei TEST.mat auf Datenträger D:

Bei einer *neuen Arbeitssitzung* liest man die Datei TEST.mat mittels des Kommandos **load** mit *Pfadangabe* und erhält für die Variablen x und y die bei der früheren Arbeitssitzung zugewiesenen Werte:

>> **load** D:\TEST.mat
>> x
x = 11.2361
>> y
y = 1.5592

Nach dem Lesen mittels **load** in ein neues Kommandofenster bleibt dieses leer. Erst wenn man die Namen der entsprechenden Variablen eingibt, werden die eingelesenen Werte angezeigt.

b) Speicherung des folgenden Teils des Kommandofensters
>> **diary** D:\INHALT
>> x=3^2+**sqrt**(5)
x = 11.2361
>> y = **sin(pi**/3)+**log**(2)
y = 1.5592
>> **diary off**

mittels des Kommandos **diary** als *ASCII-Datei* INHALT auf Datenträger D:
Hier wird der *Inhalt* des Kommandofensters zwischen

diary D:\INHALT und **diary off**

gespeichert.

Die Eingabe von

>> **edit** D:\INHALT

in das Kommandofenster liest die auf Datenträger D gespeicherte Datei INHALT mit dem Inhalt des Kommandofensters zwischen

diary D:\INHALT und **diary off**

in das Fenster des MATLAB-Editors, das in Abb.10.1 zu sehen ist.

Der sich im Fenster des MATLAB-Editors befindliche Text des eingelesenen Teils des Kommandofensters kann bearbeitet und in andere Texte eingefügt werden.

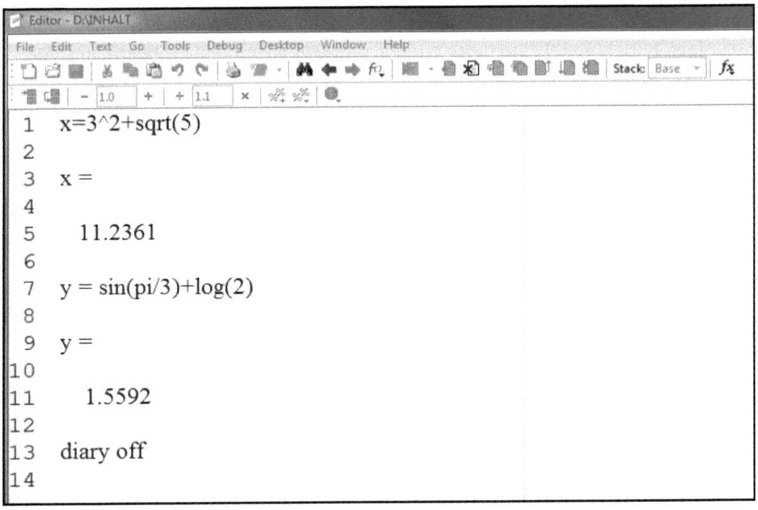

```
Editor - D:\INHALT
File  Edit  Text  Go  Tools  Debug  Desktop  Window  Help

 1    x=3^2+sqrt(5)
 2
 3    x =
 4
 5       11.2361
 6
 7    y = sin(pi/3)+log(2)
 8
 9    y =
10
11        1.5592
12
13    diary off
14
```

Abb.10.1: Fenster des MATLAB-Editors mit der Datei INHALT aus Beisp.10.1b

11 Programmierung mit MATLAB

11.1 Einführung

MATLAB wird nicht zu Unrecht als *Programmiersprache* bezeichnet, die ohne Weiteres mit modernen (höheren) Programmiersprachen wie BASIC, C, FORTRAN, PASCAL,... konkurrieren kann.

Wenn für ein zu berechnendes Problem keine entsprechenden MATLAB-Funktionen existieren, können Programme mittels der in MATLAB integrierten Programmiersprache (*MATLAB-Programmiersprache*) erstellt werden.

Kenntnisse in der MATLAB-Programmiersprache sind auch nützlich, um bereits vorhandene MATLAB-Programme (M-Dateien) und Toolboxen anzusehen, zu verstehen und gegebenenfalls an eigene Erfordernisse anzupassen.

Wer Kenntnisse in der Programmiersprache C besitzt, hat keine Schwierigkeiten mit der MATLAB-Programmiersprache. Dies liegt darin begründet, dass diese C-ähnliche Strukturen aufweist.

Die MATLAB-Programmiersprache besitzt sogar *Vorteile* gegenüber herkömmlichen Programmiersprachen, da die gesamte Palette der MATLAB-Funktionen bei der Programmierung verwendet werden kann.

MATLAB bietet zusätzlich die Möglichkeit, in C oder FORTRAN geschriebene Programme einzubinden.

Falls Programmierung und eine Beschäftigung mit den erforderlichen numerischen Algorithmen vermieden werden sollen, besteht die Möglichkeit, auf die NAG-Toolbox für MATLAB zurückzugreifen. Diese Toolbox wird von der Softwarefirma NAG angeboten und enthält Programme für zahlreiche numerische Algorithmen der Ingenieurmathematik.

☞

Im Buch kann die MATLAB-Programmierung nicht umfassend behandelt werden. Hierfür wird auf die Literatur verwiesen (siehe [42-44]).

Im Folgenden wird eine *Einführung* in *prozedurale Programmiermöglichkeiten* gegeben, die ausreichen, um Algorithmen der Ingenieurmathematik programmieren zu können.

11.2 Operatoren und Anweisungen der prozeduralen Programmierung

Die *prozedurale Programmierung* (strukturierte Programmierung) verwendet folgende *Anweisungen* (*Befehle*):
Zuweisungen (Zuweisungsanweisungen - siehe Abschn.11.2.3)
Verzweigungen (Verzweigungsanweisungen - siehe Abschn.11.2.4)
Schleifen (Laufanweisungen - siehe Abschn.11.2.5)
Für diese Anweisungen werden in den folgenden beiden Abschnitten benötigte Operatoren und Ausdrücke vorgestellt.

11.2.1 Vergleichsoperatoren und Vergleichsausdrücke

MATLAB kennt folgende *Vergleichsoperatoren*, die auch als *Boolesche Operatoren* bezeichnet werden:

Kleiner	<	*Kleiner-Operator*
Größer	>	*Größer-Operator*
Kleiner oder Gleich	<=	*Kleiner-Gleich-Operator*
Größer oder Gleich	>=	*Größer-Gleich-Operator*
Gleich (zwei Gleichheitszeichen)	==	*Gleichheitsoperator*
Nicht Gleich (*Ungleich*)	~=	*Ungleichheitsoperator*

Zusätzlich ist in MATLAB die *Gleichheitsfunktion* **isequal** vordefiniert, deren Anwendung im Beisp.11.1a illustriert ist.

Mit Vergleichsoperatoren gebildete Ausdrücke werden als *Vergleichsausdrücke* bezeichnet.

11.2.2 Logische Operatoren und logische Ausdrücke

MATLAB stellt die *logischen Operatoren*

UND   &

ODER |

NICHT   ~

bereit, die zusammen mit *Vergleichsoperatoren* zur Bildung *logischer Ausdrücke* dienen. Vergleichsausdrücke sind Spezialfälle logischer Ausdrücke.

Im Unterschied zu *mathematischen Ausdrücken* (siehe Abschn.14.2) können *logische Ausdrücke* nur die beiden Werte 0 (falsch) oder 1 (wahr) annehmen.

Logische Ausdrücke werden u.a. bei Verzweigungen und Schleifen benötigt (siehe Abschn. 11.2.4 bzw. 11.2.5).

Beispiel 11.1:

Illustration logischer Ausdrücke und speziell von Vergleichsausdrücken:

a) Folgende Ausdrücke sind Beispiele für *Vergleichsausdrücke* und werden mittels MATLAB auf die Werte 0 (falsch) oder 1 (wahr) untersucht:

   a1) MATLAB zeigt durch Ausgabe 1 an, dass folgender Vergleichsausdruck wahr ist:
```
>> 1<=2
ans = 1
```

   a2) MATLAB zeigt durch Ausgabe 1 an, dass folgender Vergleichsausdruck wahr ist:
```
>> (sqrt(2)+exp(1))/(5+log(3))>=sin(3)
ans = 1
```

   a3) MATLAB zeigt durch Ausgabe 0 an, dass folgender Vergleichsausdruck falsch ist:
```
>> 2^3+1/3<6+1/7
ans = 0
```

   a4) Anwendung von *Gleichheitsoperator* == und *Gleichheitsfunktion* **isequal**:

      Bei Anwendung auf Variablen liefern beide das gleiche Ergebnis:
```
>> v=1 ; w=2 ; v==w
ans = 0
>> isequal(v,w)
ans = 0
```
      Da beide Variablen verschieden sind, gibt MATLAB 0 (*falsch*) aus.

      Bei Anwendung auf Felder (Matrizen) liefern beide unterschiedliche Ergebnisse, da der Gleichheitsoperator == elementweise vergleicht, während die Gleichheitsfunktion **isequal** das gesamte Feld vergleicht:

Betrachtung zweier unterschiedlicher Felder **A** und **B**, die einige gleiche Elemente besitzen:
>> A = [1 2 3 4 5] ; B = [2 2 7 4 9] ; A==B
ans = 0 1 0 1 0
>> **isequal(A,B)**
ans = 0
Betrachtung zweier identischer Felder:
>> A=[1 2 3 4 5] ; B=[1 2 3 4 5] ; A==B
ans = 1 1 1 1 1
>> **isequal(A,B)**
ans = 1

b) Folgende Ausdrücke sind Beispiele für *logische Ausdrücke*, für die MATLAB 0 oder 1 ausgibt, wenn der gebildete Ausdruck falsch bzw. wahr ist:
Verknüpfung zweier Vergleichsausdrücke mit logischem UND
>> (2<3)&(4<1)
ans = 0
Verknüpfung zweier Vergleichsausdrücke mit logischem ODER
>> (2<3)|(4<1)
ans = 1
Negation eines Vergleichsausdrucks mit logischem NICHT
>> ~(2<3)
ans = 0

11.2.3 Zuweisungen

Zuweisungen (Zuweisungsanweisungen) von Zahlen, Konstanten oder allgemein *Ausdrücken* A an *Variablen* v werden häufig für Berechnungen benötigt. Sie sind in MATLAB folgendermaßen charakterisiert:

MATLAB verwendet als *Zuweisungsoperator* das Gleichheitszeichen   =
d.h. die Zuweisung eines Ausdrucks A an eine Variable v geschieht mittels   >> v=A
Durch Zuweisung eines symbolischen Ausdrucks wird eine Variable v zu einer *symbolischen Variablen* (siehe Abschn.8.4.2).
Der Zuweisungsoperator findet in MATLAB auch Anwendung bei der *Definition* von *Funktionen* (siehe Abschn.12.4).
Zuweisungen sind immer von rechts nach links zu lesen und nicht mit mathematischen Gleichungen zu verwechseln.

Beispiel 11.2:
Zuweisungen für eine Variable v im Standardformat (**format short**):
Zuweisung einer *Dezimalzahl*
>> v=7.2
v = 7.2000
Zuweisung der *Konstanten* π
>> v=**pi**
v = 3.1416
Zuweisung eines *Zahlenausdrucks*
>> v=**sqrt**(2)+**exp**(3)
v = 21.4998

Zuweisung eines *logischen Ausdrucks*
\>\> v=(3<5)&(2<4)|(6<1)
v = 1
Zuweisung eines *symbolischen Ausdrucks*
\>\> **syms** a b c d ; v=(**sqrt**(a)+b)/(d^2+**sin**(c))
v = (a^(1/2)+b)/(d^2+sin(c))

11.2.4 Verzweigungen

Verzweigungen (Verzweigungsanweisungen) liefern in *Abhängigkeit* von *Bedingungen* (logischen Ausdrücken) unterschiedliche Resultate, da eine Folge von Anweisungen nur ausgeführt wird, wenn ein auszuwertender logischer Ausdruck wahr ist:

- Zur Programmierung von *Verzweigungen* stellt MATLAB die Schlüsselwörter **if**, **else**, **elseif** und **end** bereit, die auf eine der folgenden Arten anzuwenden sind:

  if *Bedingung* ; *Anweisungen* ; **end**

  if *Bedingung* ; *Anweisungen_1* ; **else** *Anweisungen_2* ; **end**

  if *Bedingung_1* ; *Anweisungen_1* ; **elseif** *Bedingung_2* ; *Anweisungen_2* ; **end**

  if *Bedingung_1* ; *Anweisungen_1* ; **elseif** *Bedingung_2* ; *Anweisungen_2* ; **else** *Anweisungen_3* ; **end**

- Wenn nach **if** *mehrere Anweisungen* stehen, so sind diese durch *Semikolon* oder *Komma* zu *trennen*:

  Im Buch wird für alle Trennungen das Semikolon verwendet.

  Der Unterschied für beide Trennarten liegt in der Anzeige der Resultate und wird im Beisp.11.3a illustriert.

- Die *Struktur* von *Verzweigungen* ist leicht erkennbar:

  Nur wenn die *Bedingung* (logischer Ausdruck) nach **if** wahr ist, werden die danach folgenden *Anweisungen* ausgeführt.

  Falls **else** vorkommt, werden die danach folgenden *Anweisungen* ausgeführt, wenn die *Bedingung* nach **if** nicht wahr ist.

  elseif ist durch Zusammenziehen von **else** und **if** entstanden.

  end entspricht jeweils einem **if** und schließt die Gruppe von Anweisungen ab.

Beispiel 11.3:

a) Betrachtung der Unterschiede bei der Trennung von Anweisungen in Verzweigungen durch Semikolon oder Komma:

Einheitliche Verwendung des *Semikolons*, auch bei mehreren Anweisungen:

\>\> a=1 ; b=2 ; if b>a ; a=b ; b=0 ; **end**
\>\> a
a = 2
\>\> b
b = 0

11.2 Operatoren und Anweisungen der prozeduralen Programmierung

Hier zeigt MATLAB im Gegensatz zum folgenden Beispiel keine Zuweisung an. Erst durch zusätzliche Eingabe der Variablennamen werden die zugewiesenen Werte angezeigt.

Einheitliche Verwendung des *Kommas*, auch bei mehreren Anweisungen:

>> a=1 , b=2 , **if** b>a , a=b , b=0 , **end**
a = 1
b = 2
a = 2
b = 0

MATLAB zeigt hier im Gegensatz zur Verwendung des Semikolons sämtliche zugewiesenen Werte an.

b) Verwendung von *Verzweigungen* zum Erstellen eines einfachen *rekursiven Programms* zur *Berechnung* der *Fakultät* positiver ganzer Zahl n, d.h. von n! = n·(n-1)·(n-2)·...·1:

Es soll die Meldung *Fehler n<0* (als Zeichenkette) ausgegeben werden, falls für n versehentlich eine negative ganze Zahl eingegeben wird.

Die folgende *Funktionsdatei* FAK hat die Form eines *rekursiven Programms*:

function y=FAK(n)
if n==0 ; y=1 ; **elseif** n<0 ; y='*Fehler n<0*' ; **else** y=n*FAK(n-1) ; **end**

Wenn die erstellte Funktionsdatei unter dem Namen FAK.m im aktuellen Verzeichnis (Current Directory/Folder) von MATLAB gespeichert ist, können anschließend mit der Funktion FAK *Fakultäten berechnet* werden, wobei als Beispiele eine negative Zahl -1, Null und eine positive Zahl 5 verwendet werden:

>> FAK(-1)   >> FAK(0)   >> FAK(5)
ans = *Fehler n<0*   **ans** = 1   **ans** = 120

Die Funktion FAK zur Berechnung der Fakultät n! wurde nur zu Übungszwecken geschrieben, da in MATLAB hierfür folgende Funktionen vordefiniert sind:

prod(1:n) , **factorial**(n) und **gamma**(n+1)

Innerhalb von *Zuweisungen* akzeptiert MATLAB *keine Verzweigungen*. So lässt sich z.B. die Berechnung der Fakultät aus Beisp.11.3b nicht in Form folgender Funktionsdatei schreiben:

function y=FAK(n)
y = **if** n==0 ; 1 ; **elseif** n<0 ; '*Fehler n<0*' ; **else** n*FAK(n-1) ; **end**

MATLAB gibt eine Fehlermeldung beim Aufruf dieser Funktion FAK aus.

11.2.5 Schleifen

Schleifen dienen zur *Wiederholung* von *Anweisungsfolgen*, d.h. gewisse Anweisungen werden mehrfach durchlaufen. Deshalb heißen sie auch *Laufanweisungen*.

Zur Programmierung von *Schleifen* stellt MATLAB die Schlüsselwörter **for** und **while** bereit:

- **for** für eine *vorgegebene Anzahl* von *Schleifendurchläufen*.
  Derartige Schleifen heißen **for**-Schleifen oder *Zählschleifen* und haben folgende Gestalt:

  for *Index*=*Startwert*:*Endwert* ; *Anweisungen* ; **end**

  Hier werden *Anweisungen* solange ausgeführt, bis der *Index* mit der Schrittweite 1 vom *Startwert* ausgehend den *Endwert* erreicht hat.

for *Index=Startwert*:*Schrittweite*:*Endwert* ; *Anweisungen* ; **end**
Diese Form ist zu verwenden, falls eine andere *Schrittweite* als 1 vorliegt.

- **while** für eine *variable Anzahl* von *Schleifendurchläufen*.
  Derartige Schleifen heißen **while**-Schleifen, *Iterationsschleifen* oder *bedingte Schleifen* und haben folgende Gestalt:
  while *Bedingung* ; *Anweisungen* ; **end**
  Hier werden *Anweisungen* solange ausgeführt, solange die *Bedingung* wahr ist.

- Beim *Einsatz* von *Schleifen* ist Folgendes in MATLAB zu beachten:
  Wenn bei **for** oder **while** mehrere *Anweisungen* nacheinander stehen, so sind diese durch *Semikolon* oder *Komma* zu *trennen*.
  Im Buch wird für alle Trennungen das Semikolon verwendet. Es sind auch Kommas erlaubt. Die Unterschiede liegen in der Anzeige der Resultate und werden im Beisp.11.4b illustriert.
  Schleifen können *geschachtelt* werden (siehe Beisp.11.4d). Des Weiteren lassen sich **for**- oder **while**-Schleifen mittels des Schlüsselworts **break** vorzeitig abbrechen.
  Spezielle **for**-Schleifen lassen sich auch mittels des *Doppelpunktoperators* : bilden, wie im Beisp. 11.4d illustriert ist.

☞

Der *Unterschied* zwischen den Schlüsselwörtern **for** und **while** bei der Bildung von Schleifen ist unmittelbar klar:
In einer **for**-Schleife wird die Anzahl der Wiederholungen einer Gruppe von Anweisungen zu Beginn vorgegeben. Deshalb heißen sie *Zählschleifen*.
In einer **while**-Schleife wird eine Gruppe von Anweisungen in Abhängigkeit von einem logischen Ausdruck (Abbruchkriterium) wiederholt, d.h. die Anzahl der Wiederholungen ist zu Beginn nicht bekannt. Sie heißen *Iterationsschleifen* (bedingte Schleifen), da sie hauptsächlich bei Iterationsalgorithmen eingesetzt werden (siehe Beisp.11.4c).

Beispiel 11.4:

a) *Schleifen* mit *vorgegebener Anzahl* von *Durchläufen* treten bei Berechnungen endlicher *Summen/Reihen* (siehe Abschn.20.2) auf. Zur Illustration wird die Summe

$$S = \sum_{k=1}^{10} \frac{1}{k} = \frac{7381}{2520} \approx 2.928968$$

betrachtet, für deren Berechnung offensichtlich 10 Schleifendurchläufe erforderlich sind. Zur Berechnung kann eine **for**-Schleife in der Form
>> S=0 ; for k=1:10 ; S=S+1/k ; end ; S
S = 2.9290
verwendet werden.
Die Berechnung dieser endlichen Summe mittels einer Schleife dient nur zu Übungszwecken, da in MATLAB hierfür die Funktion **symsum** vordefiniert ist (siehe Abschn. 20.2), die das Ergebnis unmittelbar liefert:
>> **syms** k ; S=**symsum**(1/k,1,10)
S = 7381/2520

>> **single**(S)
ans = 2.9290

b) Gleichzeitige Berechnung der beiden Summen

$$S1 = \sum_{k=1}^{10} \frac{1}{k} \quad , \quad S2 = \sum_{k=1}^{10} \frac{1}{k^2}$$

mittels **for**-Schleife:
Unter *Verwendung* von *Semikolons* zur Trennung innerhalb der Schleife:
>> S1=0 ; S2=0 ; **for** k=1:10 ; S1=S1+1/k ; S2=S2+1/k^2 ; **end**
>> S1
S1 = 2.9290
>> S2
S2 = 1.5498

Unter *Verwendung* von *Kommas* zur Trennung innerhalb der Schleife:
>> S1=0 ; S2=0 ; **for** k=1:10 , S1=S1+1/k , S2=S2+1/k^2 , **end**
Bei dieser Form der Eingabe zeigt MATLAB für jeden der zehn Schleifendurchläufe die Werte der Summen S1 und S2 an. Hieraus ist zu ersehen, dass diese Trennungsart i.Allg. nicht zu empfehlen ist.

c) *Schleifen* mit *unbekannter Anzahl* von *Durchläufen* treten bei *Iterationsalgorithmen* auf, die die Numerische Mathematik zur näherungsweisen Berechnung einer Reihe von Problemen bereitstellt.

Als Illustration für diese Schleifenart wird der *Iterationsalgorithmus*

$$x_{k+1} = \frac{1}{2} \cdot \left(x_k + \frac{a}{x_k} \right) \qquad (k=1, 2,... \; ; \; x_1 \text{ - vorgegebener Startwert})$$

zur Berechnung der *Quadratwurzel* $\sqrt{a}$ (a>0) programmiert.
Dieser Iterationsalgorithmus *konvergiert* für beliebige Startwerte x_1.
Der Abbruch der Iteration mit der *Genauigkeitsschranke* EPS gestaltet sich hier einfach mittels

$$\left| x_{k+1}^2 - a \right| < EPS$$

Im Folgenden sind verschiedene Programmvarianten (mit Startwert x=a) für die konkreten Werte EPS=0.000001 und a=2 zu sehen:

c1) >> a=2 ; EPS=0.000001 ; x=a ; **while** abs(x^2-a)>=EPS ; x=(x+a/x)/2 ; **end** ; x
x = 1.4142

c2) Falls versehentlich für a eine negative Zahl eingegeben wird, so konvergiert dieser Iterationsalgorithmus nicht und MATLAB *beendet* die *Berechnung* nur durch Drücken der Tastenkombination STRG+C. Deshalb empfiehlt sich die zusätzliche Verwendung des Schlüsselworts **break** in folgender Form:
>> a=2 ; EPS=0.000001 ; x=a ;
>>**while** abs(x^2-a)>=EPS ; **if** a<0 ; **break** ; **end** ; x=(x+a/x)/2 ; **end** ; x
x = 1.4142

c3) Ausgabe einer *Fehlermeldung* mittels der MATLAB-Funktion **disp**, wenn eine Zahl a<0 eingegeben wird:
>> a=-2 ; EPS=0.000001 ; x=a ;
>> **while** abs(x^2-a)>=EPS;**if** a<0;**disp**('*Fehler a<0*');**break**;**end**;x=(x+a/x)/2;**end**;
Fehler a<0

d) *Erzeugung* einer symmetrischen *Matrix* **A** mit drei Zeilen und Spalten nach der *Vorschrift*
A(i,k)=i+k
auf zwei verschiedene Arten:
  I. *Schachtelung* zweier **for**-Schleifen:
     \>\> **for** i=1:3 ; **for** k=1:3 ; A(i,k)=i+k ; **end** ; **end** ; A
     A =
     2 3 4
     3 4 5
     4 5 6
  II. Anwendung des *Doppelpunktoperators* **:** zur Felderzeugung (siehe Abschn.7.4):
     \>\> A=[2:4;3:5;4:6]
     A =
     2 3 4
     3 4 5
     4 5 6
e) Betrachtung einer Schleife, bei der der Index eine von 1 verschiedene Schrittweite hat, indem die geraden Zahlen von 2 bis 100 addiert werden:
   e1) Anwendung einer **for**-Schleife:
     \>\> S=0 ; **for** k=2:2:100 ; S=S+k ; **end**
     \>\> S
     S = 2550
   e2) Anwendung des *Doppelpunktoperators* **:** zur Felderzeugung und der MATLAB-Funktion **sum** (siehe Abschn.20.2.1):
     \>\> sum([2:2:100])
     ans = 2550

11.3 Prozedurale Programmierung

Im Buch wird nur die *prozedurale Programmierung* (strukturierte Programmierung) mittels MATLAB betrachtet.

Für *prozedurale Programme* werden Programmstruktur und Programmformen vorgestellt, die MATLAB unter dem Oberbegriff M-Dateien zusammenfasst und als Script- bzw. Funktionsdateien bezeichnet.

Die im vorangehenden Abschn.11.2 behandelten Operatoren und Anweisungen der *prozeduralen Programmierung* reichen aus, um Programme in MATLAB zur Berechnung komplexer Probleme der Ingenieurmathematik schreiben zu können.

Der *Vorteil* der *Programmierung* mit MATLAB gegenüber der Programmierung mit bekannten Programmiersprachen wie BASIC, C, PASCAL,... besteht darin, dass sämtliche MATLAB-Funktionen einbezogen werden können.

11.3.1 Programmstruktur

In MATLAB werden *prozedurale Programme* als *M-Dateien* DATEINAME.m (siehe Abschn.10.2) geschrieben. Je nach Anwendung sind die Formen *Script-* oder *Funktionsdateien* möglich, die folgende *allgemeine Struktur* haben:

Programmkopf
Hier können *Textzeilen* mit vorangestelltem % mit *Erläuterungen* zur Handhabung des Programms und *Hilfen* zu den programmierten Algorithmen stehen. Diese Textzeilen lassen sich durch Eingabe von >> **help** DATEINAME im Kommandofenster anzeigen (siehe Beisp.11.5-11.7).
Bei Funktionsdateien muss hier zusätzlich das Schlüsselwort **function** stehen.

Programmrumpf
Hier befindet sich der eigentliche Programmteil, d.h. eine Folge von Anweisungen, die mit Schlüsselwörtern und Funktionen von MATLAB gebildet und nacheinander ausgeführt werden. Zum besseren Verständnis des Programms können hier auch Textzeilen eingefügt werden.

Programmende
Hierfür wird kein Schlüsselwort benötigt. Es kann gegebenenfalls durch ein Semikolon gekennzeichnet werden.

Script- und Funktionsdateien werden mittels eines ASCII-Editors (z.B. des MATLAB-Editors >>**edit**) geschrieben und unter einem Namen DATEINAME mit Endung m *gespeichert*, d.h. als Dateien DATEINAME.m. Als Speicherplatz bietet sich das aktuelle Verzeichnis (Current Directory/Folder) von MATLAB an, da sie dann jederzeit zur Verfügung stehen.
In den folgenden beiden Abschnitten werden beide Dateiformen ausführlicher behandelt.

11.3.2 Scriptdateien

Scriptdateien sind folgendermaßen *charakterisiert:*
Sie haben die im Abschn.11.3.1 vorgestellte allgemeine *Struktur*.
Alle verwendeten *Variablen* haben *globalen Charakter*.
Der *Aufruf* geschieht über den *Dateinamen* (Name der Scriptdatei) ohne Dateiendung.
Ein *Haupteinsatzgebiet* besteht in der *nichtinteraktiven Arbeit* mit MATLAB (siehe Beisp.11.5b).

Im *Unterschied* zu Funktionsdateien (siehe Abschn.11.3.3) können *Scriptdateien* beim Aufruf keine Werte übermittelt werden. Die MATLAB-Funktion **input** kann jedoch eingesetzt werden, um eventuell benötigte Werte über die Tastatur einzugeben (siehe Beisp.11.5a).

Beispiel 11.5:
Illustration von Aufbau und Anwendung von *Scriptdateien:*
a) Erstellung einer Scriptdatei zur *Berechnung* der *Fläche* eines *Kreises* mit *Radius* r. Die gleiche Berechnung wird im Beisp.11.6a im Rahmen einer *Funktionsdatei* durchgeführt, so dass beim Vergleich die Unterschiede beider Dateitypen zu erkennen sind.
Die *Scriptdatei* wird mit
KREISFLAECHE.m
bezeichnet und mittels MATLAB-Editor in folgender Form geschrieben:
% Mit KREISFLAECHE *wird die Flaeche eines Kreises mit Radius r berechnet,*

% wobei der konkrete Zahlenwert für r mittels Tastatur einzugeben ist.
r = **input**('*Geben Sie einen Wert für den Radius r ein , r=*') ;
Kreisflaeche=**pi**∗r^2

Da bei Scriptdateien beim Aufruf keine Argumente eingegeben werden können, wird die MATLAB-Funktion **input** verwendet, um für den Radius r einen konkreten Zahlenwert per Tastatur nach Aufforderung durch MATLAB einzugeben.

Die in dieser Form geschriebene Scriptdatei KREISFLAECHE.m wird in das aktuelle Verzeichnis (Current Directory/Folder) von MATLAB gespeichert. Danach kann KREISFLAECHE zur Berechnung für konkrete Radien r verwendet werden:

Der im Programmkopf stehende *Text* lässt sich *anzeigen:*

\>\> **help** KREISFLAECHE

Mit KREISFLAECHE wird die Flaeche eines Kreises mit Radius r berechnet,
wobei der konkrete Zahlenwert für r mittels Tastatur einzugeben ist.

Zu konkreten Zahlenwerten für den Radius r kann der Flächeninhalt berechnet werden, indem nach der Aufforderung *Geben Sie einen Wert für den Radius r ein, r =* mittels Tastatur der konkrete Zahlenwert (z.B. 2) eingegeben wird:

\>\> KREISFLAECHE
*Geben Sie einen Wert für den Radius r ein , r=*2
Kreisflaeche = 12.5664

b) Erstellung von zwei *Scriptdateien* BERECHN.m und UMFORM.m, um die interaktive Arbeit mit MATLAB zu vermeiden:

b1) Erstellung der *Scriptdatei* BERECHN.m mittels des MATLAB-Editors, in der eine Reihe von *Berechnungen* (Umfang, Oberfläche, Volumen) zu einem *geraden Kreiszylinder* (zylindrisches Fass ohne Deckel mit *Radius* r und *Höhe* h) durchgeführt wird und Speicherung dieser Datei im aktuellen Verzeichnis (Current Directory/ Folder) von MATLAB:

% BERECHN *berechnet Umfang, Oberflaeche und Volumen*
% *eines Kreiszylinders (ohne Deckel) mit Radius r und Hoehe h,*
% *die vor Aufruf des Programms einzugeben sind*
Umfang=2∗r∗**pi**
Oberflaeche=**pi**∗r^2+2∗**pi**∗r∗h
Volumen=**pi**∗r^2∗h

Die Datei BERECHN.m kann folgendermaßen eingesetzt werden:

Zuweisung konkreter Zahlenwerte für r und h und anschließender Aufruf der Datei bewirken, dass MATLAB alle Berechnungen ohne jegliche Aktivitäten des Anwenders durchführt:

\>\> r=2 ; h=4 ; BERECHN
Umfang = 12.5664
Oberflaeche = 62.8319
Volumen = 50.2655

Die Datei kann auch so geschrieben werden, dass die Zahlenwerte über die MATLAB-Funktion **input** einzugeben sind (siehe Beisp.a).

b2) Erstellung der *Scriptdatei* UMFORM.m mittels des MATLAB-Editors, in der *symbolische Ausdrücken umgeformt werden* (vereinfacht, potenziert bzw. faktorisiert) und Speicherung dieser Datei im aktuellen Verzeichnis (Current Directory/Folder) von MATLAB:

% UMFORM *vereinfacht, potenziert bzw. faktorisiert*
% *die den Variablen u, v bzw. w*
% *vor Aufruf des Programms zugewiesenen symbolischen Ausdruecke*
u=**simplify**(u)   % vereinfachen
v=**expand**(v)   % potenzieren
w=**factor**(w)   % faktorisieren

Die Datei UMFORM.m kann folgendermaßen eingesetzt werden:
Zuweisung symbolischer Ausdrücke für die Variablen u, v bzw. w und Aufruf der Datei bewirken, dass MATLAB alle Umformungen ohne jegliche Aktivitäten des Anwenders durchführt:
>> syms x ; u=(x^2-1)/(x-1) ; v=(1+x)^3 ; w=x^3+2*x^2-x-2 ; UMFORM
u = x+1
v = x^3+3*x^2+3*x+1
w = (x-1)*(x+2)*(x+1)

c) Erstellung einer *Scriptdatei* QUAD_GL.m zur *Lösung quadratischer Gleichungen*
$$x^2 + a \cdot x + b = 0$$
mittels MATLAB-Editor, bei deren Anwendung konkrete Werte für die Parameter a und b unter Verwendung der MATLAB-Funktion **input** per Tastatur einzugeben sind und die berechnete Lösungen mittels MATLAB-Funktion **disp** ausgibt:

% QUAD_GL *loest die quadratische Gleichung* x^2+a·x+b=0 *für eingegebene*
% *konkrete Parameterwerte a und b und gibt die berechneten Loesungen aus.*
a=**input**('*Geben Sie einen Wert für a ein,a=*') ;
b=**input**('*Geben Sie einen Wert für b ein,b=*') ;
D=a^2/4-b ; x1=-a/2+**sqrt**(D) ; x2=-a/2-**sqrt**(D) ;
disp ('*Die Gleichung besitzt die Loesungen*') ; **disp**([x1,x2]) ;

Berechnung von Lösungen mit dieser Scriptdatei QUAD_GL.m für die gleichen Parameterwerte wie mit der Funktionsdatei im Beisp.11.6d:
Zwei reelle Lösungen:
>> QUAD_GL
Geben Sie einen Wert für a ein , a=4
Geben Sie einen Wert für b ein , b=3
Die Gleichung besitzt die Loesungen
-1 -3
Eine reelle Lösung:
>> QUAD_GL
Geben Sie einen Wert für a ein , a=2
Geben Sie einen Wert für b ein , b=1
Die Gleichung besitzt die Loesungen
-1 -1
Zwei komplexe Lösungen:
>> QUAD_GL

Geben Sie einen Wert für a ein , a=2
Geben Sie einen Wert für b ein , b=3
Die Gleichung besitzt die Loesungen
-1.0000+1.4142i   -1.0000-1.4142i

11.3.3 Funktionsdateien

Funktionsdateien dienen zur Definition von Funktionen (siehe Abschn.12.4) und haben bis auf folgende Unterschiede die gleiche *Struktur* wie Scriptdateien:

- Im Programmkopf muss neben Textzeilen im Unterschied zu Scriptdateien das Schlüsselwort **function** stehen. Wir schreiben **function** immer in die erste Zeile und den Text in darunterliegende Zeilen.
- Nach **function** steht der FUNKTIONSNAME (Name der Funktionsdatei), der von *Argumenten* a,b,c,...(Variablen der Funktion) gefolgt wird, die durch Komma zu trennen und in runde Klammern einzuschließen sind:
  Es sind folgende zwei Schreibweisen möglich:
  I. **function** y=FUNKTIONSNAME(a,b,c,...)
  II. **function** FUNKTIONSNAME(a,b,c,...)
  Im Weiteren wird die Form I verwendet, da bei Form II Probleme auftreten können.
  Prinzipiell sind Funktionsdateien *ohne Argumente* möglich, wofür jedoch auch Scriptdateien verwendet werden können (siehe Beisp.11.6b).
- Innerhalb einer Funktionsdatei ist eine *Wertzuweisung* erforderlich, die beim Aufruf der Funktion die Ausgabe der berechneten Werte veranlasst:
  Diese *Wertzuweisung* geschieht je nach gewählter Schreibweise in der Form (siehe Beisp.11.6a)
  I. y=...
  II. FUNKTIONSNAME=...
  wobei sie gegebenenfalls mit einem Semikolon abzuschließen ist (bei Form I.).
  Für y kann ein Feld stehen, falls mehrere Werte zu berechnen sind. In diesem Fall müssen jedem einzelnen Feldelement Werte zugewiesen werden (siehe Beisp.11.6c und d).
  Es sind auch Funktionsdateien ohne Ausgabe von Werten möglich.
- In Funktionsdateien haben die *Variablen* nur *lokalen Charakter* mit Ausnahme von Variablen, die im Kommandofenster als *global* vereinbart (deklariert) sind. Funktionsdateien können nur über die Argumentenliste mit dem Kommandofenster kommunizieren.
- Der *Aufruf* geschieht bei Funktionsdateien über den *Dateinamen* FUNKTIONSNAME (a,b,c,...), wobei im Unterschied zu Scriptdateien nach dem Namen konkrete Werte für die *Argumente* a,b,c,...*einzugeben* sind.

Funktionsdateien erhalten wie Skriptdateien einen *Dateinamen* (z.B. FUNKTIONSNAME) und eine *Dateiendung* m und sind als Dateien FUNKTIONSNAME.m zu speichern.

Beispiel 11.6:
Illustration von Aufbau und Anwendung von *Funktionsdateien:*

11.3 Prozedurale Programmierung

a) Die *typische Vorgehensweise* beim Schreiben von *Funktionsdateien* ist bereits aus folgender einfacher *Berechnung* der *Fläche* eines *Kreises* mit Radius r ersichtlich. Die *gleiche Berechnung* wird im Beisp.11.5a im Rahmen einer *Scriptdatei* durchgeführt, so dass beim Vergleich die Unterschiede beider Dateitypen erkennbar sind.

Die *Funktionsdatei* wird mit KREISFLAECHE.m bezeichnet und mittels MATLAB-Editor in einer der folgenden Formen geschrieben:

I. Verwendung der Form **function** y=KREISFLAECHE(r):
function y=KREISFLAECHE(r)
% KREISFLAECHE *berechnet die Flaeche eines Kreises mit Radius r*
y=**pi**∗r^2 ;

II. Verwendung der Form **function** KREISFLAECHE(r):
function KREISFLAECHE(r)
%KREISFLAECHE *berechnet die Flaeche eines Kreises mit Radius r*
KREISFLAECHE=**pi**∗r^2

Die in einer dieser Formen geschriebene Funktionsdatei wird mit dem Editor unter dem Namen KREISFLAECHE.m in das aktuelle Verzeichnis (Current Directory/Folder) von MATLAB gespeichert. Danach kann sie angewandt werden:

Man kann sich den *Text* anzeigen lassen:
\>> **help** KREISFLAECHE
KREISFLAECHE *berechnet die Flaeche eines Kreises mit Radius r*

Man kann zu verschiedenen konkreten Zahlenwerten für den Radius r mit beiden Funktionsdateien den *Flächeninhalt* berechnen, so z.B. für r=2
\>> KREISFLAECHE(2)
ans = 12.5664   bzw.   KREISFLAECHE = 12.5664

b) Erstellung der *Funktionsdatei* KREISFLAECHE aus Beisp.a ohne Argumente analog zur *Scriptdatei* aus Beisp.11.5a. Bei dieser Datei muss der Radius nicht beim Funktionsaufruf eingegeben werden, sondern nach Aufforderung mittels Tastatur, wozu die MATLAB-Funktion **input** eingesetzt wird:

function KREISFLAECHE
% *Die Funktion KREISFLAECHE berechnet die Flaeche*
% *eines Kreises mit Radius r, wobei der konkrete Zahlenwert für r*
% *mittels Tastatur einzugeben ist.*
r=**input**('*Geben Sie einen Wert für den Radius r ein, r=*') ;
KREISFLAECHE=**pi**∗r^2

Die Vorgehensweise für die Anwendung dieser Datei ist analog zum vorhergehenden Beisp.a, wobei der Radius r wie bei der Scriptdatei aus Beisp.11.5a mittels Tastatur nach (der programmierten) Aufforderung einzugeben ist:
\>> KREISFLAECHE
Geben Sie einen Wert für den Radius r ein , r=2
KREISFLAECHE=12.5664

c) Erstellung einer einfachen *Funktionsdatei*, die ein *Feld* von *Zahlen* ausgibt:

Benötigt man z.B. gleichzeitig den Funktionswert von Sinus- und Cosinusfunktion, so kann folgende Funktionsdatei F.m geschrieben werden:
function [f,g]=F(x)
f=**sin**(x) ; g=**cos**(x) ;

Der Aufruf von F geschieht im Kommandofenster von MATLAB folgendermaßen, so z.B. für x=π/3:
>> [f,g]=F(**pi**/3)
f = 0.8660
g = 0.5000
Dies bedeutet, dass f der Wert von sin(π/3) und g von cos(π/3) zugewiesen wird.
Wird nur F(**pi**/3) eingegeben, so wird nur der erste Wert des Feldes angezeigt:
>> F(**pi**/3)
ans = 0.8660

d) Erstellung einer *Funktionsdatei* QUAD_GL.m zur *Lösung quadratischer Gleichungen*
$$x^2 + a \cdot x + b = 0$$
in der a und b als *Argumente* einzugeben sind und die Hinweise auf verschiedene Möglichkeiten für die Lösung als *Text ausgibt*:

function [x1,x2]=QUAD_GL(a,b)
% QUAD_GL loest *die quadratische Gleichung* x^2+a·x+b=0.
% *Beim Aufruf von* QUAD_GL
% *sind konkrete Zahlenwerte für a und b als Argumente einzugeben.*
% *Die Loesungen werden* x1 *bzw.* x2 *zugeordnet.*
D=a^2/4-b ;
if abs(D)<eps ; **disp**('*es existiert nur eine Loesung*') ;
x1=-a/2 ; x2=-a/2 ; **elseif** D<0 ;
disp('*es existieren zwei komplexe Loesungen*') ;
x1=-a/2+**sqrt**(D) ; x2=-a/2-**sqrt**(D) ; **else**
disp('*es existieren zwei reelle Loesungen*') ;
x1=-a/2+**sqrt**(D) ; x2=-a/2-**sqrt**(D) ;
end

Im Folgenden werden mittels QUAD_GL *Lösungen* für *quadratische Gleichungen* für konkrete Parameter a und b berechnet:
>> [x1,x2]=QUAD_GL(4,3)
es existieren zwei reelle Loesungen
x1 = -1
x2 = -3
>> [x1,x2]=QUAD_GL(2,1)
es existiert nur eine Loesung
x1 = -1
x2 = -1
>> [x1,x2]=QUAD_GL(2,3)
es existieren zwei komplexe Loesungen
x1 = -1.0000+1.4142**i**
x2 = -1.0000-1.4142**i**
Die *gleiche Berechnung* wird im Beisp.11.5c im Rahmen einer Scriptdatei durchgeführt, so dass beim Vergleich die Unterschiede beider Dateitypen erkennbar sind.

11.4 Programmierfehler

Fehler spielen bei der Programmierung eine wesentliche Rolle, wobei syntaktische Fehler (in der Syntax der Programmiersprache) und logische Fehler (im Algorithmus) auftreten können.
Syntaktische Fehler werden in vielen Fällen von MATLAB erkannt.
Das Auffinden *logischer Fehler* ist eine schwierige Angelegenheit:
Logische Fehler betreffen weniger kleine Programme von der Gestalt der im Buch vorgestellten, sondern umfangreiche Programme für komplexe Algorithmen mit vielen Programmzeilen.
MATLAB stellt zur Suche logischer Fehler gewisse Hilfsmittel bereit (z.B. den Debugger).

11.5 Programmbeispiele

Im Folgenden werden zwei Algorithmen programmiert, um weitere Eindrücke von der Programmierung mittels MATLAB zu vermitteln.

Beispiel 11.7:
a) Erstellung einer Funktionsdatei MAXIMUM.m zur Berechnung des *maximalen Elements* einer beliebigen *Matrix* **M**, wobei die MATLAB-Funktion **size** zur Bestimmung des Typs von **M** eingesetzt wird:
function y=MAXIMUM(**M**)
% Berechnung eines maximalen Elements der eingegebenen Matrix **M**
y = M(1,1) ; [m,n]=size(M) ;
for i=1:m ; **for** k=1:n ;
if y<M(i,k) ; y=M(i,k) ;
end ; **end** ; **end** ;

Nachdem die Datei MAXIMUM.m in das aktuelle Verzeichnis (Current Directory/ Folder) von MATLAB gespeichert ist, kann die Funktion MAXIMUM auf eine konkrete Matrix **A** angewandt werden:
>> **A**=[[1 2 3];[9 5 6]]
A =
1 2 3
9 5 6
>> MAXIMUM(**A**)
ans = 9

Der im Programmkopf geschriebene *Text*, lässt sich mittels **help** anzeigen:
>> **help** MAXIMUM
Berechnung eines maximalen Elements der eingegebenen Matrix **M**

b) Der Algorithmus von *Newton* zur näherungsweisen Bestimmung einer Nullstelle der Funktionen f(x), d.h. einer Lösung der Gleichung f(x) = 0, ist ein *Iterationsalgorithmus* der Gestalt

$$x_{k+1} = x_k - \frac{f(x_k)}{f'(x_k)} \qquad (k=1, 2,\ldots\ ;\ x_1 \text{ - vorgegebener Startwert})$$

Der Algorithmus benötigt einen *Startwert* x_1 und ist anwendbar solange $f'(x_k) \neq 0$ gilt.
Die *Konvergenz* ist *nicht gesichert*, selbst wenn der Startwert x_1 nahe bei der gesuchten Nullstelle liegt.

Ein *hinreichendes Kriterium* für die *Konvergenz* ist gegeben, wenn in einer Umgebung einer zu berechnenden einfachen Nullstelle und auch für den Startwert folgende *Bedingung* gilt:

$$\left| \frac{f(x) \cdot f''(x)}{(f'(x))^2} \right| < 1$$

Der Algorithmus wird auch im Falle der *Konvergenz* meistens nicht nach endlich vielen Schritten abbrechen, so dass eine *Abbruchschranke* erforderlich ist, für die sich folgende zwei anbieten:

I. Der *absolute Fehler* zweier aufeinanderfolgender berechneter Werte ist kleiner als eine vorgegebene *Genauigkeitsschranke* ε (EPS), d.h.

$$\left| x^{k+1} - x^k \right| = \left| \frac{f(x^k)}{f'(x^k)} \right| < \varepsilon$$

II. Der *Absolutbetrag* der *Funktion* f(x) ist kleiner als eine vorgegebene *Genauigkeitsschranke* ε (EPS), d.h.

$$\left| f(x^k) \right| < \varepsilon$$

Der im Folgenden programmierte Algorithmus wird abgebrochen, wenn

* der Absolutbetrag des Funktionswertes kleiner als ε (EPS) ist, d.h. es wird die Abbruchschranke II verwendet.
* eine vorgegebene Anzahl N von Iterationen überschritten ist. Hiermit wird erreicht, dass das Programm auch endet, wenn der Algorithmus nicht konvergiert.

Der Algorithmus wird in einer *Funktionsdatei* programmiert, die NEWTON.m heißt:
Sie wird unter diesem Namen im aktuellen Verzeichnis (Current Directory/Folder) von MATLAB gespeichert.
In das gleiche Verzeichnis sind die beiden *Funktionsdateien* F.m und FS.m zu speichern, die die Funktion f(x) bzw. ihre Ableitung f'(x) berechnen, für die Nullstellen zu bestimmen sind.
Es wird folgende *Programmstruktur* gewählt:
function x=NEWTON(x1,EPS,N)
% Der Newton-Algorithmus zur Bestimmung einer Nullstelle der Funktion f erfordert:
% Startwert x1, Genauigkeitsschranke EPS, Maximalzahl N von Iterationen.
% Weiterhin sind Funktion und ihre Ableitung als Funktionsdatei F.m bzw. FS.m
% im aktuellen Verzeichnis von MATLAB ebenso wie NEWTON.m zu speichern.
x=x1 ; k=1 ;
while abs(F(x))>=EPS ; k=k+1 ;
if abs(FS(x))<EPS|k>N ;
disp('*Ableitung gleich Null oder Anzahl N der Iterationen überschritten*') ;
break ; **end** ; x=x-F(x)/FS(x) ; **end** ;
Der erläuternde *Text* im Programmkopf lässt sich mittels **help** anzeigen:
>> **help** NEWTON

11.5 Programmbeispiele

Der Newton-Algorithmus zur Bestimmung einer Nullstelle der Funktion f erfordert:
Startwert x1, *Genauigkeitsschranke* EPS, *Maximalzahl* N *von Iterationen.*
Weiterhin sind Funktion und ihre Ableitung als Funktionsdatei F.m *bzw.* FS.m
im aktuellen Verzeichnis von MATLAB *ebenso wie* NEWTON.m *zu speichern.*

Verwendung der gegebenen Programmvariante zur Berechnung der einzigen reellen Nullstelle der Polynomfunktion

$f(x) = x^7 + x + 1$

indem beide *Funktionsdateien* F.m und FS.m für die Funktion f(x) bzw. ihre Ableitung f '(x) in der Form

function y=F(x)   bzw.   **function** y=FS(x)
y=x^7+x+1 ;   y=7*x^6+1 ;

geschrieben und in das aktuelleVerzeichnis (Current Directory/Folder) von MATLAB gespeichert werden:

Wenn als *Anfangsnäherung* 0, als *Genauigkeitsschranke* 0.00001 und als *Maximalzahl* N für die *Iterationen* 10 eingegeben werden, so folgt:

\>\> NEWTON(0,0.00001,10)
ans = -0.7965

Hier wird die *Näherung* -0.7965 für die reelle Nullstelle mit maximal 10 Iterationen erhalten.

Falls die eingegebene Anzahl N (z.B. 3) der Iterationen *überschritten* wird, bevor die Iteration die vorgegebene Genauigkeit erreicht hat, gibt MATLAB die programmierte *Meldung* aus:

\>\> NEWTON(0,0.00001,3)
Ableitung gleich Null oder Anzahl N der Iterationen überschritten
ans = -0.8750

Hieraus ist zu sehen, dass die vorgegebene Genauigkeit nicht mit 3 Iterationen zu erreichen ist.

12 Mathematische Funktionen in MATLAB

12.1 Einführung

Alle in MATLAB vordefinierten (integrierten) Funktionen werden im Kap.9 charakterisiert. Dieses Kapitel befasst sich ausführlicher mit den für die Ingenieurmathematik wichtigen *mathematischen Funktionen*.

MATLAB bezeichnet alle diejenigen vordefinierten Funktionen als mathematische Funktionen, die zur Berechnung mathematischer Probleme dienen, d.h. neben den *eigentlichen mathematischen Funktionen* auch *Funktionen* zur *Berechnung mathematischer Probleme* (siehe Abschn.12.3) wie z.B. die Funktionen **diff** zur Ableitungsberechnung, **int** zur Integralberechnung und **solve** zur Lösungsberechnung für Gleichungen.

Somit teilen sich die von MATLAB als mathematisch bezeichneten vordefinierten Funktionen in zwei große Klassen auf:

I. *Eigentliche mathematische Funktionen* (siehe Abschn.12.2), die sich aus elementaren und höheren mathematischen Funktionen zusammensetzen.

II. *Funktionen* zur *Berechnung mathematischer Probleme* (siehe Abschn.12.3).

In Anwendungen treten *eigentliche mathematische Funktionen* in *drei Arten* auf:

I. Sie sind in MATLAB vordefiniert.

II. Sie sind nicht unmittelbar in MATLAB vordefiniert, setzen sich aber aus vordefinierten Funktionen zusammen. Die Definition derartiger Funktionen ist in MATLAB einfach durchführbar, wie im Abschn.12.4 illustriert ist.

III. Ihre Funktionsgleichung ist nicht bekannt, sondern nur eine Wertetabelle. Für derartige Funktionen gestattet MATLAB eine näherungsweise Darstellung (Approximation), die im Abschn.12.5 vorgestellt wird.

12.2 Eigentliche mathematische Funktionen

In MATLAB ist die Bezeichnung *mathematische Funktion* nicht mit dem in der Mathematik streng definierten *Funktionsbegriff* zu verwechseln.

Wir geben keine exakte Definition eigentlicher mathematischer Funktionen, da die Charakterisierung als eindeutige Abbildung (Zuordnung) für die Arbeit mit MATLAB ausreicht.

In der Ingenieurmathematik werden von den eigentlichen mathematischen Funktionen vor allem *reelle Funktionen* benötigt:

- Eine *Vorschrift* $\quad$ f
  die jedem *n-Tupel reeller Zahlen* $\quad x_1, x_2, \ldots, x_n$
  aus dem Definitionsbereich *genau eine reelle Zahl* $\quad z = f(x_1, x_2, \ldots, x_n)$
  zuordnet, heißt *reelle Funktion* $\quad$ f
  von *n reellen Variablen*.

- *Reelle Funktionen* werden folgendermaßen *bezeichnet:*
  Funktionen einer reellen Variablen mittels $\quad y = f(x)$
  Funktionen von zwei reellen Variablen mittels $\quad z = f(x,y)$
  Funktionen von n reellen Variablen mittels $\quad z = f(x_1, x_2, \ldots, x_n)$
  und in MATLAB mittels $\quad z = f(x1, x2, \ldots, xn)$

- Im Buch schließen wir uns der mathematisch unexakten Schreibweise an und bezeichnen die *Funktionswerte* $f(x_1, x_2, \ldots, x_n)$ anstelle von f als *Funktion*, da dies auch von MATLAB so praktiziert wird.

In den folgenden beiden Abschnitten werden zwei wichtige Klassen reeller Funktionen (elementare und höhere mathematische Funktionen) vorgestellt, die hauptsächlich in praktischen Anwendungen auftreten.

12.2.1 Elementare mathematische Funktionen

Elementare mathematische Funktionen bilden eine Klasse reeller Funktionen, die sich in folgende Gruppen aufteilen:
Potenzfunktionen und deren Umkehrfunktionen (*Wurzelfunktionen*),
Exponentialfunktionen und deren Umkehrfunktionen (*Logarithmusfunktionen*),
Trigonometrische Funktionen und deren Umkehrfunktionen (*Arkusfunktionen*),
Hyperbolische Funktionen und deren Umkehrfunktionen (*Areafunktionen*).

In MATLAB sind alle elementaren mathematischen Funktionen vordefiniert. Bei eventuell auftretenden Unklarheiten und Fragen zur Schreibweise liefert MATLAB folgende Hilfen:
Im Funktionsfenster (siehe Abschn.9.2.2) in der Unterkategorie *Elementary Math* der Kategorie *Mathematics*.
Durch Eingabe von **>> help** *elfun* in das Kommandofenster.

In mathematischen Modellen praktischer Probleme sind häufig Funktionen anzutreffen, die sich aus *elementaren mathematischen Funktionen zusammensetzen*. Für diese Funktionen ist in MATLAB eine *Funktionsdefinition* möglich, die im Abschn.12.4 vorgestellt wird.
Je nach Art der Zusammensetzung wird unterschieden zwischen

Algebraischen Funktionen
Ganzrationalen Funktionen (Polynomen),
Gebrochenrationalen Funktionen (Quotient von zwei Polynomen),
Nichtrationalen algebraischen Funktionen (enthalten Wurzelfunktionen),

Transzendenten Funktionen
Dies sind Funktionen, in denen trigonometrische, hyperbolische Funktionen, Exponentialfunktionen oder deren Umkehrfunktionen vorkommen.

12.2.2 Höhere mathematische Funktionen

Höhere mathematische Funktionen heißen auch *spezielle mathematische Funktionen*.
Unter dieser Bezeichnung wird eine Reihe von Funktionen zusammengefasst, zu denen u.a. *Gamma-, Beta-, Zeta-, Hankel-, Bessel-, Kugelfunktionen* und *Legendresche Polynome* gehören, die sich nicht mehr durch einen Funktionsausdruck darstellen, sondern durch Funktionenreihen.
Höhere Funktionen treten bei zahlreichen Problemen in Technik und Naturwissenschaften auf, so u.a. bei der Lösung von Differentialgleichungen:
Besselfunktionen (*Zylinderfunktionen*) zur Lösung *Besselscher Differentialgleichungen* n-ter Ordnung:
$$x^2 \cdot y'' + x \cdot y' + (x^2 - n^2) \cdot y = 0$$

Legendresche Polynome zur Lösung *Legendrescher Differentialgleichungen*

$$(1-x^2) \cdot y'' - 2 \cdot x \cdot y' + n \cdot (n+1) \cdot y = 0$$

In MATLAB sind u.a. folgende *höhere mathematische Funktionen* vordefiniert (x,y - reelle Zahlen, n - positive ganze Zahl):

Besselfunktionen
besselj(n,x)
Besselfunktion erster Art der Ordnung n
bessely(n,x)
Besselfunktion zweiter Art der Ordnung n
besselh(n,x)
Besselfunktion dritter Art (Hankelsche Funktion) der Ordnung n
besseli(n,x)
Modifizierte Besselfunktion erster Art der Ordnung n
besselk(n,x)
Modifizierte Besselfunktion zweiter Art der Ordnung n

Betafunktion: **beta**(x,y) berechnet sich aus $\int_0^1 t^{x-1} \cdot (1-t)^{y-1} \, dt$

Fehlerfunktion: **erf**(x) berechnet sich aus $\dfrac{2}{\sqrt{\pi}} \cdot \int_0^x e^{-t^2} \, dt$ (x≥0)

Legendresches Polynom vom Grad n: **legendre**(n,x)

Gammafunktion: **gamma**(x)
Für positive ganzzahlige Werte n gilt **gamma**(n+1)=n!, d.h. es wird die *Fakultät* berechnet. Das gleiche Ergebnis liefern die MATLAB-Funktionen **prod**(1:n) bzw. **factorial**(n).

Bei eventuell auftretenden Unklarheiten und Fragen zur Schreibweise höherer mathematischer Funktionen liefert MATLAB folgende Hilfen:
Im *Funktionsfenster* (siehe Abschn.9.2.2) in der Unterkategorie *Specialized Math* der Kategorie *Mathematics*.
Durch Eingabe von >> **help** *specfun* in das Kommandofenster.

12.3 MATLAB-Funktionen zur Berechnung mathematischer Probleme

Vordefinierte Funktionen zur Berechnung mathematischer Probleme bezeichnet MATLAB ebenfalls als *mathematische Funktionen*. Diese Funktionen bilden die Grundlage zur Berechnung von Problemen der Ingenieurmathematik und teilen sich in Klassen auf:

Rundungsfunktionen für eine reelle Zahl x:

ceil(x) :   *rundet* zur nächstgelegenen ganzen Zahl *auf*.
floor(x) :   *rundet* zur nächstgelegenen ganzen Zahl *ab*.
round(x) :   *rundet* zur nächstgelegenen ganzen Zahl.

Matrixfunktionen zur Durchführung von Rechenoperationen mit Matrizen werden im Kap. 16 vorgestellt.
Lösungsfunktionen für Gleichungen werden im Kap.17 und 22 vorgestellt.

Funktionen zur *Berechnung* von *Ableitungen* und *Integralen* werden im Kap.18 bzw. 19 vorgestellt.

Optimierungsfunktionen zur Berechnung von Minima und Maxima werden im Kap.24 vorgestellt.

Statistikfunktionen zur Berechnung zahlreicher Probleme aus Wahrscheinlichkeitsrechnung und Statistik werden im Kap.25 bzw. 26 vorgestellt.

12.4 Definition mathematischer Funktionen in MATLAB

Zur *Definition* mathematischer Funktionen gibt es in MATLAB mehrere Möglichkeiten:

Die am meisten angewandte Methode ist die Definition mittels Funktionsdateien (M-Dateien), die im Abschn.12.4.1 besprochen wird.

Weitere Möglichkeiten zur Definition direkt im Kommandofenster werden im Abschn. 12.4.2 vorgestellt.

Bei jeder *Funktionsdefinition* ist Folgendes zu beachten:
- Es muss ein Name für die Funktion festgelegt werden.
- Namen von MATLAB-Funktionen sollten nicht als Namen für zu definierende Funktionen verwendet werden, da diese dann nicht mehr zur Verfügung stehen.

Im Folgenden werden Beispiele vorgestellt, die als Vorlagen dienen können, so dass die Definition mathematischer Funktionen in MATLAB keinerlei Schwierigkeiten bereitet.

12.4.1 Definition als Funktionsdatei (M-Datei)

Die Anwendung von Funktionsdateien liefert in MATLAB die wichtigste Methode zur Definition von Funktionen. Ihre Erstellung wird im Abschn.11.3.3 besprochen, so dass im Folgenden nur weitere Beispiele gegeben werden, die als Vorlagen anwendbar sind.

Beispiel 12.1:

a) *Definition* einer stetigen aus mehreren Ausdrücken zusammengesetzten *Funktion* F(x,y)

$$z = F(x,y) = \begin{cases} x^2 + y^2 & \text{wenn} \quad x^2 + y^2 \leq 1 \\ 1 & \text{wenn} \quad 1 < x^2 + y^2 \leq 4 \\ \sqrt{x^2 + y^2} - 1 & \text{wenn} \quad 4 < x^2 + y^2 \end{cases}$$

zweier Variablen mittels einer *Funktionsdatei:*

Diese Funktionsdatei kann unter Verwendung von Verzweigungen (siehe Abschn. 11.2.4) mittels des MATLAB-Editors folgendermaßen erstellt werden:

function z=F(x,y)
if x^2+y^2<=1 ; z=x^2+y^2 ; **elseif** x^2+y^2<=4 ; z=1 ; **else**
z=**sqrt**(x^2+y^2)-1 ; **end**

Wenn diese Funktionsdatei unter dem Namen F.m im aktuellen Verzeichnis (Current Directory/Folder) von MATLAB gespeichert wird, kann die Funktion F verwendet werden, so z.B. zur Funktionswertberechnung:

\>\> F(3,4)
ans = 4

b) Definition einer aus elementaren mathematischen Funktionen zusammengesetzten Funktion einer Variablen

$$f(x) = \frac{x^2 + e^x - \sin(x)}{x-1}$$ mittels einer *Funktionsdatei:*

Diese Funktionsdatei kann mittels des MATLAB-Editors folgendermaßen erstellt werden:
function y=f(x)
y=(x^2+**exp**(x)-**sin**(x))/(x-1) ;
Wenn diese Funktionsdatei unter dem Namen f.m im aktuellen Verzeichnis (Current Directory/Folder) von MATLAB gespeichert wird, kann die Funktion f verwendet werden, so z.B. zur Funktionswertberechnung:
>> f(2)
ans = 10.4798

12.4.2 Direkte Definition im Kommandofenster

MATLAB bietet zusätzlich Möglichkeiten, um Funktionen mittels mathematischer Ausdrücke direkt im Kommandofenster zu definieren:
- Mittels der MATLAB-Funktion **inline** kann eine Funktion f(x) durch einen *mathematischen Ausdruck* folgendermaßen definiert werden:
 >> f=**inline**(*'mathematischer Ausdruck'*)
- Zusätzlich kann eine Funktion f(x) durch einen *mathematischen Ausdruck* folgendermaßen definiert werden:
 >> f = @(x) (*mathematischer Ausdruck*)
 Diese Definition bezeichnet MATLAB als *function handle.* Sie wird ausführlich in der MATLAB-Hilfe erklärt.

Diese beiden weiteren Möglichkeiten zur Funktionsdefinition sind nicht so vielseitig einsetzbar wie Funktionsdateien. So lässt sich mit beiden die Funktion aus Beisp.12.1a nicht definieren.

Beispiel 12.2:
Illustration der *direkten Definition* von *Funktionen* im *Kommandofenster:*
a) Definition der Funktion f(x) aus Beisp.12.1b:

Mittels **inline**:
>> f=**inline**('(x^2+**exp**(x)-**sin**(x))/(x-1)')
f = *Inline function:*
f(x)=(x^2+**exp**(x)-**sin**(x))/(x-1)

Mittels *function handle*
>> f=@(x) ((x^2+**exp**(x)-**sin**(x))/(x-1))
f = @(x) ((x^2+**exp**(x)-**sin**(x))/(x-1))

Nach einer der beiden vorangehenden Funktionsdefinitionen kann die Funktion f(x) im Kommandofenster folgendermaßen verwendet werden:
Zur *Funktionswertberechnung* (z.B. für x=2):
>> f(2)
ans = 10.4798

Für *exakte* (symbolische) *Berechnungen*, wenn die auftretende Variable x mittels **syms** als symbolisch gekennzeichnet ist, wie z.B. zur Berechnung der ersten Ableitung von f(x):

\>\> **syms** x ; **diff**(f(x),x)
ans = (2*x-**cos**(x)+**exp**(x))/(x-1)-(**exp**(x)-**sin**(x)+x^2)/(x-1)^2

b) Es lassen sich auch Funktionen mehrerer Variablen im Kommandofenster definieren, wie am Beispiel der Funktion $F(x,y) = \dfrac{\sqrt{x+y}}{\sin(x^2+y^2)}$ zu sehen ist:

Mittels **inline**:
\>\> F=**inline**('**sqrt**(x+y)/**sin**(x^2+y^2)')
F = *Inline function:*
F(x,y) = **sqrt**(x+y)/**sin**(x^2+y^2)

Mittels *function handle*
\>\> F = @(x,y) (**sqrt**(x+y)/**sin**(x^2+y^2))
F = @(x,y) (**sqrt**(x+y)/**sin**(x^2+y^2))

12.5 Approximation mathematischer Funktionen in MATLAB

12.5.1 Einführung

Bei praktischen Problemen treten öfters *Funktionen* auf, deren Funktionsgleichung nicht bekannt ist, d.h. sie sind in Form von *Funktionswerten* gegeben, die durch *Messungen* gewonnen werden.
Derartige Funktionen liegen in *Tabellenform* vor.
Eine Tabellenform ist für praktische Anwendungen von Funktionen wenig geeignet, so dass *näherungsweise* ein analytischer Ausdruck (Funktionsgleichung) gesucht ist. Diese Problematik wird in der *Approximationstheorie* untersucht, die im Folgenden unter Anwendung von MATLAB kurz vorgestellt wird.

12.5.2 Approximationstheorie

Die Approximationstheorie ist ein umfangreiches Gebiet der Numerischen Mathematik und befasst sich u.a. mit der Problematik der Annäherung (Approximation) beliebiger Funktionen durch gegebene Klassen von Funktionen.

Die *Approximationstheorie* hat verschiedene Methoden entwickelt, um in Tabellenform gegebene Funktionen f(x) einer Variablen x durch analytische Funktionen (z.B. Polynomfunktionen) zu approximieren (anzunähern). Zu bekannten Methoden dieser Art zählen:
Interpolation
Methode der kleinsten Quadrate (Quadratmittelapproximation)
die im Folgenden vorgestellt werden.
Welche Methode günstiger ist, muss der Anwender entscheiden. Dies hängt u.a. vom vorliegenden Problem ab.
Sind viele Funktionswerte gegeben und möchte man diese durch eine einfache Funktion approximieren, so ist die Methode der kleinsten Quadrate zu empfehlen.

Die *Approximationstheorie* beschäftigt sich weiterhin mit folgenden Problemstellungen:
Mit der Annäherung analytisch gegebener Funktionen durch einfachere Funktionen, wie z.B. Polynomfunktionen. Eine Methode hierfür wird im Abschn.18.4 bei *Taylorentwicklungen* vorgestellt.
Mit der Annäherung von Funktionen mehrerer Variablen.

Die Approximation in *Tabellenform* gegebener *Funktionen* wird im Folgenden für den Fall von Funktionen einer reellen Variablen y=f(x) diskutiert.
Bei Tabellenform liegt der *funktionale Zusammenhang* f zwischen y und x nicht als analytischer Ausdruck, sondern in Form von

y-Werten (Funktionswerten) Y_i für *x-Werte* X_i (i=1,...,n)

vor, d.h. f ist durch *n Zahlenpaare (Punkte)* $(X_1,Y_1),(X_2,Y_2),...,(X_n,Y_n)$
gegeben, die sich als folgende *Tabelle* schreiben lassen:

X_1	X_2	...	X_n
Y_1	Y_2	...	Y_n

Da in der Praxis häufig Funktionswerte y für x-Werte benötigt werden, die nicht in der vorliegenden Tabelle stehen, wird die Approximationstheorie benötigt, um näherungsweise analytische Ausdrücke für derartige Funktionen zu konstruieren.

12.5.3 Interpolation

Das Prinzip der *Interpolation* besteht darin, eine *Näherungsfunktion (Interpolationsfunktion)* P(x) für eine in Tabellenform vorliegende Funktion so zu konstruieren, dass die gegebenen n Punkte (Zahlenpaare) $(X_1,Y_1),(X_2,Y_2),...,(X_n,Y_n)$ auf der Funktionskurve der Interpolationsfunktion P(x) liegen, d.h. $Y_i = P(X_i)$ gilt:

* Einzelne *Interpolationsarten* unterscheiden sich durch Wahl der Interpolationsfunktion.
* Häufig wird *Polynominterpolation* eingesetzt, d.h. die Interpolationsfunktionen sind Polynome.

Betreffs der Theorie des modernen Gebiets der *Spline-Interpolation* wird auf Literatur zur Numerischen Mathematik verwiesen. Im Folgenden werden nur hierfür vordefinierte MATLAB-Funktionen vorgestellt.

Zur *Interpolation* von Funktionen einer Variablen sind die gegebenen x- und y-Werte der Tabelle als Vektoren
`>> X=[X1,X2,...,Xn] ; Y=[Y1,Y2,...,Yn] ;`
in das Kommandofenster einzugeben, da die MATLAB-Funktionen diese benötigen:
interp1 liefert mittels
`>> x=[x1,x2,...,xm] ; P=interp1(X,Y,x,'Methode')`
einen Vektor **P** mit m Komponenten, der die *Funktionswerte* der in den x-Werten x1,x2,...,xm
berechneten *Interpolationsfunktion* enthält, wobei die von MATLAB zu verwendende *Interpolationsmethode* mittels 'Methode' festgelegt wird:
'linear'
Hiermit wird *lineare Interpolation* durchgeführt, d.h. vorliegende Punkte werden durch Geradenstücke verbunden. Dies ist auch der Fall, wenn bei 'Methode' nichts angegeben wird.

'cubic'
Hiermit wird *kubische Interpolation* durchgeführt, d.h. *Interpolation* durch *Polynome dritten Grades*.
'spline'
Hiermit wird *kubische Spline-Interpolation* durchgeführt.
Neben **interp1(X,Y,x,**'spline') ist in MATLAB zur *kubischen Spline-Interpolation* zusätzlich die Funktion
>> **spline(X,Y,x)**
vordefiniert (siehe Beisp.12.4a).
Es ist zu beachten, dass zur *Interpolation* mit *Polynomen* größer als dritten Grades die Funktion **polyfit** zu verwenden ist (siehe Abschn.12.5.4 und Beisp.12.3 und 12.4).
In MATLAB sind zusätzlich die Funktionen **interp2** , **interp3** , **interpn** zur *mehrdimensionalen Interpolation* vordefiniert, d.h. zur Interpolation für Funktionen mehrerer Variablen. Die Anwendung gestaltet sich analog, wozu die MATLAB-Hilfe Informationen gibt.
Wenn die Toolbox SPLINE installiert ist, stehen weitere Funktionen zur *Spline-Interpolation* zur Verfügung, über die die MATLAB-Hilfe ebenfalls Informationen liefert.

12.5.4 Methode der kleinsten Quadrate (Quadratmittelapproximation)

Im *Unterschied* zur *Interpolation* brauchen bei der *Methode der kleinsten Quadrate* (*Quadratmittelapproximation*) die gegebenen n Punkte $(X_1,Y_1),(X_2,Y_2),...,(X_n,Y_n)$ einer in Tabellenform vorliegenden Funktion nicht die Näherungsfunktion P(x) zu erfüllen.
Das Prinzip besteht hier darin, die Näherungsfunktion P(x) so zu konstruieren, dass die *Summe* der *Abweichungsquadrate* zwischen P(x) und den Punkten *minimal* wird:

- Als *einfachste Näherungsfunktion* mit zwei frei wählbaren Parametern a_0 , a_1 wird
$$P_1(x;a_0,a_1) = a_0 + a_1 \cdot x$$
verwendet, die *Ausgleichsgerade* heißt.
Die *Methode der kleinsten Quadrate* liefert hierfür folgende *Minimierungsaufgabe*:
$$\sum_{k=1}^{n}(Y_k - P_1(X_k;a_0,a_1))^2 = \sum_{k=1}^{n}(Y_k - a_0 - a_1 \cdot X_k)^2 \to \underset{(a_0,a_1)}{\text{Minimum}}$$
Diese Minimierung bestimmt die *Parameter* a_0, a_1 derart, dass die Summe der Quadrate der Abweichungen der einzelnen Punkte (Wertepaare) von der Ausgleichsgeraden minimal wird.

- Allgemeiner werden *Näherungsfunktionen* der Gestalt
$$P(x;a_0,a_1,...,a_m) = \sum_{k=0}^{m} a_k \cdot p_k(x) = a_0 \cdot p_0(x) + a_1 \cdot p_1(x) + ... + a_m \cdot p_m(x)$$
verwendet, in denen die *Funktionen* $p_0(x)$, $p_1(x)$,..., $p_m(x)$
gegeben und die *Parameter* a_0 , a_1 ,..., a_m
frei wählbar sind.

Die *Parameter* bestimmen sich mittels *Methode der kleinsten Quadrate* analog zur Ausgleichsgeraden. Es ist in der Minimierungsaufgabe nur die Gleichung der Ausgleichsgeraden durch die Gleichung der betrachteten Näherungsfunktion zu ersetzen.

Häufig werden Polynome als Näherungsfunktionen verwendet, die *Ausgleichspolynome* heißen und folgende Form haben:

$P_m(x; a_0, a_1, ..., a_m) = a_0 + a_1 \cdot x + ... + a_m \cdot x^m$, d.h. es gilt $p_k(x) = x^k$

Offensichtlich bilden *Ausgleichsgeraden* einen *Spezialfall* von Ausgleichspolynomen. Sie ergeben sich, wenn

m = 1 , $p_0(x) = 1$ und $p_1(x) = x$

gesetzt, d.h. $P_1(x; a_0, a_1) = a_0 + a_1 \cdot x$ als Ausgleichspolynom verwendet wird.

Zur *Quadratmittelapproximation* von Funktionen f(x) einer Variablen mittels Polynomen ist in MATLAB bei n gegebenen Punkten die Funktion

\>\> **polyfit(X,Y,m)**

vordefiniert:

polyfit berechnet die *Koeffizienten* des *Ausgleichspolynoms* m-ten Grades in absteigender Reihenfolge.

Für m=n-1 wird laut Theorie das gleiche Ergebnis wie bei der *Polynominterpolation* geliefert. Deshalb kann **polyfit** auch zur Polynominterpolation verwendet werden (siehe Beisp. 12.4b).

Des Weiteren ist **polyfit** immer anzuwenden, wenn die Koeffizienten des Interpolationspolynoms benötigt werden, da **interp1** nur Funktionswerte liefert.

12.5.5 Beispiele

Im Folgenden werden *Interpolation* und *Quadratmittelapproximation* an einigen Beispielen illustriert und erhaltene Ergebnisse *grafisch* unter Verwendung von MATLAB-Grafikfunktionen dargestellt, die im Abschn. 13.2 und 13.3 beschrieben werden.

Beispiel 12.3:

Betrachtung eines Beispiels zur *Polynominterpolation* bei Verwendung von Polynomen mit einem Grad größer als 3: Gegeben sind sechs Punkte

(-5/2,-945/32) , (-3/2,105/32) , (-1/2,-45/32) , (1/2,45/32) , (3/2,-105/32) , (5/2,945/32)

Gesucht ist das *Interpolationspolynom 5. Grades* durch diese Punkte:

Da **interp1** nur Interpolationen mit Polynomen bis 3.Grades berechnet, ist hier
polyfit einzusetzen:

\>\> **X=[-5/2,-3/2,-1/2,1/2,3/2,5/2]** ;
\>\> **Y=[-945/32,105/32,-45/32,45/32,-105/32,945/32]** ;
\>\> **polyfit(X,Y,5)**
ans =1.0000 0.0000 -5.0000 0.0000 4.0000 0.0000

Da **polyfit** die Koeffizienten des *Interpolationspolynom* in absteigender Reihenfolge berechnet, ergibt sich das Interpolationspolynom 5. Grades der Form

$P_5(x) = 4 \cdot x - 5 \cdot x^3 + x^5$

Die *grafische Darstellung* der *Punkte* und des mittels **polyfit** berechneten *Interpolationspolynoms* im Intervall [-3,3] ist in Abb.12.1 zu sehen, wofür Folgendes in das Kommandofenster einzugeben ist:
>> **x=-3:0.2:3 ; plot(X,Y,'ko',x,4*x-5*x.^3+x.^5,'k')**

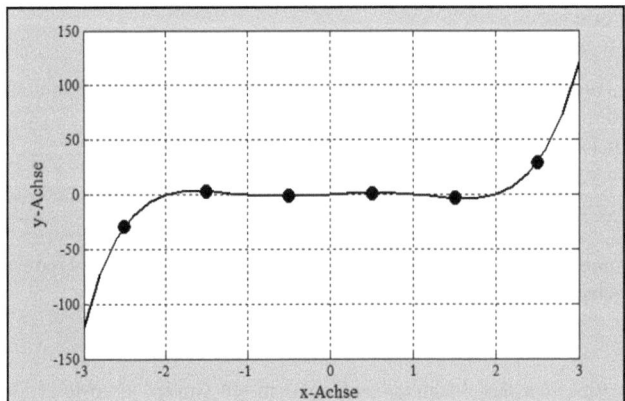

Abb.12.1: Grafische Darstellung von Punkten und Interpolationspolynom 5.Grades aus Beisp.12.3

Die Anwendung von **interp1** für *lineare*, *kubische* und *Spline-Interpolation* auf die vorliegenden Punkte wird in Abb.12.2 grafisch im Intervall [-3,3] dargestellt, wofür Folgendes in das Kommandofenster einzugeben ist:
>> **x=-3:0.2:3 ; plot(X,Y,'ko',x,interp1(X,Y,x,'linear'),'k',x,interp1(X,Y,x,'spline'),
 'k',x,interp1(X,Y,x,'cubic'),'k')**

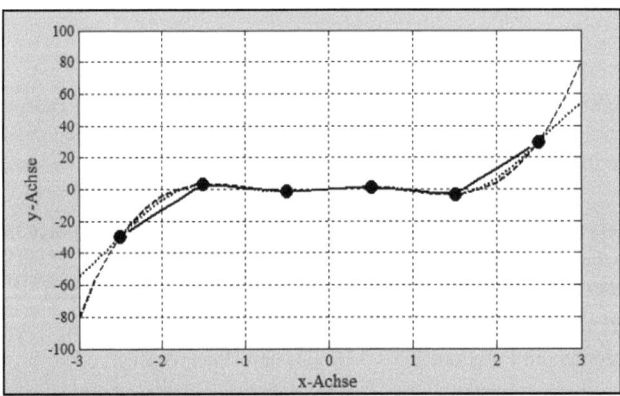

Abb.12.2: Grafische Darstellung von Punkten und Interpolationspolynomen für lineare, kubische und Spline-Interpolation aus Beisp.12.3.

Beispiel 12.4:
Für die vier vorliegenden Punkte   (4,1), (6,3), (8,8), (10,20)
werden x- und y-Koordinaten als Zeilenvektoren **X** bzw. **Y** in der Form
>> **X=[4,6,8,10] ; Y=[1,3,8,20] ;**

in das Kommandofenster eingegeben.

Im Folgenden werden hierauf MATLAB-Funktionen zur *Interpolation* bzw. *Methode der kleinsten Quadrate* angewandt und Funktionswerte mit den erhalten Interpolations- und Ausgleichspolynomen für die x-Werte 4,5,6,7,8,9,10 berechnet:

a) Anwendung von **interp1** zur *Interpolation*. Das *Interpolationspolynom* dritten Grades (kubisches Interpolationspolynom) durch die gegebenen vier Punkte ist eindeutig bestimmt und hat die Gestalt

$$P_3(x) = -10 + \frac{71}{12} \cdot x - \frac{9}{8} \cdot x^2 + \frac{1}{12} \cdot x^3$$

Mittels *linearer Interpolation* werden folgende Funktionswerte für die x-Werte 4,5,6,7, 8,9,10 berechnet:

\>> **x=[4,5,6,7,8,9,10] ; interp1(X,Y,x,'linear')**
ans = 1.0000 2.0000 3.0000 5.5000 8.0000 14.0000 20.0000

Die *grafische Darstellung* der berechneten Interpolationsfunktion ist in Abb. 12.3. zu sehen. MATLAB verbindet bei linearer Interpolation die gegebenen Punkte durch Geradenstücke, d.h. die *Interpolationsfunktion* hat hier die Form eines *Polygonzuges*.

Das *kubische Interpolationspolynom* wird von MATLAB mittels **interp1** folgendermaßen berechnet, wenn Funktionswerte in den x-Werten 4,5,6,7,8,9,10 gesucht sind:

\>> **x=[4,5,6,7,8,9,10] ; interp1(X,Y,x,'cubic')**
ans = 1.0000 1.6250 3.0000 4.8750 8.0000 13.1250 20.0000

Mittels *Spline-Interpolation* werden folgende Funktionswerte für die x-Werte 4,5,6,7, 8,9,10 berechnet:

Bei Anwendung von **interp1**:
\>> **x=[4,5,6,7,8,9,10] ; interp1(X,Y,x,'spline')**
ans = 1.0000 1.8750 3.0000 4.8750 8.0000 12.8750 20.0000

Bei Anwendung von **spline**:
\>> **x=[4,5,6,7,8,9,10] ; spline(X,Y,x)**
ans = 1.0000 1.8750 3.0000 4.8750 8.0000 12.8750 20.0000

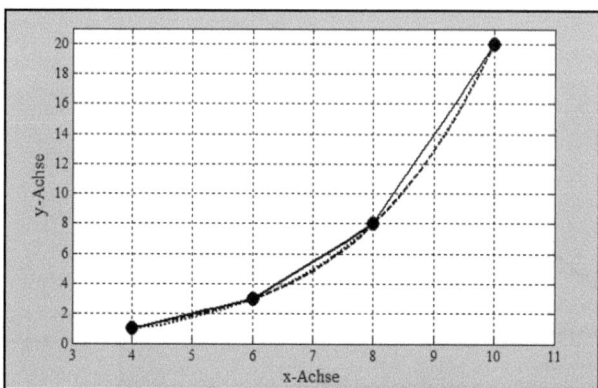

Abb.12.3: Grafische Darstellung der Punkte und Interpolationspolynome mittels **interp1** aus Beisp.12.4a

Die *grafische Darstellung* im Intervall [4,10] der Punkte und Interpolationspolynome für lineare, kubische und Spline-Interpolation in Abb.12.3 kann mittels **plot** folgendermaßen geschehen:

```
>> x=4:0.2:10 ;
>> plot(X,Y,'ko',x,interp1(X,Y,x,'cubic'),'k',x,interp1(X,Y,x,'spline'),'k',x,
interp1(X,Y,x,'linear'),'k')
```

b) Anwendung der *Methode der kleinsten Quadrate* mittels **polyfit**:
Wird als *Ausgleichspolynom* ein Polynom *dritten Grades* verwendet, so ergibt sich laut Theorie bei vier gegebenen Punkten bei der *Methode der kleinsten Quadrate* das gleiche Ergebnis wie bei der *Polynominterpolation* in Beisp.a:

```
>> polyfit(X,Y,3)
```
ans = 0.0833 -1.1250 5.9167 -10.0000

Das Approximationspolynom hat die gleiche Form wie im Beisp.a. Die Koeffizienten werden nur in Dezimaldarstellung gegeben:

$P_3(x) = -10 + 5.9167 \cdot x - 1.1250 \cdot x^2 + 0.0833 \cdot x^3$

Verwendung einer *Ausgleichsgeraden* (Polynom ersten Grades):

```
>> polyfit(X,Y,1)
```
ans = 3.1000 -13.7000

Die *Ausgleichsgerade* P(x) hat folgende Gleichung $P_1(x) = -13.7 + 3.1 \cdot x$

Die *grafische Darstellung* der Punkte, der berechneten Ausgleichsgeraden und des berechneten *Polygonzugs* der linearen Interpolation kann mittels **plot** folgendermaßen geschehen:

```
>> x=[4,5,6,7,8,9,10] ;
>> plot(X,Y,'ko',x,-13.7+3.1*x,'k',x,interp1(X,Y,x,'linear'),'k')
```

Aus Abb.12.4 ist bereits der *Unterschied* zwischen *Ausgleichsgerade* und Kurve der *linearen Interpolation* ersichtlich. Letztere ist ein *Polygonzug*, der die Punkte verbindet, während die *Ausgleichsgerade* so verläuft, dass die Summe der Quadrate der Abweichungen von den einzelnen Punkten minimal wird.

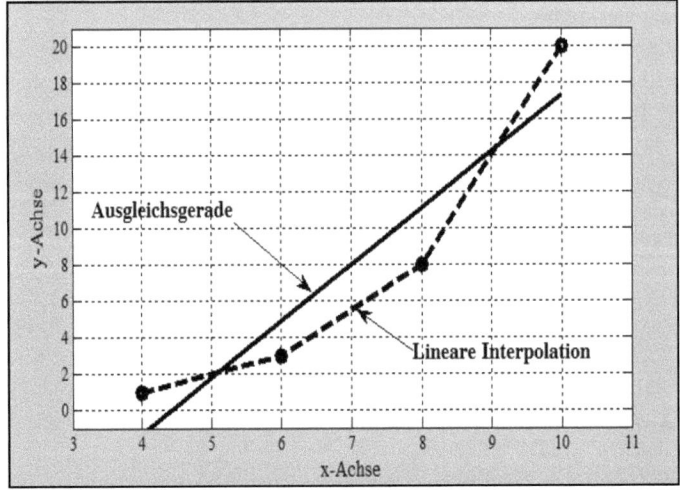

Abb.12.4: Grafische Darstellung der Punkte, Ausgleichsgeraden und linearen Interpolation aus Beisp.12.4b

13 Grafische Darstellungen mit MATLAB

13.1 Einführung

MATLAB stellt umfangreiche Werkzeuge für grafische Darstellungen zur Verfügung (siehe [10-13]).
Im Folgenden wird ein Einblick in *grafische Darstellungen reeller Funktionen* einer und zweier Variablen mit MATLAB gegeben, da die Ingenieurmathematik diese öfters benötigt.
Zuerst werden wichtige allgemeine Eigenschaften von MATLAB bei der grafischen Darstellung erläutert.
In den weiteren Abschn.13.2-13.6 werden Details für mögliche Grafiken im zwei- und dreidimensionalen Raum vorgestellt.

Mittels vordefinierter *Grafikfunktionen* kann MATLAB

Punktgrafiken in der Ebene R^2 und im Raum R^3

Kurven in der Ebene R^2 (*ebene Kurven*)

Kurven im Raum R^3 (*Raumkurven*)

Flächen im Raum R^3

zeichnen, d.h. grafische Darstellungen für reelle Funktionen einer oder zweier Variablen erstellen.

Diese *grafischen Darstellungen* sind folgendermaßen *charakterisiert*:

- Bei Anwendung von *Grafikfunktionen* öffnet MATLAB *Grafikfenster* mit Namen *Figure 1, Figure 2,...* in denen zu zeichnende Grafiken dargestellt werden. Diese Grafikfenster besitzen am oberen Rand folgende Aufteilung:

  Menüleiste

  File Edit View Insert Tools Desktop Window Help

  Die Menüs **File**, **Edit**, **Help** und **WINDOW** sind klar. **Insert** und **Tools** dienen zur Gestaltung von Grafiken.

  Symbolleiste

  Die Bedeutung der einzelnen Symbole/Icons dieser Symbolleiste wird erklärt, wenn der Mauszeiger darübersteht.

- Ohne weitere Vorkehrungen öffnet MATLAB bei jeder Anwendung einer Grafikfunktion ein neues Grafikfenster.

- MATLAB bietet folgende Möglichkeiten, um *mehrere Grafiken* in ein *Grafikfenster* zu zeichnen:

  Mit den Grafikfunktionen **plot** (in der Ebene) und **plot3** (im Raum) gelingt dies, wenn für jede Kurve die Vektoren **x,y,z,u,v,w,...** für die Kurvenpunkte berechnet werden. Abschließend sind die Grafikfunktionen in der Form

  plot(x,y,u,v,...)

  bzw.

  plot3(x,y,z,u,v,w,...)

  einzugeben (siehe Beisp.13.2c).

  Mit allen Grafikfunktion **plot**, **plot3**, **ezplot**, **ezpolar** und **ezplot3** gelingt dies, wenn nach jeder gezeichneten Kurve das Kommando

  >> hold on

eingegeben wird. Hiermit können auch Durchdringungen von Flächen realisiert werden (siehe Beisp.13.4c).

Es können *mehrere Grafiken* in einem *Grafikfenster* nebeneinander bzw. untereinander dargestellt werden. Dazu lässt sich das Grafikfenster in *Matrixform* in m×n kleine *Grafikfenster* (*Teilfenster*) mittels der MATLAB-Funktion

>> **subplot**(m,n,p)

aufteilen, in der das letzte Argument p das Teilfenster bestimmt, in der die Grafik erscheinen soll (siehe Abb.13.9).

Die von MATLAB im Grafikfenster angezeigten *Grafiken* können auf vielfältige Art *gestaltet* werden:

- Es können *Text* und *Pfeile* (engl.: Arrow) an einer beliebigen Stelle *eingefügt* werden (siehe Beisp.13.2c):
  Dazu ist zuerst im Grafikfenster in der Menüleiste die Menüfolge **Insert ⇒ TextBox** bzw. **Insert ⇒ Arrow** bzw. **Insert ⇒ TextArrow** bzw. **Insert ⇒ DoubleArrow** zu aktivieren. Das Gleiche wird durch Aktivierung der Menüfolge **View ⇒ Figur Palette** erreicht.
  Danach wird die vorgesehene Stelle in der Grafik angeklickt und der gewünschte Text kann geschrieben bzw. Pfeile können eingefügt werden. Für diesen Text lassen sich anschließend durch Maus-Doppelklick auf die Textbox im erscheinenden *Property Editor-Text* Schriftgröße und -form einstellen.
- Mittels *Property Editor-Axes* können u.a die *Bezeichnung* der x-, y- und z-*Achsen* (Label), der *Maßstab* (Limits) auf der x-, y- und z-Achse, die *Schriftart* (Font), ein *Gitter* (Grid), ein *Rahmen* (Box) und eine *Überschrift* (Title) gestaltet werden.
  Dieser Editor wird im Grafikfenster durch Aktivierung der Menüfolge **View ⇒ Property Editor** und anschließendem Mausklick auf die Achsen aufgerufen.
- Mittels *Property Editor-Lineseries* kann für gezeichnete Kurven und Punkte u.a. *Dicke*, *Gestalt* und *Farbe* bei *Line* bzw. *Marker* eingestellt werden.
  Dieser Editor wird im Grafikfenster durch Aktivierung der Menüfolge **View ⇒ Property Editor** und anschließendem Mausklick auf die Kurve aufgerufen.
- Mittels *Property Editor-Surfaceplot* (*Figure*) kann für gezeichnete Flächen u.a. *Gestalt* und *Farbe* eingestellt werden.
  Dieser Editor wird im Grafikfenster durch Aktivierung der Menüfolge **View ⇒ Property Editor** und anschließendem Mausklick auf die Fläche aufgerufen.

Bei Anwendung der MATLAB-Grafikfunktionen **plot**, **polar** und **plot3** ist zu beachten, dass bei *Erzeugung* der benötigten Vektoren **x**, **y**, **z** die erforderlichen *Rechenoperationen elementweise* durchzuführen sind (siehe Abschn.7.5), d.h. es ist ein *Punkt* vor die entsprechenden Rechenzeichen zu schreiben (siehe Beisp.13.2).

13.2 Punktgrafiken

Punktgrafiken heißen grafische Darstellungen von n *Punkten* (i=1,...,n)

13.2 Punktgrafiken

$P_i = (x_i, y_i)$ in der Ebene

$P_i = (x_i, y_i, z_i)$ im Raum

die als *ebene* bzw. *räumliche Punktgrafiken* (Punktwolken) bezeichnet werden.

MATLAB kann *Punktgrafiken* darstellen, wofür folgende Grafikfunktionen vordefiniert sind:

Für *ebene Punktgrafiken* ist **plot** anzuwenden:
Die x- und y-Koordinaten der Punkte werden Vektoren **x** bzw. **y** zugewiesen:
`>> x=[x1,x2,...,xn] ; y=[y1,y2,...,yn] ;`
Danach zeichnet die Grafikfunktion
`>> plot(x,y)`
die Punkte als Punktwolke in ein ebenes Kartesisches Koordinatensystem.

Für *räumliche Punktgrafiken* ist **plot3** anzuwenden:
Die x-, y- und z-Koordinaten der Punkte werden Vektoren **x**, **y** bzw. **z** zugewiesen:
`>> x=[x1,x2,...,xn] ; y=[y1,y2,...,yn] ; z=[z1,z2,...,zn] ;`
Danach zeichnet die Grafikfunktion
`>> plot3(x,y,z)`
die Punkte als Punktwolke in ein räumliches Kartesisches Koordinatensystem.

Mit beiden Grafikfunktionen **plot** und **plot3** werden die Punkte durch *Geraden verbunden*. Dies kann verhindert werden, indem der *Property Editor-Lineseries* aufgerufen wird:
Hier ist bei **Line** **no line** einzutragen.
Die *Form* und *Größe* der gezeichneten Punkte ist bei **Marker** einstellbar.
Die *Farbe* der Punkte ist hier ebenfalls einstellbar.

Beispiel 13.1:

Illustration von Punktgrafiken:

a) Die grafische Darstellung der 5 Punkte (1,2), (3,6), (2,4), (5,1), (6,3)
als Punktwolke in der Ebene geschieht in MATLAB mittels **plot** folgendermaßen:
`>> x=[1,3,2,5,6] ; y=[2,6,4,1,3] ; plot(x,y)`

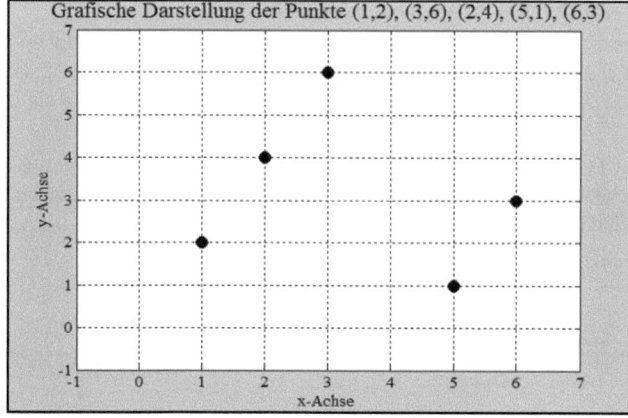

Abb.13.1: Grafikfenster von MATLAB mit Punktwolke aus Beisp.13.1a

b) Die grafische Darstellung der 5 Punkte (siehe Abb.13.2)
   (1,2,3), (3,6,5), (2,4,7), (5,1,4), (6,3,8)
   als Punktwolke im Raum geschieht in MATLAB mittels **plot3** folgendermaßen:
   >> **x=[1,3,2,5,6] ; y=[2,6,4,1,3] ; z=[3,5,7,4,8] ; plot3(x,y,z)**

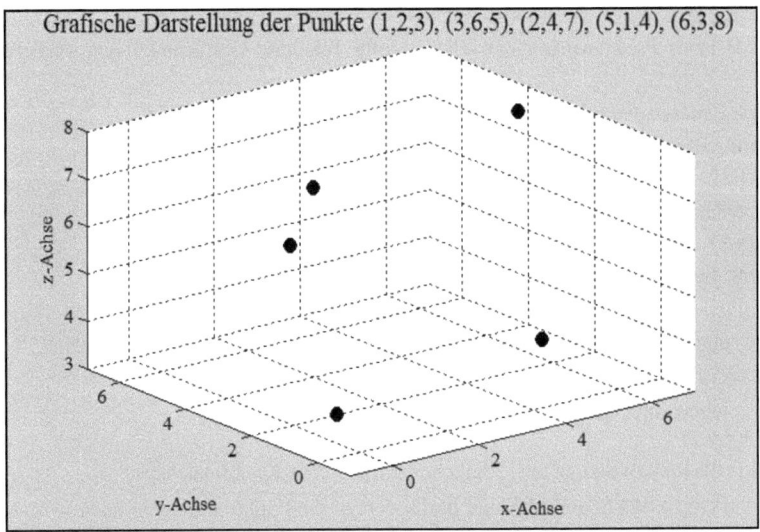

Abb.13.2: Grafikfenster von MATLAB mit Punktwolke aus Beisp.13.1b

13.3 Ebene Kurven

Ebene Kurven lassen sich durch Funktionen in einer der folgenden Formen *beschreiben:*

- Durch *Funktionen*   y=f(x)
  einer reellen Variablen x, wobei x Werte aus einem Definitionsbereich D(f) der Funktion f(x) annehmen kann:
  Dies wird als *explizite Darstellung* einer Kurve in Kartesischen Koordinaten bezeichnet (siehe Beisp.13.2a).
  Derartige Kurven heißen *Funktionskurve* oder *Graph* der Funktion f(x).
  Als *Definitionsbereich* D(f) tritt meistens ein Intervall [a,b] auf.
  Mittels Funktionen f(x) sind nicht alle möglichen ebenen Kurven beschreibbar. Dies liegt daran, dass f(x) als eindeutige Abbildung definiert ist (siehe Abschn.12.2), so dass hiermit *geschlossene Kurven* wie z.B. Kreise, Ellipsen usw. nicht beschreibbar sind.

- Durch *Gleichungen*   F(x,y)=0
  mit einer Funktion F(x,y) zweier Variablen. Dies wird als *implizite Darstellung* einer Kurve in Kartesischen Koordinaten bezeichnet, mit deren Hilfe auch geschlossene Kurven beschreibbar sind (siehe Beisp.13.2b).

- Durch *Parameterfunktionen*   x=x(t) , y=y(t)

die x- und y-Koordinaten der Kurvenpunkte als Funktionen des *Parameters* t sind, der Werte aus einem Intervall [a,b] annehmen kann. Dies wird als *Parameterdarstellung* einer Kurve bezeichnet, mit deren Hilfe auch geschlossene Kurven beschreibbar sind (siehe Beisp.13.2b).

- Durch *Polarkoordinaten*   r=r(φ)
  in denen der *Radius* r eine Funktion des *Winkels* φ ist, der Werte aus einem Intervall [a,b] annehmen kann (siehe Beisp.13.2b). Dies wird als *Kurvendarstellung* in *Polarkoordinaten* bezeichnet, mit deren Hilfe auch geschlossene Kurven beschreibbar sind (siehe Beisp.13.2b).

MATLAB kann *ebene Kurven* folgendermaßen *zeichnen:*
- Anwendung der *Grafikfunktion* **plot**:
  Zuerst sind für *Kurven* in *expliziter Darstellung* bzw. in *Parameterdarstellung* x- und y-*Koordinaten* von *Kurvenpunkten* folgendermaßen zu berechnen und Vektoren **x** und **y** zuzuweisen:
  Bei *expliziter Darstellung* y=f(x) der Kurve für x∈[a,b] mittels
  >> **x=a:Δx:b ; y=f(x)** ;
  Bei *Parameterdarstellung* x=x(t), y=y(t) der Kurve für t∈[a,b] mittels
  >> **t=a:Δt:b ; x=x(t) ; y=y(t)** ;
  Abschließend *zeichnet*
  >> **plot(x,y,'***Optionen***')**   die *Kurve* in ein *Grafikfenster:*
  Die Zeichnung erfolgt, indem die berechneten Kurvenpunkte durch Geradenstücke verbunden werden.
  Mittels '*Optionen*', die als Zeichenkette einzugeben sind, kann *Farbe* und *Darstellung* der gezeichneten Kurven beeinflusst werden (siehe Beisp.13.2a). Dies kann jedoch auch mittels des *Property Editor-Lineseries* geschehen (siehe Abschn.13.1).
  Bei Anwendung von **plot** ist Folgendes zu beachten:
  Die *Kurvendarstellung* wird *genauer*, wenn die Anzahl der zu zeichnenden Punkte erhöht wird, d.h. hinreichend kleine Schrittweiten Δx bzw. Δt für die Erzeugung der Kurvenpunkte gewählt werden.
  Die Funktionen f(x), x(t) bzw. y(t) müssen aus vordefinierten Funktionen bestehen bzw. als Funktionsdateien vorliegen.
  Bei Berechnung der Vektoren **x** und **y** sind Zeichen für elementweise Rechenoperationen zu verwenden (siehe Beisp.13.2a).
- Anwendung der *Grafikfunktion* **ezplot**:
  Sie ist nur einsetzbar, wenn die Toolbox SYMBOLIC MATH installiert ist.
  Auftretende Variablen x und y bzw. t müssen mittels **syms** als symbolisch gekennzeichnet sein.
  ezplot kann Kurven in folgender Darstellung zeichnen:
  In *expliziter Darstellung* y=f(x) zeichnet
  >> **syms** x ; **ezplot**(f(x),[a,b])
  die Funktionskurve von f(x) im Intervall [a,b].
  In *impliziter Darstellung* F(x,y)=0 zeichnet
  >> **syms** x y ; **ezplot**(F(x,y),[a,b])
  die Funktionskurve für a≤x≤b.
  In *Parameterdarstellung* x=x(t), y=y(t) für t aus dem Intervall [a,b] zeichnet

>> syms t ; ezplot(x(t),y(t),[a,b])
die durch Parameterdarstellung beschriebene Kurve für a≤t≤b.

Die im Argument von **ezplot** benötigten Funktionen können direkt eingegeben werden oder müssen als Funktionsdefinitionen (siehe Abschn.12.4) vorliegen.

- Anwendung der *Benutzeroberfläche* für *symbolische Berechnungen* **funtool**:
  Sie ist nur einsetzbar, wenn die Toolbox SYMBOLIC MATH installiert ist.
  Sie wird mittels >> **funtool** aufgerufen:
  Hier können bei f= und g= jeweils eine Funktion f(x) bzw. g(x) und bei x= der Definitionsbereich für beide Funktionen eingetragen werden.
  Die abschließende Betätigung der EINGABE-Taste erzeugt die grafische Darstellung der Funktionen f(x) und g(x) in zwei Grafikfenstern.

- Anwendung der *Grafikfunktion* **polar**:
  Sie zeichnet eine im Intervall a≤φ≤b in *Polarkoordinaten* r=r(φ) gegebene *Kurve* und benötigt Koordinaten von *Kurvenpunkten*, die Vektoren **phi** bzw. **r** zuzuweisen sind.
  Die Berechnung und Zuweisung kann analog zu **plot** folgendermaßen geschehen:
  >> phi=a:Δphi:b ; r=r(**phi**) ;
  Abschließend zeichnet
  >> **polar(phi,r)**
  die Kurve in ein Grafikfenster, indem die berechneten Kurvenpunkte durch Geradenstücke verbunden werden.

- Anwendung der *Grafikfunktion* **ezpolar**:
  Diese Grafikfunktion zur Zeichnung von *Kurven* in *Polarkoordinaten* ist nur einsetzbar, wenn die Toolbox SYMBOLIC MATH installiert ist.
  Die auftretende Variable ist mittels **syms** als symbolisch zu kennzeichnen.
  Kurven in Polarkoordinaten r=r(φ) werden im Intervall a≤ φ ≤b mittels
  >> syms phi ; **ezpolar**(r(phi),[a,b])
  in ein Grafikfenster gezeichnet (siehe Beisp.13.2b).

Die von MATLAB im Grafikfenster gezeichneten *ebenen Kurven* können auf vielfältige Art *gestaltet* werden. Dies geschieht unter Anwendung von *Property Editor-Axes, Property Editor-Lineseries* und *Property Editor-Text*, die im Abschn.13.1 vorgestellt werden.

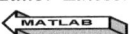

Beispiel 13.2:
Illustration der grafischen Darstellung ebener Kurven:

a) Die Funktion $f(x) = \dfrac{x^2 - 1}{x^2 + 1}$ ist *gebrochenrational* mit Definitionsbereich $x \in (-\infty, \infty)$.

Ihre *Funktionskurve* lässt sich folgendermaßen grafisch darstellen (siehe Abb.13.3), wobei neben dem im Abschn.13.1 beschriebenen *Property Editor-Axes* eine weitere Möglichkeit gezeigt wird, um x- und y-Achse zu beschriften (mittels **x-label** bzw. **y-label**) und eine Überschrift (mittels **title**) einzufügen:

13.3 Ebene Kurven

Die MATLAB-*Grafikfunktion* **ezplot** aus der Toolbox SYMBOLIC MATH zeichnet die Funktionskurve im Intervall [-4,4] mittels
>> **syms** x ; **ezplot**((x^2-1)/(x^2+1),[-4,4]) ; **xlabel**('x-Achse') ; **ylabel**('y-Achse') ;
      title('Kurve der Funktion (x^2-1)/(x^2+1)')

Die MATLAB-*Grafikfunktion* **plot** zeichnet die Funktionskurve mittels
>> x=-4:0.1:4 ; y=(x.^2-1)./(x.^2+1) ;
>> **plot**(x,y,'k-','LineWidth',3) ; **xlabel**('x-Achse') ; **ylabel**('y-Achse') ; **title** ('Kurve der Funktion (x^2-1)/(x^2+1)')

im Intervall [-4,4].

Es ist zu beachten, dass bei Berechnung des Vektors **y** aus dem Vektor **x** die *Rechenzeichen* mit einem *Punkt* zu schreiben sind, da die *Rechenoperationen elementweise* durchzuführen sind.

Die Argumente von **plot** bewirken Folgendes:

Die *Option* 'k-' legt *Farbe* (k : schwarz) und *Gestalt* (- : durchgehende Linie) der gezeichneten Kurve fest.

Die *Option* 'LineWidth',3 legt die Stärke der gezeichneten Kurve fest.

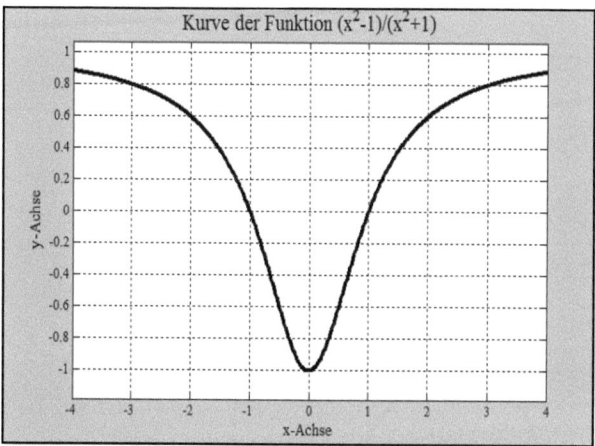

Abb.13.3: Grafikfenster mit der Funktionskurve aus Beisp.13.2a bei Anwendung von **plot** bzw. **ezplot**

b) Eine *Kardioide* kann folgendermaßen beschrieben werden:

In *impliziter Darstellung* durch
$F(x,y) = (x^2 + y^2) \cdot (x^2 + y^2 - 2 \cdot a \cdot x) - a^2 \cdot y^2 = 0$ (a>0)

In *Parameterdarstellung* durch
x(t)=a·cos t·(1+cos t) , y(t)=a·sin t·(1+cos t) $0 \leq t < 2\pi$

In *Polarkoordinaten* durch
r(φ)=a·(1+cos φ) $0 \leq \varphi < 2\pi$

Die *grafische Darstellung* der *Kardioide* (für a=1) lässt sich folgendermaßen erhalten (siehe Abb.13.4 und 13.5):

Die MATLAB-*Grafikfunktion* **ezplot** zeichnet die Funktionskurve

für die *implizite Darstellung* im x-Intervall [-2,2] mittels
>> **syms** x y ; **ezplot**((x^2+y^2)*(x^2+y^2-2*x)-y^2,[-2,2])

für die *Parameterdarstellung* im t-Intervall [0,2π] mittels
>> **syms** t ; **ezplot**(**cos**(t)*(1+**cos**(t)),**sin**(t)*(1+**cos**(t)),[0,2***pi**])

Die MATLAB-*Grafikfunktion* **plot** zeichnet die Funktionskurve für die Parameterdarstellung im Intervall $[0,2\pi]$ mittels
>> **t=0:0.1:2*pi ; x=cos(t).*(1+cos (t)) ; y=sin(t).*(1+cos (t)) ; plot(x,y)**
Die MATLAB-*Grafikfunktion* **ezpolar** zeichnet die Funktionskurve für Polarkoordinaten im Intervall $[0,2\pi]$ mittels
>> **syms** phi ; **ezpolar**(1+cos(phi),[0,2***pi**])

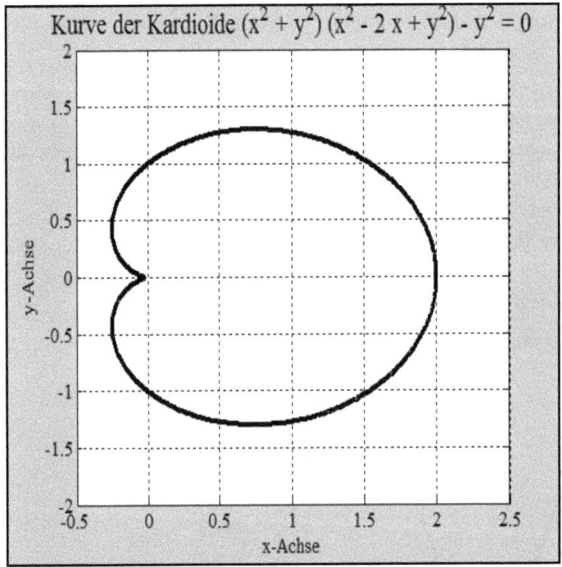

Abb.13.4: Grafikfenster mit der Kardioide aus Beisp.13.2b mittels **ezplot**

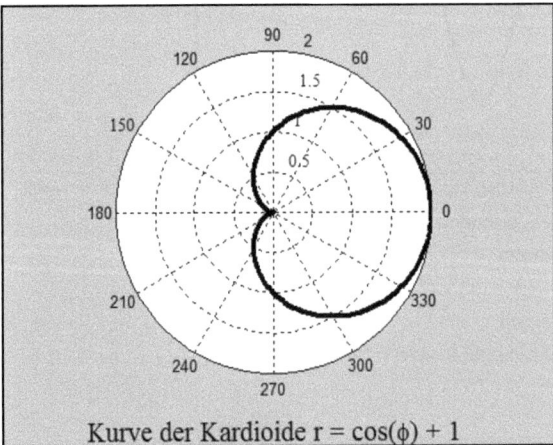

Abb.13.5: Grafikfenster mit der Kardioide aus Beisp.13.2b mittels **ezpolar**

c) Zeichnung von *zwei Kurven* (Gerade und Parabel) im Intervall [-2,2] in ein *gemeinsames Koordinatensystem* (Grafikfenster) unter Anwendung von **plot**, wobei die Grafik mit den im Abschn.13.1 gegebenen Möglichkeiten gestaltet wurde (siehe Abb.13.6):
>> x=-2:0.1:2 ; y=x+1 ; z=x.^2 ;
>> plot(x,y,x,z)

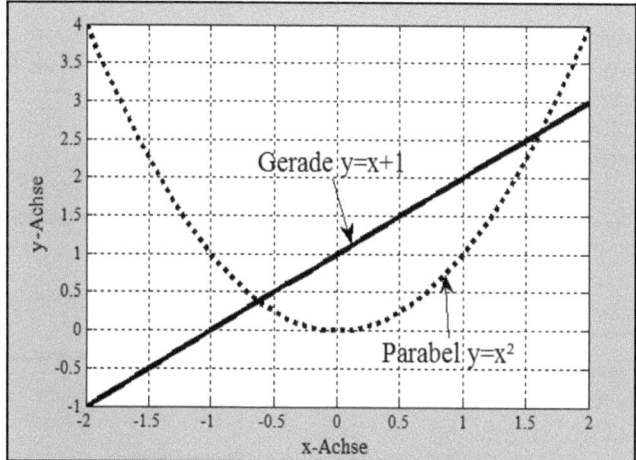

Abb.13.6: Grafikfenster mit Gerade und Parabel aus Beisp.13.2c mittels **plot**

13.4 Kurvendiskussion

Als *Kurvendiskussion* wird die Aufgabe bezeichnet, Eigenschaften (Nullstellen, Polstellen, Minima und Maxima, ...) und grafische Darstellung einer Funktion f(x) zu ermitteln.

Ohne Computer ist diese Problematik nicht immer einfach zu behandeln.

Kurvendiskussionen bereiten beim Einsatz von MATLAB keine Schwierigkeiten:

MATLAB zeichnet mit seinen Grafikfunktionen die Funktionskurve.

Man darf der Zeichnung von MATLAB allerdings nicht blindlings vertrauen, da die Kurve durch Verbindung vorgegebener (berechneter) Punkte gezeichnet und deshalb nicht immer exakt wiedergegeben wird.

Es sollten mittels MATLAB-Funktionen zur Gleichungslösung und Differentialrechnung wichtige Eigenschaften wie Nullstellen, Minima und Maxima der Funktion f(x) untersucht und mit der von MATLAB gezeichneten Kurve verglichen werden.

13.5 Raumkurven

Kurven im dreidimensionalen Raum werden als *Raumkurven* bezeichnet. Sie lassen sich durch *Parameterdarstellungen* der Form   x=x(t) , y=y(t) , z=z(t)
beschreiben, wobei der *Parameter* t Werte aus einem Intervall [a,b] annehmen kann.

MATLAB kann *Raumkurven* zeichnen, wofür folgende *Grafikfunktionen* vordefiniert sind:
- **plot3**:
  Zuerst sind x-, y- und z-Koordinaten von Kurvenpunkten für Parameterwerte t∈[a,b] folgendermaßen zu berechnen und Vektoren **x**, **y** und **z** zuzuweisen:
  >> t=a:Δt:b ; x=x(t) ; y=y(t) ; z=z(t) ;

Abschließend *zeichnet* >> **plot3(x,y,z,'***Optionen***')** die *Raumkurve* in ein Grafikfenster:
Die Zeichnung der Kurve erfolgt, indem MATLAB die berechneten *Kurvenpunkte* durch *Geradenstücke verbindet*.

Mittels '*Optionen*', die als Zeichenkette einzugeben sind, lässt sich *Farbe* und *Darstellung* der gezeichneten Kurven beeinflussen. Dies kann jedoch auch mittels *Property Editor-Lineseries* geschehen (siehe Abschn.13.1).

Bei Anwendung von **plot3** ist Folgendes zu beachten:
Die Funktionen x(t), y(t) und z(t) müssen vordefinierte Funktionen sein bzw. als Funktionsdateien vorliegen.
Die Kurvendarstellung wird genauer, wenn die Anzahl der zu zeichnenden Punkte erhöht, d.h. eine hinreichend kleine Schrittweite Δt für die Erzeugung der Kurvenpunkte gewählt wird.
Zur Berechnung der Vektoren **x**, **y** und **z** müssen Zeichen für elementweise Rechenoperationen verwendet werden.

- **ezplot3**:
  Diese Grafikfunktion ist nur einsetzbar, wenn die Toolbox SYMBOLIC MATH installiert ist.
  Der Parameter t muss mittels **syms** als symbolisch gekennzeichnet sein.
  Die Zeichnung der Raumkurve für t∈[a,b] geschieht folgendermaßen:
  >> **syms** t ; **ezplot3**(x(t),y(t),z(t),[a,b])

☞

Die von MATLAB im Grafikfenster angezeigten *Raumkurven* können auf vielfältige Art *gestaltet* werden. Dies geschieht unter Anwendung von *Property Editor-Axes*, *Property Editor-Lineseries* und *Property Editor-Text* wie im Abschn.13.1 erläutert ist.

Beispiel 13.3:
Zeichnung der *räumlichen Spirale* x(t)=cos(2t) , y(t)=sin(2t) , z(t)=0.2t

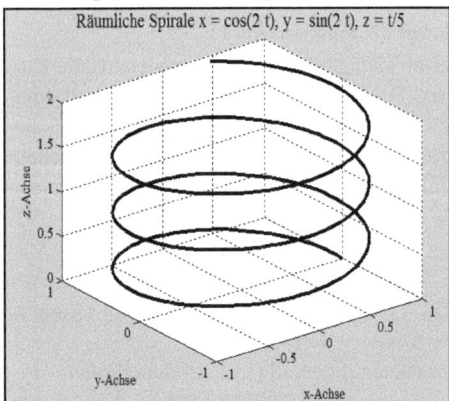

Abb.13.7: Grafikfenster von MATLAB mit der räumlichen Spirale aus
Beisp.13.3 unter Verwendung von **plot3** bzw. **ezplot3**

13.6 Flächen

für Parameterwerte 0≤t≤10 mittels:
plot3
>> t=0:0.1:10 ; x=cos(2*t) ; y=sin(2*t) ; z=0.2*t ; plot3(x,y,z)
ezplot3
>> syms t ; ezplot3(cos(2*t),sin(2*t),0.2*t,[0,10])
Die von MATLAB mittels **ezplot3** gezeichnete Grafik ist in Abb.13.7 zu sehen.

13.6 Flächen

Flächen im dreidimensionalen Raum lassen sich in einer der folgenden Formen *beschreiben* (man vergleiche die Analogie zu ebenen Kurven):

- Durch *Funktionen*   z=f(x,y)
  zweier reellen Variablen x und y mit (x,y)∈D (*Definitionsbereich*). Dies wird als *explizite Darstellung* einer Fläche in Kartesischen Koordinaten bezeichnet (siehe Beisp. 13.4a).

- Durch *Gleichungen*   F(x,y,z)=0
  mit der Funktion F(x,y,z) dreier Variablen mit (x,y)∈D (*Definitionsbereich*). Dies wird als *implizite Darstellung* einer Fläche in Kartesischen Koordinaten bezeichnet (siehe Beisp.13.4b).

- Durch *Parameterfunktionen*   x=x(u,v) , y=y(u,v) , z=z(u,v)
  die x-, y- und z-Koordinaten der Flächenpunkte als Funktionen der *Parameter* u und v mit a≤u≤b , c≤v≤d darstellen. Dies wird als *Parameterdarstellung* einer Fläche in Kartesischen Koordinaten bezeichnet (siehe Beisp.13.4c).

MATLAB kann *Flächen* im dreidimensionalen Raum grafisch darstellen, wobei dies natürlich nur in zweidimensionaler Form möglich ist. Hierfür bietet MATLAB folgende Möglichkeiten:

- Anwendung der *Grafikfunktionen* **mesh** und **surf**:
  Zuerst sind für *Flächen* in *expliziter Darstellung* bzw. in *Parameterdarstellung* x-, y- und z-Koordinaten von Flächenpunkten folgendermaßen zu berechnen und Vektoren **x**, **y** und **z** zuzuweisen:
  Bei *expliziter Darstellung* z=f(x,y) mit (x,y)∈D=[a,b]×[c,d] (D - rechteckiger Definitionsbereich), geschieht die Zuweisung mittels **meshgrid** folgendermaßen:
  >> [x,y]=**meshgrid**(a:Δx:b,c:Δy:d) ; z=f(x,y) ;
  Bei *Parameterdarstellung* x(u,v), y(u,v), z(u,v) mit Definitionsbereich a≤u≤b c≤v≤d geschieht die Zuweisung mittels **meshgrid** folgendermaßen:
  >> [u,v]=**meshgrid**(a:Δu:b,c:Δv:d) ; x=x(u,v) ; y=y(u,v) ; z=z(u,v) ;
  Hier wird mittels **meshgrid** ein *Gitter* für den *Definitionsbereich* erzeugt, über dem Werte der Funktionen berechnet werden. Aus diesen Funktionswerten konstruiert MATLAB die grafische Darstellung der Fläche.
  Abschließend *zeichnet*
  >> **mesh(x,y,z)**   bzw.   >> **surf(x,y,z)**
  die *Fläche* in ein Grafikfenster:
  Die Zeichnung der Fläche erfolgt, indem die berechneten *Flächenpunkte* durch *Geradenstücke verbunden* werden.

Da **mesh** und **surf** die Werte für x, y und z als Vektoren benötigen, sind bei Definition der erforderlichen Funktionen die *Zeichen* für *elementweise Rechenoperationen* zu schreiben.

- Anwendung der *Grafikfunktion* **ezsurf**:
  Diese Grafikfunktion ist nur anwendbar, wenn die Toolbox SYMBOLIC MATH installiert ist.
  Auftretende Variablen x, y und z bzw. u und v sind mittels **syms** als symbolisch zu kennzeichnen.
  ezsurf kann Flächen in folgender Darstellung zeichnen:
  In *expliziter Darstellung* z=f(x,y) zeichnet
  >> **syms** x y ; **ezsurf**(f(x,y),[a,b,c,d])
  die Fläche über dem rechteckigen Bereich D=[a,b]×[c,d]
  In *Parameterdarstellung* x=x(u,v), y=y(u,v), z=z(u,v) zeichnet
  >> **syms** u v ; **ezsurf**(x(u,v),y(u,v),z(u,v),[a,b,c,d])
  die Fläche für a≤u≤b und c≤v≤d.

- Zur weiteren Veranschaulichung von Flächen gestattet MATLAB zusätzlich die Zeichnung von *Höhenlinien/Niveaulinien:*
  * Diese Linien entstehen, wenn eine Fläche mit Ebenen geschnitten wird, die parallel zur xy-Ebene verlaufen.
  * Ihre grafische Darstellung geschieht mittels der *Grafikfunktion* **contour** in analoger Weise wie bei der grafischen Darstellung von Flächen:
    Für *explizite Darstellung* z=f(x,y) zeichnet
    >> [**x,y**]=**meshgrid**(a:Δx:b,c:Δy:d) ; **z**=f(**x,y**) ; **contour**(**x,y,z**)
    die Höhenlinien.
    Für *Parameterdarstellung* x=x(u,v), y=y(u,v), z=z(u,v) zeichnet
    >> [**u,v**]=**meshgrid**(a:Δu:b,c:Δv:d) ; **x**=x(**u,v**) ; **y**=y(**u,v**) ; **z**=z(**u,v**) ; **contour**(**x,y,z**)
    die Höhenlinien.
  * Bei Anwendung von **contour** werden *Höhenlinien/Niveaulinien* einer Fläche in die Ebene projiziert, während sie bei Anwendung von **contour3** dreidimensional dargestellt werden.
  * Wenn bei installierter Toolbox SYMBOLIC MATH eine Fläche und ihre Höhenlinien/Niveaulinien in ein Grafikfenster gezeichnet werden sollen, so ist die *Grafikfunktion* **ezsurfc** zu verwenden.

☞

Die von MATLAB im Grafikfenster angezeigten *Flächen* können auf vielfältige Art *gestaltet* werden. Dies geschieht unter Anwendung von *Property Editor-Axes*, *Property Editor-Surfaceplot* (*Figure*) und *Property Editor-Text*, wie im Abschn.13.1 erläutert ist.
Die gezeichnete *Fläche* lässt sich mittels gedrückter Maustaste *drehen*, wenn im Grafikfenster die Menüfolge **Tools ⇒ Rotate 3D** aktiviert

oder das *Symbol*  in der Symbolleiste angeklickt wird.

Beispiel 13.4:
Illustration grafischer Darstellungen von Flächen:
a) Ein *Rotationsparaboloid* kann folgendermaßen beschrieben werden:
   In *expliziter Darstellung* durch $z = x^2 + y^2$
   In *Parameterdarstellung* durch
   $x(u,v)=v \cdot \cos u$, $y(u,v)=v \cdot \sin u$, $z(u,v)= v^2$ mit $0 \leq u \leq 2\pi$, $0 \leq v \leq \infty$

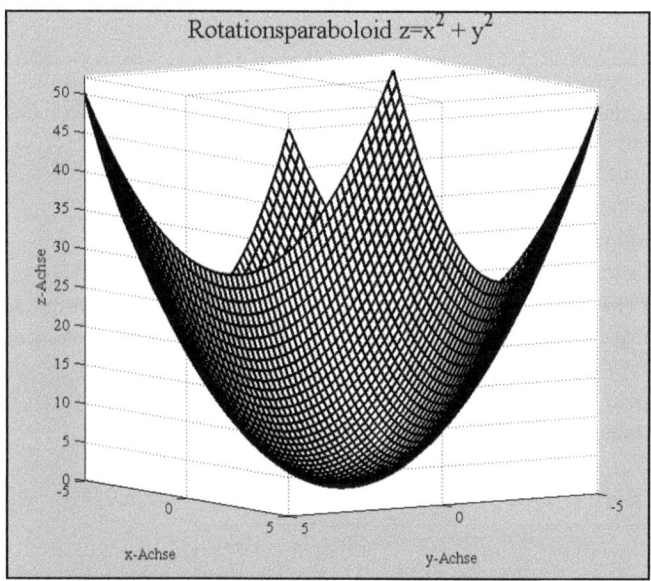

Abb.13.8: Grafikfenster von MATLAB mit dem *Rotationsparaboloiden* aus Beisp.13.4a

Für dieses *Rotationsparaboloid* sind mit MATLAB u.a. folgende *grafische Darstellungen* über dem Rechteck $[-5,5] \times [-5,5]$ möglich (siehe Abb.13.8):

Mittels **mesh**:
```
>> [x,y]=meshgrid(-5:0.1:5,-5:0.1:5) ; z=x.^2+y.^2 ; mesh(x,y,z)
```
Mittels **ezsurf**:
```
>> syms x y ; ezsurf(x^2+y^2,[-5,5,-5,5])
```
Zusätzliche Zeichnung von *Höhenlinien/Niveaulinien* mittels der Grafikfunktionen **contour** und **contour3**:
zweidimensional:
```
>> [x,y]=meshgrid(-5:0.1:5,-5:0.1:5) ; z=x.^2+y.^2 ; contour(x,y,z)
```
dreidimensional:
```
>> [x,y]=meshgrid(-5:0.1:5,-5:0.1:5) ; z=x.^2+y.^2 ; contour3(x,y,z)
```
Die Höhenlinien sind *Kreise*, da es sich um eine *Rotationsfläche* handelt.
Darstellung der Fläche und zwei- und dreidimensionaler Höhenlinien für das Rotationsparaboloid in einem *Grafikfenster* mittels **subplot** (siehe Abb.13.9):
```
>> [x,y]=meshgrid(-5:0.1:5,-5:0.1:5) ; z=x.^2+y.^2 ; subplot(1,3,1) ;
>> mesh(x,y,z) ; subplot(1,3,2) ; contour(x,y,z) ; subplot(1,3,3) ; contour3(x,y,z)
```

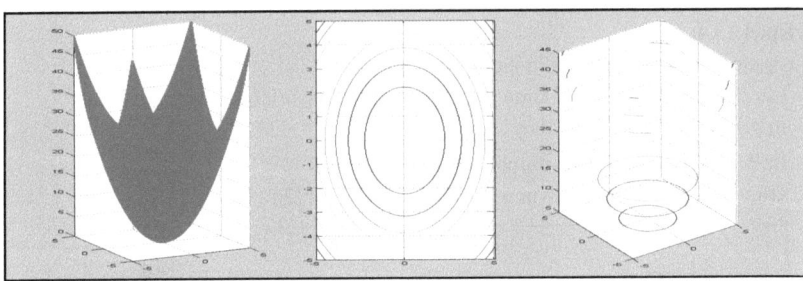

Abb.13.9: Grafikfenster von MATLAB mit den drei Grafiken aus Beisp.13.4a

b) Eine *Kugelfläche* mit Radius R und Mittelpunkt im Nullpunkt kann folgendermaßen beschrieben werden:

In *impliziter Darstellung* durch $x^2 + y^2 + z^2 = R^2$

In *Parameterdarstellung* mittels *Kugelkoordinaten* durch

x(u,v)=R·cos u·sin v , y(u,v)=R·sin u·sin v , z(u,v)=R·cos v

mit $0 \leq u \leq 2\pi$, $0 \leq v \leq \pi$.

Die in *Kugelkoordinaten* gegebene *Kugelfläche* mit Radius R=4 lässt sich mit MATLAB folgendermaßen *grafisch darstellen* (siehe Abb.13.10):

Mittels **mesh**:

\>> [u,v]=meshgrid(0:0.1:2*pi,0:0.1:pi) ;

\>> x=4*cos(u).*sin(v) ; y=4*sin(u).*sin(v) ; z=4*cos(v) ; mesh(x,y,z)

Mittels **ezsurf**:

\>> syms u v ; ezsurf(4*cos(u)*sin(v),4*sin(u)*sin(v),4*cos(v),[0,2*pi,0,pi])

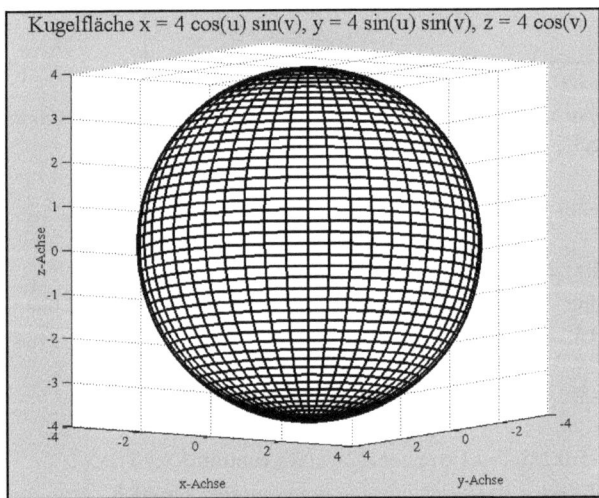

Abb.13.10: Grafikfenster von MATLAB mit der *Kugelfläche* aus Beisp.13.4b

c) *Grafische Darstellung* der *Durchdringung* (siehe Abb. 13.11) der

Kugelfläche $x^2 + y^2 + z^2 = 4$ (mit Radius 2)

mit der *Zylinderfläche* $x^2 + y^2 = 1$ (mit Radius 1)

unter Verwendung von **hold on** und der MATLAB-Grafikfunktion **ezsurf**, indem Parameterdarstellungen in Kugel- bzw. Zylinderkoordinaten verwendet werden:

```
>> syms u v ; ezsurf(2*cos(u)*sin(v),2*sin(u)*sin(v),2*cos(v),[0,2*pi,0,pi]) ;
>> hold on ; ezsurf(cos(u),sin(u),v,[0,2*pi,-5,5])
```

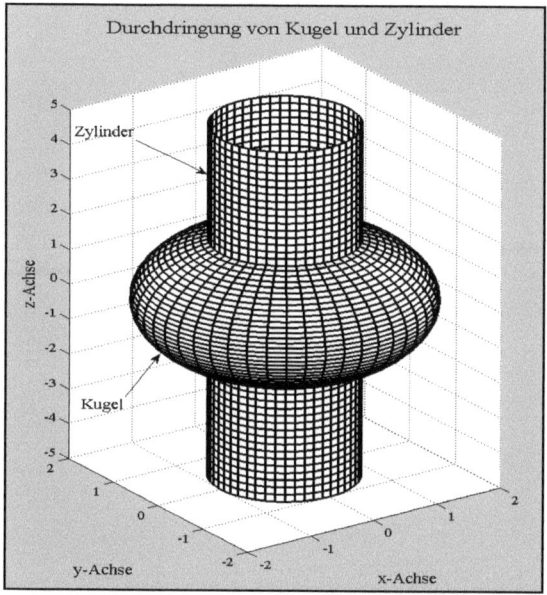

Abb.13.11: Grafikfenster von MATLAB mit Durchdringung von Kugel und Zylinder aus Beisp.13.4c

13.7 Bewegte Grafiken (Animationen)

MATLAB gestattet die *Darstellung bewegter Grafiken* (*Animationen*). Sie lassen sich u.a. erzeugen, indem man *Kurven* bzw. *Flächen* für verschiedene *Parameterwerte* darstellt und diese Darstellungen nacheinander ablaufen lässt. Damit erweist sich eine Animation als Folge verschiedener Grafiken, deren Ablauf zeitlich steuerbar ist.

Auf Einzelheiten zur Erzeugung von Animationen kann nicht eingegangen werden. Ausführliche Informationen hierüber liefert die MATLAB-Hilfe, wenn in den HelpNavigator der Begriff *Animation* eingegeben wird.

14 Umformung und Berechnung mathematischer Ausdrücke mit MATLAB

14.1 Einführung

Umformung und *Berechnung mathematischer Ausdrücke* werden bei zahlreichen Problemen der Ingenieurmathematik benötigt.

Mit MATLAB ist dies unter folgenden Bedingungen möglich:

Mit installierter Toolbox SYMBOLIC MATH sind *Umformung* (*Manipulation*) und *exakte* (*symbolische*) *Berechnung* mathematischer Ausdrücke im Rahmen der *Computeralgebra* (siehe Abschn.3.3.1) möglich.

Ohne installierte Toolbox SYMBOLIC MATH kann MATLAB keine Ausdrücke umformen, sondern nur Zahlenausdrücke numerisch berechnen.

Im Folgenden wird die Problematik der *Arbeit* mit *Ausdrücken* besprochen:

Abschn.14.2 gibt eine anschauliche Beschreibung mathematischer Ausdrücke.

In den Abschn.14.3-14.8 werden mit MATLAB wichtige Umformungen für mathematische Ausdrücke durchgeführt.

Im Abschn.14.9 wird der Unterschied zwischen exakter und numerischer Berechnung mathematischer Ausdrücke mit MATLAB erklärt.

14.2 Mathematische Ausdrücke

Es wird keine abstrakte Definition *mathematischer Ausdrücke* gegeben. Anschaulich ist hierunter Folgendes zu verstehen:

Ein mathematischer Ausdruck (kurz: *Ausdruck*) kann neben Zahlen noch Konstanten, Variablen und Funktionen enthalten, die durch Rechenzeichen miteinander verbunden sind.

Mathematische Ausdrücke unterteilen sich in *algebraische* und *transzendente Ausdrücke*:

- *Algebraische Ausdrücke* enthalten Zahlen, Konstanten und Variablen, die durch folgende *Rechenoperationen* verbunden sein können:

  Addition + , *Subtraktion* - , *Multiplikation* * , *Division* / und *Potenzierung* ^

  wobei die *Rechenzeichen* in der für MATLAB erforderlichen Form angegeben sind.

  Für die *Durchführung* der *Rechenoperationen* gelten in MATLAB die üblichen *Prioritäten*:

  Zuerst wird *potenziert*, dann *multipliziert* (*dividiert*) und *zuletzt addiert* (*subtrahiert*).

  Bestehen Zweifel über die *Reihenfolge* der *Rechenoperationen*, empfiehlt sich das Setzen *zusätzlicher Klammern*.

  Wichtige Spezialfälle algebraischer Ausdrücke sind *ganzrationale* und *gebrochenrationale* Ausdrücke, die im Abschn.14.5 bzw. 14.6 betrachtet werden.

  Gewisse *algebraische Ausdrücke* lassen sich *vereinfachen* (siehe Abschn.14.3), *multiplizieren, potenzieren* (siehe Abschn.14.4), *faktorisieren* (siehe Abschn.14.5) und in *Partialbrüche* zerlegen (siehe Abschn.14.6).

- *Transzendente Ausdrücke* werden wie algebraische Ausdrücke gebildet:

  Hier können jedoch zusätzlich *Exponentialfunktionen, trigonometrische* und *hyperbolische Funktionen* und deren *Umkehrfunktionen* auftreten. Sobald eine dieser Funktionen in einem Ausdruck erscheint, heißt er transzendenter Ausdruck.

  Wichtige Spezialfälle transzendenter Ausdrücke sind *trigonometrische Ausdrücke*, die im Abschn.14.7 umgeformt werden.

Wenn ein mathematischer Ausdruck nur Zahlen enthält, heißt er *Zahlenausdruck*.

14.3 Vereinfachung algebraischer Ausdrücke

Kürzen, Zusammenfassen bzw. auf gemeinsamen Nenner bringen wird als *Vereinfachung algebraischer Ausdrücke* bezeichnet.

Zur *Vereinfachung* eines Ausdrucks A ist in MATLAB die Funktion **simplify** vordefiniert, deren Einsatz in der Form
>> **syms** x y... ; **simplify**(A)
geschieht.
Falls der Ausdruck A von symbolischen Konstanten und Variablen abhängt, sind diese mittels **syms** zu kennzeichnen.
Falls **simplify** versagt, ist zusätzlich die Funktion **simple** vordefiniert, die im Abschn. 14.8 vorgestellt wird.

Beispiel 14.1:
Vereinfachung algebraischer Ausdrücke mittels **simplify**:

a) *Kürzen:* $\dfrac{x^2+2\cdot x\cdot y+y^2}{x^2-y^2} = \dfrac{x+y}{x-y}$ mittels

>> **syms** x y ; **simplify**((x^2+2*x*y+y^2)/(x^2-y^2))
ans = (2*y)/(x-y)+1
Mittels MATLAB-Funktion >> **simple**(**ans**) wird auch die angegebene Form erhalten:
ans = (y+x)/(x-y)

b) *Auf gemeinsamen Nenner bringen:* $\dfrac{1}{a-1} - \dfrac{1}{a+1} = \dfrac{2}{a^2-1}$ mittels

>> **syms** a ; **simplify**(1/(a-1)-1/(a+1))
ans = 2/(a^2-1)

14.4 Multiplizieren und Potenzieren von Ausdrücken

Multiplizieren und Potenzieren von Ausdrücken ist folgendermaßen charakterisiert:
- Unter Multiplizieren wird die Berechnung von durch Multiplikationszeichen verknüpften Teilausdrücke eines Ausdrucks A verstanden.
- Unter Potenzieren wird die Berechnung von Potenzen in einem Ausdruck A verstanden, die auf Anwendung des *binomischen Satzes* beruht.

Zum *Potenzieren* bzw. *Multiplizieren* eines Ausdrucks A ist in MATLAB die Funktion **expand** vordefiniert, deren Einsatz in der Form
>> **syms** x y ... ; **expand**(A)
geschieht. Falls der Ausdruck A von symbolischen Konstanten und Variablen abhängt, sind diese mittels **syms** zu kennzeichnen.

Beispiel 14.2:

a) Berechnung von *Potenzen* mittels **expand**:

$(a+b+c)^2 = a^2 + b^2 + c^2 + 2 \cdot (a \cdot b + a \cdot c + b \cdot c)$:
```
>> syms a b c ; expand((a+b+c)^2)
ans = a^2+2*a*b+2*a*c+b^2+2*b*c+c^2
```
$(1+x)^4 = 1 + 4 \cdot x + 6 \cdot x^2 + 4 \cdot x^3 + x^4$:
```
>> syms x ; expand((1+x)^4)
ans = x^4+4*x^3+6*x^2+4*x+1
```

b) Berechnung von *Multiplikationen* mittels **expand**:

$(x^2+x+1) \cdot (x^3-x^2+1) = x^5+x+1$:
```
>> syms x ; expand((x^2+x+1)*(x^3-x^2+1))
ans = x^5+x+1
```
$$\frac{1}{x^2-1} \cdot \frac{x-1}{x+2} = \frac{1}{(x+1) \cdot (x+2)} = \frac{1}{x+1} - \frac{1}{x+2}$$:
```
>> syms x ; expand(1/(x^2-1)*(x-1)/(x+2))
ans = -(x-1)/(-x^3-2*x^2+x+2)
```
Das angegebene Ergebnis wird allerdings erst nach weiterer Vereinfachung erhalten:
```
>> simplify(ans)
ans = 1/(x+1)-1/(x+2)
```

14.5 Faktorisierung ganzrationaler Ausdrücke

Unter *Faktorisierung* ganzrationaler Ausdrücke A wird ihre Darstellung als Produkt gewisser Faktoren verstanden.

Wichtige ganzrationale Ausdrücke sind *Polynome*, bei denen die Faktorisierung in Linearfaktoren und quadratische Polynome möglich ist (siehe Abschn.17.3.1).

Es wird nicht weiter auf theoretische Grundlagen eingegangen, sondern nur die Anwendung von MATLAB vorgestellt und an Beispielen illustriert.

MATLAB führt mit der vordefinierten Funktion **factor** die *Faktorisierung* eines Ausdrucks A durch.

Die Faktorisierung geschieht in der Form   `>> syms x y... ; factor(A)`

Falls der Ausdruck A von symbolischen Konstanten und Variablen abhängt, sind diese mittels **syms** zu kennzeichnen.

Es darf nicht erwartet werden, dass MATLAB jeden Ausdruck faktorisiert:

Die Faktorisierung eines Polynoms erfordert dessen *Nullstellenbestimmung*, wofür es ab 5.Grad keinen endlichen Lösungsalgorithmus gibt.

MATLAB kann allerdings auch gewisse Polynome höheren Grades faktorisieren, wenn z.B. ganzzahlige Nullstellen vorliegen (siehe Beisp.14.3b).

Beispiel 14.3:

Folgende Ausdrücke lassen sich mittels **factor** in *Faktoren zerlegen:*

a) Der ganzrationale Ausdruck $a^3 + 3 \cdot a^2 \cdot b + 3 \cdot a \cdot b^2 + b^3 = (a+b)^3$ mittels
```
>> syms a b ; factor(a^3+3*a^2*b+3*a*b^2+b^3)
ans = (a+b)^3
```

b) Das Polynom $x^6+x^4-x^2-1 = (x-1)\cdot(x+1)\cdot(1+x^2)^2$ mittels
   >> **syms** x ; **factor**(x^6+x^4-x^2-1)
   ans = (x-1)*(x+1)*(x^2+1)^2
   Da das Polynom nur zwei reelle Nullstellen 1 und -1 hat, liefert die Faktorisierung die zu ihnen gehörenden beiden Linearfaktoren, während die restlichen vier komplexen Nullstellen den dritten Faktor liefern.

c) Das Polynom x^7+x^5+x+1 wird von MATLAB *nicht faktorisiert*, obwohl es nach Theorie eine reelle Nullstelle besitzt, die allerdings nicht ganzzahlig ist:
   >> **syms** x ; **factor**(x^7+x^5+x+1)
   ans = x^7+x^5+x+1
   Dies liegt darin begründet, dass es für Polynome ab 5.Grad keinen endlichen Lösungsalgorithmus gibt.

14.6 Partialbruchzerlegung gebrochenrationaler Ausdrücke

Unter *Partialbruchzerlegung* wird die Zerlegung gebrochenrationaler Ausdrücke (Funktionen) in Partialbrüche verstanden.
Gebrochenrationale Ausdrücke (Funktionen) A(x) sind spezielle algebraische Ausdrücke und haben die Form

$$A(x) = \frac{Z(x)}{N(x)} \qquad (Z(x) - \text{Zählerpolynom}, N(x) - \text{Nennerpolynom})$$

d.h. sie lassen sich als Quotient zweier Polynome darstellen.
Partialbruchzerlegung wird zur Integration gebrochenrationaler Funktionen benötigt.
Da MATLAB-Funktionen zur Integration (siehe Kap.19) die Partialbruchzerlegung automatisch bei der Berechnung von Integralen durchführen, braucht nicht ausführlich auf diese Problematik eingegangen werden.

MATLAB zerlegt einen ganzrationalen Ausdruck A(x) mittels
>> **[a,b,c]=residue(Z,N)**
in *Partialbrüche:*
Die Zeilenvektoren **Z** und **N** sind folgendermaßen einzugeben:
Z :   enthält die *Koeffizienten* des *Zählerpolynoms* in absteigender Reihenfolge.
N :   enthält die *Koeffizienten* des *Nennerpolynoms* in absteigender Reihenfolge.
Das von MATLAB berechnete *Ergebnis* **[a,b,c]** mit Vektoren **a,b,c** ist folgendermaßen zu verwenden:
a enthält die Konstanten der einzelnen Partialbrüche.
b enthält die Nullstellen des Nennerpolynoms.
c enthält den konstanten Teil der Zerlegung.

14.7 Umformung trigonometrischer Ausdrücke

Eine *Partialbruchzerlegung* benötigt die *Nullstellen* des *Nennerpolynoms*. Deshalb kann sie auch bei Anwendung von MATLAB scheitern, da es nach mathematischer Theorie für Polynome ab 5.Grad keine Lösungsformeln gibt. Des Weiteren treten Schwierigkeiten bei MATLAB auf, wenn das Nennerpolynom komplexe Nullstellen besitzt.

Beispiel 14.4:

residue liefert die *Partialbruchzerlegung* $\quad \dfrac{2 \cdot x}{x^2-1} = \dfrac{1}{x+1} + \dfrac{1}{x-1} \quad$ mittels

>> [a,b,c]=**residue**([2,0],[1,0,-1])
a=
1
1
b=
-1
1
c=[]

Die Koeffizienten 1, 1 der beiden Partialbrüche stehen im Vektor **a**, die Nullstellen -1, 1 des Nennerpolynoms im Vektor **b** und der konstante Teil 0 in **c**.

14.7 Umformung trigonometrischer Ausdrücke

Es werden *Umformungen trigonometrischer Ausdrücke* betrachtet, die einen Spezialfall transzendenter Ausdrücke darstellen. Dies betrifft vor allem Umformung *trigonometrischer Funktionen*, die z.B. aus *Additionstheoremen* bekannt sind.

MATLAB kann *Umformungen* eines *trigonometrischen* Ausdrucks A mittels vordefinierter Funktion **expand** durchführen, die bereits im Abschn.14.4 angewandt wird.

Die Anwendung von **expand** geschieht in der Form $\qquad$ >> **syms** x y ... ; **expand**(A)
Falls der Ausdruck A von symbolischen Konstanten und Variablen abhängt, sind diese mittels **syms** zu kennzeichnen.

MATLAB kann mit **expand** nicht alle trigonometrischen Ausdrücke umformen. Es wird deshalb empfohlen, beim *Versagen* von **expand** die Anwendung der vordefinierten Funktionen **simplify** oder **simple** zu versuchen (siehe Beisp.14.5d und 14.6c und Abschn.14.8).

Beispiel 14.5:

a) **expand** liefert das *Additionstheorem* sin(x+y)=sin x·cos y+cos x·sin y:
    >> **syms** x y ; **expand**(sin(x+y))
    ans = **sin**(x)***cos**(y)+**cos**(x)***sin**(y)

b) **expand** liefert die Beziehung cos(π-x)=-cos x:
    >> **syms** x ; **expand**(cos(pi-x))
    ans = -**cos**(x)

c) **expand** liefert die Beziehung sin(2·x)=2·cos x·sin x:
    >> **syms** x ; **expand**(sin(2*x))
    ans = 2***cos**(x)***sin**(x)

d) Die Beziehung $\cos^2(x)+\sin^2(x)=1$ wird mit **expand** *nicht hergeleitet:*

```
>> syms x ; expand(cos(x)^2+sin(x)^2)
ans = cos(x)^2+sin(x)^2
```
Die Herleitung gelingt aber mit **simplify**:
```
>> syms x ; simplify(cos(x)^2+sin(x)^2)
ans = 1
```

14.8 Weitere Umformungen von Ausdrücken

Es lassen sich mit MATLAB weitere Umformungen von Ausdrücken durchführen.

MATLAB kennt zusätzlich folgende *Funktionen* zur Umformung von Ausdrücken A:

collect(A)
Falls A ein *Polynom* in x ist, wird es nach Potenzen von x geordnet (siehe Beisp.14.6a).

horner(A)
Falls A ein *Polynom* in x ist, wird es in der Form des *Hornerschemas* geordnet (siehe Beisp.14.6b).

simple(A)
verwendet alle in MATLAB vorhandenen Funktionen zur Umformung und kann sowohl zur Umformung algebraischer als auch transzendenter Ausdrücke angewandt werden (siehe Beisp.14.6c).

subs
dient zur *Substitution* symbolischer Variablen in Ausdrücken A und kann in zwei Formen angewandt werden (siehe Beisp.14.6d):

I. **subs(A)**
Hier werden im Ausdruck A alle symbolischen Variablen durch aktuelle Werte des Kommandofensters ersetzt.

II. **subs(A,x,B)**
Hier wird im Ausdruck A die symbolische Variable x durch den Ausdruck (Variable) B ersetzt.

Beispiel 14.6:

a) **collect** ordnet das *Polynom* auf der linken Seite von
$$x \cdot (x-1) \cdot x^2 \cdot (x-2)^3 + 1 + x^5 = x^7 - 7 \cdot x^6 + 19 \cdot x^5 - 20 \cdot x^4 + 8 \cdot x^3 + 1$$
nach *Potenzen* von x:
```
>> syms x ; collect(x*(x-1)*x^2*(x-2)^3+1+x^5)
ans = x^7-7*x^6+19*x^5-20*x^4+8*x^3+1
```

b) Anwendung von **horner** auf die zwei im Beisp.a betrachteten Formen eines Polynoms:
```
>> syms x ; horner(x^7-7*x^6+19*x^5-20*x^4+8*x^3+1)
   ans = x^3*(x*(x*(x*(x-7)+19)-20)+8)+1
>> syms x ; horner(x*(x-1)*x^2*(x-2)^3+1+x^5)
   ans = x^3*(x*(x*(x*(x-7)+19)-20)+8)+1
```

c) Betrachtung der Aufgabe, die im Beisp.14.5d mit **expand** *nicht gelöst* wird. Die Anwendung von **simple** liefert das Ergebnis ebenso wie **simplify**:
>> **syms** x ; **simple**(sin(x)^2+cos(x)^2)
ans = 1
Hier wird das *Ergebnis* 1 erhalten, wobei alle möglichen Funktionen zur Vereinfachung von MATLAB ausprobiert und angezeigt werden. Diese umfangreichen Anzeigen von MATLAB werden weggelassen.

d) Im Folgenden werden beide möglichen Formen von *Substitutionen* illustriert:
Anwendung der *Form* I von **subs**:
Ersetzen des *symbolischen Parameters* a durch den *Zahlenwert* 3 in der Lösung der Gleichung a·x+1=0 mit einer Unbekannten x:
>> **syms** a x ; **solve**(a*x+1,x)
ans = -1/a
>> a=3 ; **subs**(ans)
ans = -0.3333
Ersetzen der *symbolischen Parameter* a und b durch *Zahlenwerte* a=5, b=1 bzw. a=1, b=0 in den Lösungen der allgemeinen quadratischen Gleichung $x^2+a \cdot x+b=0$:
>> **syms** a b x ; x=**solve**(x^2+a*x+b,x)
x =
-a/2-(a^2-4*b)^(1/2)/2
(a^2-4*b)^(1/2)/2-a/2
Substitution a=5 und b=1:
>> a=5 ; b=1 ; x=**subs**(x)
x = -4.7913 -0.2087
Substitution a=1 und b=0:
>> a=1 ; b=0 ; x=**subs**(x)
x = -1 0
Anwendung der *Form* II von **subs**:
Ersetzen des *symbolischen Parameters* a durch den *Zahlenwert* 3 in der Lösung der Gleichung a·x+1=0 mit einer Unbekannten x:
>> **syms** a x ; x=**solve**(a*x+1,x)
x = -1/a
>> **subs**(x,a,3)
ans = -0.3333
Ersetzen der *symbolischen Parameter* a und b in den Lösungen der allgemeinen quadratischen Gleichung $x^2+a \cdot x+b=0$ durch *Zahlenwerte* a=5, b=1 bzw. a=1, b=0:
>> **syms** a b x ; x=**solve**(x^2+a*x+b,x)
x =
-a/2-(a^2-4*b)^(1/2)/2
(a^2-4*b)^(1/2)/2-a/2
Substitution a=5 und b=1, die hier in Vektorform einzugeben ist:
>> **subs**(x,[a,b],[5,1])
ans = -4.7913 -0.2087
Substitution a=1 und b=0, die hier in Vektorform einzugeben ist:
>> **subs**(x,[a,b],[1,0])
ans = -1 0

14.9 Berechnung von Ausdrücken

Die *Berechnung* von *Ausdrücken* mittels MATLAB geschieht folgendermaßen:
- Zahlenausdrücke werden von MATLAB nach Eingabe in das Kommandofenster durch Drücken der EINGABE-Taste numerisch (näherungsweise) berechnet.
- Eine exakte (symbolische) Berechnung von Ausdrücken ist nur möglich, wenn die Toolbox SYMBOLIC MATH installiert ist und die Ergebnisausgabe mittels der MATLAB-Funktion **sym** veranlasst wird.

Beispiel 14.7:

Illustration des *Unterschieds* zwischen *exakter* und *numerischer Berechnung* von Ausdrücken:

Berechnung des *algebraischen Ausdrucks* $\quad \frac{1}{2} - \frac{2}{3} + 5 \cdot 2^7$

exakt mittels
>> **sym(1/2-2/3+5*2^7)**
ans = 3839/6

numerisch mittels
>> **1/2-2/3+5*2^7**
ans = 639.8333

Hier wird für 3839/6 der auf 4 Stellen gerundete Näherungswert ausgegeben, d.h. die Standardgenauigkeit für numerische Rechnungen.

Berechnung des *transzendenten Ausdrucks* $\quad \dfrac{\sqrt{64} + \sin(\pi/6) + 5^2}{\cos(\pi/3) + \sqrt[3]{27}}$

exakt mittels
>> **sym((sqrt(64)+sin(pi/6)+5^2)/(cos(pi/3)+27^(1/3)))**
ans = 67/7

Hier berechnet MATLAB alle auftretenden Größen exakt: $\quad \dfrac{8 + \frac{1}{2} + 25}{\frac{1}{2} + 3} = \dfrac{\frac{67}{2}}{\frac{7}{2}} = \dfrac{67}{7}$

numerisch mittels
>> **(sqrt(64)+sin(pi/6)+5^2)/(cos(pi/3)+27^(1/3))**
ans = 9.5714

15 Kombinatorik mit MATLAB

Die *Kombinatorik* befasst sich u.a. damit, auf welche Art eine vorgegebene Anzahl von *Elementen angeordnet* werden kann bzw. wie aus einer vorgegebenen Anzahl von Elementen *Gruppen von Elementen ausgewählt* werden können.

Die Kombinatorik besitzt zahlreiche Anwendungen und wird u.a. zur Berechnung klassischer *Wahrscheinlichkeiten* benötigt (siehe Abschn.25.2).

Die *Formeln* der Kombinatorik benötigen *Fakultät* und *Binomialkoeffizient*, die mittels MATLAB im Abschn.15.1 berechnet werden.

15.1 Fakultät und Binomialkoeffizient

Zur Berechnung der *Formeln* der *Kombinatorik* werden benötigt:

Fakultät einer positiven ganzen Zahl k: $\quad k! = 1 \cdot 2 \cdot 3 \cdot \ldots \cdot k$

Binomialkoeffizient: $\quad \begin{pmatrix} a \\ k \end{pmatrix} = \dfrac{a \cdot (a-1) \cdots (a-k+1)}{k!}$

Hier sind a eine reelle und k eine positive ganze Zahl oder 0.

Wenn a=n ebenfalls eine positive ganze Zahl ist, lässt sich die *Formel* für den Binomialkoeffizienten in folgender Form schreiben:

$$\begin{pmatrix} n \\ k \end{pmatrix} = \frac{n!}{k! \cdot (n-k)!}$$

MATLAB berechnet *Fakultät* und *Binomialkoeffizient*:

Die Berechnung der *Fakultät* k! geschieht mittels folgender vordefinierter Funktionen:
```
>> prod(1:k)
>> gamma(k+1)
>> factorial(k)
```
Die Berechnung des *Binomialkoeffizienten* geschieht mittels folgender vordefinierter Funktionen:
```
>> mfun('binomial',a,k)
>> nchoosek(n,k)            falls a=n eine positive ganze Zahl ist
```

Beispiel 15.1:

a) Berechnung der Fakultät 5!=120 mittels **prod**, **gamma** und **factorial**:
```
>> prod(1:5)
ans = 120
>> gamma(6)
ans = 120
>> factorial(5)
ans = 120
```

b) Die Festlegung 0!=1 für *Null-Fakultät* wird von **prod**, **gamma** und **factorial** geliefert:
```
>> prod(1:0)
ans = 1
```

```
>> factorial(0)
ans = 1
>> gamma(1)
ans = 1
```

c) Berechnung von *Binomialkoeffizienten:*

$\binom{10}{4}$ mittels `>> nchoosek(10,4)` **ans** = 210

$\binom{10.5}{4}$ mittels `>> mfun('binomial',10.5,4)` **ans** = 264.9609

15.2 Permutationen, Variationen und Kombinationen

Die *Formeln* der *Kombinatorik* berechnet MATLAB folgendermaßen:

Permutationen
Die Anordnung von n verschiedenen Elementen mit Berücksichtigung der Reihenfolge ergibt n! Möglichkeiten, die MATLAB folgendermaßen berechnet:

`>> factorial(n)`

Variationen
Auswahl von k (<n) Elementen aus n gegebenen Elementen mit Berücksichtigung der Reihenfolge. Berechnung mit MATLAB:

$\dfrac{n!}{(n-k)!}$ ohne Wiederholung `>> factorial(n)/factorial(n-k)`

n^k mit Wiederholung `>> n^k`

Kombinationen
Auswahl von k (<n) Elementen aus n gegebenen Elementen ohne Berücksichtigung der Reihenfolge. Berechnung mit MATLAB:

$\binom{n}{k}$ ohne Wiederholung `>> nchoosek(n,k)`

$\binom{n+k-1}{k}$ mit Wiederholung `>> nchoosek(n+k-1,k)`

16 Matrizenrechnung mit MATLAB

16.1 Einführung

Matrizen gehören neben linearen Gleichungssystemen zu Grundbausteinen der linearen Algebra und spielen in der Ingenieurmathematik eine wichtige Rolle. Sie sind u.a. in folgenden Anwendungen zu finden:
Zur Darstellung von Verbindungen z.B. in elektrischen Netzwerken, Straßennetzen und Produktionsprozessen.
In linearen Gleichungssystemen (siehe Abschn.17.2), die in zahlreichen praktischen Problemen auftreten.

Matrizen lassen sich folgendermaßen *charakterisieren:*
- Eine *Matrix* **A** ist als rechteckiges Schema von Elementen
  $$a_{ik} \quad (i=1,2,...,m\,;\,k=1,2,...,n)$$
  definiert, das durch runde Klammern eingeschlossen und in der Form
  $$\mathbf{A} = \begin{pmatrix} a_{11} & a_{12} & \cdots & a_{1n} \\ a_{21} & a_{22} & \cdots & a_{2n} \\ \vdots & \vdots & \cdots & \vdots \\ a_{m1} & a_{m2} & \cdots & a_{mn} \end{pmatrix} = (a_{ik})$$
  geschrieben wird.
  In diesem Schema sind die als *Matrixelemente* bezeichneten Elemente a_{ik} mit Doppelindex i und k versehen, wobei i den *Zeilenindex* und k den *Spaltenindex* darstellt.
  Die angegebene Matrix besitzt m *Zeilen* und n *Spalten* und wird als Matrix vom *Typ* (m,n) oder m×n-Matrix bezeichnet. Da Zeilen und Spalten einer Matrix als Vektoren interpretierbar sind, werden sie als *Zeilen-* bzw. *Spaltenvektoren* bezeichnet.
  In Anwendungen sind Matrixelemente meistens Zahlen, so dass von *Zahlenmatrizen* gesprochen wird.
  Matrizen mit gleicher Anzahl von Zeilen und Spalten (d.h. m=n) heißen n-reihige *quadratische Matrizen*, bei denen die Elemente $a_{11}\,a_{22}\,...\,a_{nn}$ die *Hauptdiagonale* bilden.
- Matrizen werden i.Allg. mit Großbuchstaben in Fettdruck **A**, **B**, **C**,... bezeichnet und ihre Elemente mit doppelindizierten entsprechenden Kleinbuchstaben a_{ik}, b_{ik}, c_{ik},...
- Wichtige *Spezialfälle* von Matrizen sind (n-dimensionale) *Vektoren*, die in zwei Formen

  Zeilenvektor $\quad \mathbf{a}=(a_1,...,a_n) \quad$ (Matrix vom Typ (1,n))

  Spaltenvektor $\quad \mathbf{b} = \begin{pmatrix} b_1 \\ \vdots \\ b_n \end{pmatrix} \quad$ (Matrix vom Typ (n,1))

  auftreten. Vektoren werden i.Allg. mit Kleinbuchstaben in Fettdruck **a**, **b**, **c**,... und ihre *Komponenten* genannten Elemente mit einfachindizierten entsprechenden Kleinbuchstaben a_i, b_i, c_i,...bezeichnet.

MATLAB war ursprünglich ein Programmpaket zur Matrizenrechnung, dessen umfassende Fähigkeiten auf diesem Gebiet bei der Weiterentwicklung beibehalten wurden.

16.2 Vektoren und Matrizen in MATLAB

Um mit Vektoren und Matrizen rechnen zu können, müssen sie in MATLAB erzeugt bzw. eingegeben oder eingelesen werden. Die dafür von MATLAB zur Verfügung gestellten Möglichkeiten werden im Folgenden vorgestellt.

16.2.1 Eingabe in das Kommandofenster

Die *Eingabe* von *Vektoren* und *Matrizen* in das Kommandofenster geschieht mittels zweidimensionaler *Felder*, die im Kap.7 vorgestellt werden.

Die gängigsten *Eingabemöglichkeiten* in das Kommandofenster werden vorgestellt, wobei die Indizes der Elemente hinter der Bezeichnung stehen, da MATLAB keine Indizes kennt:

- *Symbolische Eingabe* (ist nur bei installierter Toolbox SYMBOLIC MATH möglich):
  Vektoren und Matrizen mit *symbolischen* Komponenten bzw. Elementen werden wie Zahlenmatrizen eingegeben, wobei zusätzlich **sym** bzw. **syms** zu verwenden ist (siehe Beisp. 16.1b und c):
  Eine Matrix **A** vom Typ (m,n) mit *symbolischen Elementen* ist auf eine der folgenden beiden Arten in das Kommandofenster einzugeben:
  I.   \>\> **A=sym**('[a11,a12,...,a1n;a21,a22,...,a2n;...;am1,am2,...,amn]')
  II. \>\> **syms** a11 a12...a1n a21 a22...a2n...am1 am2...amn ;
       \>\> **A**=[a11,a12,...,a1n;a21,a22,...,a2n;...;am1,am2,...,amn]
  Eine Matrix **A** vom Typ (m,n), deren Elemente *Funktionsausdrücke* z.B. in der Variablen x sind, ist folgendermaßen einzugeben:
  \>\> **syms** x ;
  \>\> **A**=[a11(x),a12(x),...,a1n(x);a21(x),a22(x),...,a2n(x);...;am1(x),am2(x),...,amn(x)]

- *Numerische Eingabe* (Alle Komponenten bzw. Elemente müssen Zahlen sein):
  Eine *Zahlenmatrix* **A** vom Typ (m,n) kann folgendermaßen in das Kommandofenster eingegeben werden:
  \>\> **A**=[a11,a12,...,a1n;a21,a22,...,a2n;...;am1,am2,...,amn]
  Es ist ersichtlich, dass
  Zeilen der Matrix durch *Semikolon* zu *trennen* sind,
  einzelne Elemente der Zeilen (Zeilenelemente) durch Komma zu trennen sind. Leerzeichen statt Komma sind als Trennzeichen ebenfalls erlaubt,
  bei n Spalten in jeder Zeile der Matrix genau n Elemente stehen müssen.
  Weitere Eingabemöglichkeiten wie z.B. durch Schachtelung werden im Kap.7 bei Feldern vorgestellt.

- *Zeilen-* und *Spaltenvektoren* mit Zahlenkomponenten als Spezialfälle von Zahlenmatrizen sind in folgender Form einzugeben:
  Zeilenvektoren   \>\> **a**=[a1,a2,...,an]   o d e r   \>\> **a**=[a1 a2 ... an]
  Spaltenvektoren   \>\> **b**=[b1;b2;...;bn]

☞

Auf das *Element* der i-ten Zeile und k-ten Spalte (d.h. auf a_{ik}) einer im Kommandofenster befindlichen Matrix **A** wird mittels >> A(i,k) *zugegriffen* (siehe Beisp.16.1).

Beispiel 16.1:

a) Die Eingabe der *Zahlenmatrix* $\mathbf{A} = \begin{pmatrix} 1 & 2 & 3 \\ 4 & 5 & 6 \end{pmatrix}$ in das Kommandofenster kann auf zwei Arten geschehen, wobei im Weiteren die zuerst angegebene Form mit Komma als Trennzeichen bevorzugt wird:

>> A=[1,2,3;4,5,6]   o d e r   >> A=[1 2 3;4 5 6]

Nach einer dieser Eingaben gibt MATLAB für **A** Folgendes aus:
>> A
A =
1 2 3
4 5 6

Der *Zugriff* auf das Element der i-ten Zeile und k-ten Spalte von **A** erfolgt durch Eingabe von >> A(i,k), so bestimmt z.B.
>> A(2,3)
ans = 6

das Element der zweiten Zeile und dritten Spalte.

b) Eingabe einer Matrix **A** mit *symbolischen Elementen* in das Kommandofenster:

>> A=sym('[a,b,c;d,e,f;g,h,i]')

MATLAB zeigt diese Matrix in folgender Form an:
A =
[a,b,c]
[d,e,f]
[g,h,i]

Auf Elemente der symbolischen Matrix **A** wird wie bei Zahlenmatrizen zugegriffen, so bestimmt z.B.
>> A(3,1)
ans = g

das Element der dritten Zeile und ersten Spalte.

c) Eingabe einer Matrix **A** in das Kommandofenster, deren *Elemente symbolische Funktionsausdrücke* in der Variablen x sind:

>> **syms** x ; A=[x,**sin**(x),x^2;**exp**(x),**cos**(x),x;**log**(x),x^3,1/x]
A =
[x , sin(x) , x^2]
[exp(x) , cos(x) ,   x]
[log(x) , x^3 , 1/x]

Auf diese Matrix **A** können aus der Toolbox SYMBOLIC MATH vordefinierte Funktionen angewandt werden, so z.B. die Differentiation (siehe Abschn.18.2) mittels
diff
wodurch **A** elementweise differenziert wird:

```
>> diff(A,x)
ans =
[    1,    cos(x),     2*x]
[ exp(x) , -sin(x) ,     1 ]
[   1/x , 3*x^2 , -1/x^2 ]
```

d) Der *Zeilenvektor* **a**=(1,2,3,4,5,6)

kann auf zwei Arten eingegeben werden, wobei wir im Weiteren die zuerst angegebene Form verwenden:

>> **a**=[1,2,3,4,5,6]   o d e r   >> **a**=[1 2 3 4 5 6]

MATLAB gibt für beide Eingabeformen beim Aufruf von **a** Folgendes aus:
```
>> a
a = 1 2 3 4 5 6
```
Der *Zugriff* auf die k-te Komponente von **a** erfolgt mittels a(1,k) oder a(k), so z.B.
```
>> a(3)
ans = 3
```

e) Der *Spaltenvektor* $\mathbf{b} = \begin{pmatrix} 1 \\ 2 \\ 3 \\ 4 \end{pmatrix}$ kann auf folgende Art eingegeben werden:

```
>> b=[1;2;3;4]
b =
1
2
3
4
```
Der *Zugriff* auf die k-te Komponente von **b** erfolgt mittels b(k,1) oder b(k), so z.B.
```
>> b(3)
ans = 3
```

16.2.2 Erzeugung von Matrizen

Einige spezielle Matrizen lassen sich einfach erzeugen.

MATLAB bietet folgende Möglichkeiten zur *Erzeugung* von *Matrizen* im Kommandofenster:

- Zur Erzeugung spezieller Zahlenmatrizen sind folgende Funktionen vordefiniert:

  >> **eye**(n)

  erzeugt eine n-reihige *Einheitsmatrix*, d.h. eine Matrix, bei der die Elemente der Hauptdiagonalen gleich 1 und alle anderen Elemente gleich 0 sind.

  >> **ones**(m,n)

  erzeugt eine Matrix vom Typ (m,n), deren *Elemente* alle den *Wert* 1 haben.

>> **rand**(m,n)

erzeugt eine Matrix vom Typ (m,n), deren *Elemente* im Intervall (0,1) *gleichverteilte Zufallszahlen* (siehe Abschn.25.5) sind.

>> **randn**(m,n)

erzeugt eine Matrix vom Typ (m,n), deren *Elemente normalverteilte Zufallszahlen* mit Erwartungswert 0 und Streuung 1 (siehe Abschn.25.5) sind.

>> **zeros**(m,n)

erzeugt eine Matrix vom Typ (m,n), deren *Elemente* alle den *Wert* 0 haben.

- *Erzeugung neuer Matrizen* aus bereits im Kommandofenster stehenden Matrizen:

Durch *Verkettung* von Matrizen gleichen Typs mittels eckiger Klammern lassen sich neue Matrizen erzeugen (siehe Beisp.16.2b).

Durch *Löschung* von *Zeilen* und/oder *Spalten* einer Matrix **A** lassen sich neue Matrizen erzeugen (siehe Beisp.16.2c). Dies geschieht durch Eingabe eckiger Klammern in folgender Form:

>> A(i,:)=[]

Löschung der *i-ten Zeile* von **A**.

>> A(:,k)=[]

Löschung der *k-ten Spalte* von **A**.

Beispiel 16.2:

a) Anwendung von MATLAB-Funktionen zur *Erzeugung spezieller Matrizen*:

Erzeugung einer Matrix vom Typ (2,3), deren *Elemente* 0 sind:

>> **zeros**(2,3)

ans =

0 0 0
0 0 0

Erzeugung einer Matrix vom Typ (3,2), deren *Elemente* 1 sind:

>> **ones**(3,2)

ans =

1 1
1 1
1 1

Erzeugung einer vierreihigen *Einheitsmatrix* **E**

>> **E=eye**(4)

E =

1 0 0 0
0 1 0 0
0 0 1 0
0 0 0 1

Erzeugung einer Matrix vom Typ (3,3), deren *Elemente* im Intervall (0,1) *gleichverteilte Zufallszahlen* sind:

>> **rand**(3,3)

ans =

0.9501 0.4860 0.4565
0.2311 0.8913 0.0185
0.6068 0.7621 0.8214

Erzeugung einer Matrix vom Typ (3,4), deren *Elemente normalverteilte Zufallszahlen* mit Erwartungswert 0 und Streuung 1 sind:
>> **randn**(3,4)
ans =
-0.4326   0.2877   1.1892   0.1746
-1.6656   -1.1465 -0.0376 -0.1867
 0.1253   1.1909   0.3273   0.7258

b) *Verkettung* von Matrizen im Kommandofenster:
Die beiden im Kommandofenster stehenden Matrizen vom Typ (3,2)
>> **A**=[1,2;3,4;5,6] ; **B**=[3,2;5,1;7,9] ;
können auf folgende Arten zu einer neuen Matrix **C** vom Typ (3,4) bzw. **D** vom Typ (6,2) *verkettet* werden:
>> **C**=[A,B]
C =
1 2 3 2
3 4 5 1
5 6 7 9
>> **D**=[A;B]
D =
1 2
3 4
5 6
3 2
5 1
7 9

c) *Löschung* von Zeilen und/oder Spalten der folgenden Matrix:
>> **A**=[1,2,3,4,5;2,3,1,2,5;8,6,7,9,0]
A =
1 2 3 4 5
2 3 1 2 5
8 6 7 9 0
unter Verwendung von eckigen Klammern []:
Löschung der *zweiten Zeile* von **A**:
>> **A**(2,:)=[]
A =
1 2 3 4 5
8 6 7 9 0

Löschung der *dritten Spalte* von **A**:
>> **A**(:,3)=[]
A =
1 2 4 5
2 3 2 5
8 6 9 0

16.2.3 Einlesen und Ausgabe

Einlesen in das Kommandofenster und Ausgabe von Matrizen auf Datenträger geschieht analog wie bei Feldern, so dass hierfür auf Abschn.7.6 verwiesen wird.

16.3 Vektor- und Matrixfunktionen in MATLAB

In MATLAB sind *Vektor-* und *Matrixfunktionen* vordefiniert, mit denen für Vektoren **v** und Matrizen **A** zahlreiche Berechnungen durchgeführt werden können, so u.a.:

\>\> **diag(v)**

erzeugt eine *Diagonalmatrix*, deren Diagonale vom Vektor **v** gebildet wird und ansonsten Nullen enthält.

\>\> **max(v)**

berechnet ein *Maximum* der Komponenten eines Zahlenvektors **v**.

\>\> **min(v)**

berechnet ein *Minimum* der Komponenten eines Zahlenvektors **v**.

\>\> **max(A)**

berechnet *Maxima* der Komponenten der Spaltenvektoren einer Zahlenmatrix **A**.

\>\> **min(A)**

berechnet *Minima* der Komponenten der Spaltenvektoren einer Zahlenmatrix **A**.

\>\> **rank(A)**

berechnet den *Rang* einer Zahlenmatrix **A**.

\>\> **size(A)**

gibt den *Typ* einer Matrix **A** aus.

\>\> **trace(A)**

berechnet die *Spur* einer quadratischen Matrix **A**, d.h. die Summe der Elemente der Hauptdiagonalen.

Eine Beschreibung aller vordefinierten Vektor- und Matrixfunktionen liefert die Hilfe von MATLAB, die folgendermaßen konsultiert werden kann:

Durch Anklicken von **MATLAB⇒Mathematics⇒Linear Algebra** im *HelpNavigator*.
Durch folgende Eingabe in das Kommandofenster: \>\> **help** *elmat* bzw. \>\> **help** *matfun*.

Beispiel 16.3:

Illustration des Einsatzes von *Vektor-* und *Matrixfunktionen:*
a) Für die im Kommandofenster befindliche Matrix
\>\> **A=[1,2,3,4;3,5,7,0;2,6,4,9]**
A =
1 2 3 4
3 5 7 0
2 6 4 9
wird Folgendes berechnet:

Maxima der einzelnen Spalten:
\>\> **max(A)**
ans = 3 6 7 9

Minima der einzelnen Spalten:
\>\> **min(A)**
ans = 1 2 3 0

Rang:
>> **rank(A)**
   ans = 3
Typ:
>> **size(A)**
ans = 3 4

b) Erzeugung einer *Diagonalmatrix* **A** mittels eines Vektors **v**:
>> **v**=[1,2,3,4,5] ; **A**=**diag(v)**
A =
1 0 0 0 0
0 2 0 0 0
0 0 3 0 0
0 0 0 4 0
0 0 0 0 5

c) Berechnung der *Spur* einer Matrix **A**:
Für die *quadratische Matrix* **A**
>> **A**=[1,2,3;4,5,6;7,8,9] ; **trace(A)**
ans = 15
werden die Elemente 1 5 9 der Hauptdiagonalen addiert.

Für die *nichtquadratische Matrix* **A**
>> **A**=[1,2,3;4,5,6] ; **trace(A)**
??? Error using ==> trace at 13
Matrix must be square.
gibt MATLAB eine Fehlermeldung aus, da die Spur nur für quadratische Matrizen definiert ist.

d) Anwendung von **size** und **trace** auf eine Matrix **A** mit *symbolischen Elementen:*
>> **A**=**sym**('[a,b,c;d,e,f;g,h,i]')
A =
[a,b,c]
[d,e,f]
[g,h,i]
>> **size(A)**
ans = 3 3
>> **trace(A)**
ans = a+e+i

e) Auf einen Vektor **v** mit *symbolischen Komponenten* lässt sich die Funktion **diag** zur Erzeugung einer Diagonalmatrix **A** anwenden, wie z.B.
>> **v**=**sym**('[a,b,c,d]')
v = [a,b,c,d]
>> **A** = **diag(v)**

A =
[a,0,0,0]
[0,b,0,0]
[0,0,c,0]
[0,0,0,d]

16.4 Produkte für Vektoren

Für beliebige Vektoren wie z.B. Zeilenvektoren $\mathbf{a}=(a_1,...,a_n)$, $\mathbf{b}=(b_1,...,b_n)$, $\mathbf{c}=(c_1,...,c_n)$ mit gleicher Anzahl von Komponenten lassen sich folgende *Produkte* berechnen:

Skalarprodukt: $\quad\mathbf{a}\cdot\mathbf{b} = \sum_{i=1}^{n} a_i \cdot b_i$

Vektorprodukt (für n=3): $\quad \mathbf{v}=\mathbf{a}\times\mathbf{b} = \begin{vmatrix} \mathbf{i} & \mathbf{j} & \mathbf{k} \\ a_1 & a_2 & a_3 \\ b_1 & b_2 & b_3 \end{vmatrix} =$

$$(a_2\cdot b_3 - a_3\cdot b_2)\cdot\mathbf{i} + (a_3\cdot b_1 - a_1\cdot b_3)\cdot\mathbf{j} + (a_1\cdot b_2 - a_2\cdot b_1)\cdot\mathbf{k}$$

d.h. das Ergebnis ist ein Vektor $\mathbf{v}$ (z.B. Zeilenvektor) mit drei Komponenten:
$\mathbf{v}=(a_2\cdot b_3 - a_3\cdot b_2,\ a_3\cdot b_1 - a_1\cdot b_3,\ a_1\cdot b_2 - a_2\cdot b_1)$

Spatprodukt (für n=3): $\quad (\mathbf{a}\times\mathbf{b})\cdot\mathbf{c} = \begin{vmatrix} a_1 & a_2 & a_3 \\ b_1 & b_2 & b_3 \\ c_1 & c_2 & c_3 \end{vmatrix}$

Die Berechnung der Produkte für im Kommandofenster befindlicher Vektoren (Zeilen- oder Spaltenvektoren) **a**, **b** und **c** geschieht in MATLAB folgendermaßen:
Berechnung des *Skalarprodukts* mittels vordefinierter Funktion **dot**:
`>> dot(a,b)`
Berechnung des *Vektorprodukts* mittels vordefinierter Funktion **cross**:
`>> v=cross(a,b)`
Berechnung des *Spatprodukts* mittels vordefinierter Funktion **det** zur Berechnung von Determinanten:
`>> det([a(1),a(2),a(3);b(1),b(2),b(3);c(1),c(2),c(3)])`

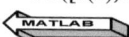

Beispiel 16.4:
a) Berechnungen für zwei Vektoren
   `>> a=[1,1/3,1/7] ; b=[1/3,2,1/9] ;`
   Skalarprodukt mittels **dot**:
   exakt
   `>> sym(dot(a,b))`
   ans = 64/63
   numerisch
   `>> dot(a,b)`
   ans = 1.0159

Vektorprodukt mittels **cross**:
exakt
\>\> **c=sym(cross(a,b))**
c = [-47/189,-4/63,17/9]
numerisch
\>\> **c=cross(a,b)**
c = -0.2487 -0.0635 1.8889

b) Berechnung des *Spatprodukts* zwischen drei Vektoren **a**, **b** und **c** mittels Determinante:
\>\> **a=[1,2,3] ; b=[4,5,6] ; c=[-4,2,5] ;**
\>\> **det([a(1),a(2),a(3);b(1),b(2),b(3);c(1),c(2),c(3)])**
ans = 9

16.5 Rechenoperationen für Matrizen

Im Folgenden werden *Rechenoperationen* für Matrizen betrachtet, d.h. Transponieren, Addition/Subtraktion, Multiplikation und Inversion, die folgendermaßen *charakterisiert* sind:
- Während Addition, Multiplikation und Transponierung für relativ große Matrizen durchführbar sind, stößt MATLAB bei der Berechnung von Determinanten und Inversen einer n-reihigen quadratischen Matrix für großes n schnell an seine Grenzen, da Rechenaufwand und Speicherbedarf stark anwachsen.
- Ohne weitere Vorkehrungen führt MATLAB alle Rechenoperationen numerisch durch.
- Falls bei installierter Toolbox SYMBOLIC MATH die Durchführung der Rechenoperationen exakt gewünscht wird, ist die MATLAB-Funktion **sym** einzusetzen.

16.5.1 Transponieren

Das *Transponieren* einer Matrix **A** geschieht durch Vertauschen von Zeilen und Spalten, wobei die *transponierte Matrix* mit A^T oder **A'** (in MATLAB) bezeichnet wird.

Die Berechnung der *transponierten Matrix* **A'** einer Matrix **A** geschieht folgendermaßen:
Exakt mittels   \>\> **sym(A')**
Numerisch mittels   \>\> **A'**

Beispiel 16.5:
Betrachtung des Unterschieds zwischen numerischer und exakter Berechnung bei der *Transponierung* der Matrix \>\> **A=[1,1/2;1,1/3] ;**

Exakte Transponierung:
Hier werden die berechneten Elemente der transponierten Matrix exakt dargestellt:
\>\> **sym(A')**
ans =
[1 , 1]
[1/2 ,1/3]

Numerische Transponierung:
Hier werden alle berechneten Elemente der transponierten Matrix durch Dezimalzahlen angenähert:
>> A'
ans =
1.0000 1.0000
0.5000 0.3333

16.5.2 Addition und Subtraktion

Bei Addition bzw. Subtraktion von zwei Matrizen **A** und **B** muss beachtet werden, dass diese nur für Matrizen gleichen Typs möglich sind, da Addition und Subtraktion elementweise definiert sind.

Addition/Subtraktion zweier Matrizen **A** und **B** geschieht folgendermaßen, wenn das Ergebnis einer Ergebnismatrix **C** zugewiesen wird:

Exakte Berechnung: >> C=sym(A+B)   bzw.   >> C=sym(A-B)
Numerische Berechnung: >> C=A+B   bzw.   >> C=A-B

Beispiel 16.6:
Addition und Subtraktion der beiden Zahlenmatrizen

$\mathbf{A} = \begin{pmatrix} 1 & 2 \\ 3 & 4 \end{pmatrix}$ und $\mathbf{B} = \begin{pmatrix} 5 & 6 \\ 10 & 12 \end{pmatrix}$ geschieht in MATLAB folgendermaßen:

>> A=[1,2;3,4] ; B=[5,6;10,12] ;
>> C=A+B
C =
6 8
13 16
>> D=A-B
D =
-4 -4
-7 -8

16.5.3 Multiplikation

Die *Multiplikation* **A·B** zweier Matrizen **A** und **B** ist nur definiert, wenn **A** und **B** *verkettet* sind, d.h. **A** muss genauso viele Spalten wie **B** Zeilen besitzen.
Die Elemente der Ergebnismatrix **C=A·B** berechnen sich als folgende Produkte:

$$c_{ik} = \sum_{j=1}^{r} a_{ij} \cdot b_{jk} \qquad (i=1,2,\ldots,m \; ; \; k=1,2,\ldots,n)$$

Die Ergebnismatrix **C** besitzt den Typ (m,n), wenn die Matrizen **A** und **B** den Typ (m,r) bzw. (r,n) besitzen.

Die *Multiplikation* zweier verketteter Matrizen **A** und **B** geschieht folgendermaßen, wenn das Ergebnis einer Ergebnismatrix **C** zugewiesen wird:

Exakte Berechnung: >> C=sym(A∗B)
Numerische Berechnung: >> C=A∗B

Die Multiplikation   >> c=a*b

zweier *Vektoren* ist ebenfalls möglich, wenn **a** Zeilenvektoren und **b** Spaltenvektoren mit gleicher Anzahl von Komponenten sind. Diese Multiplikation liefert das *Skalarprodukt* c (siehe Abschn.16.4 und Beisp.16.7b).

Beispiel 16.7:

a) MATLAB berechnet die Ergebnismatrix **C** für die Multiplikation der beiden verketteten Zahlenmatrizen $\mathbf{A}=\begin{pmatrix} 1 & 2 \\ 3 & 4 \end{pmatrix}$ und $\mathbf{B}=\begin{pmatrix} 5 & 3 & 7 \\ 1 & 4 & 8 \end{pmatrix}$ folgendermaßen:

>> A=[1,2;3,4] ; B=[5,3,7;1,4,8] ; C=A*B
C =
   7 11 23
  19 25 53

b) Berechnung des *Skalarprodukts* aus Beisp.16.4a durch *Multiplikation* der Zeilenvektoren **a** und **b**, wobei für **b** der transponierte Vektor **b'** zu verwenden ist:

exakt:
>> a=[1,1/3,1/7] ; b=[1/3,2,1/9] ; sym(a*b')
ans = 64/63

numerisch:
>> a=[1,1/3,1/7] ; b=[1/3,2,1/9] ; a*b'
ans = 1.0159

16.5.4 Inversion

Eine Division ist für Matrizen **A** nicht definiert. Es existiert jedoch eine *Inverse* $\mathbf{A}^{-1}$:
Sie berechnet sich aus $\mathbf{A} \cdot \mathbf{A}^{-1} = \mathbf{E}$ (**E** - Einheitsmatrix)
Sie ist nur für quadratische Matrizen möglich ist, wenn zusätzlich **det(A)**≠0 gilt, d.h. die Matrix **A** nichtsingulär ist.

MATLAB berechnet die *Inverse* einer im Kommandofenster befindlichen Matrix **A** mittels vordefinierter Funktion **inv** folgendermaßen:

Exakte Berechnungen: >> **sym(inv(A))**
Numerische Berechnung: >> **inv(A)**

Bei *Berechnung* der Inversen ist Folgendes zu *beachten:*
- Falls die zu invertierende Matrix **A** singulär ist, zeigt MATLAB eine Warnung oder Fehlermeldung an und kann aber trotzdem eine Inverse berechnen. Deshalb empfehlen sich folgende Maßnahmen:
  * Es wird zuerst die Determinante der Matrix **A** berechnet. Ist diese gleich 0, so existiert keine Inverse. Wird in diesem Fall versehentlich die Berechnung versucht, so kann MATLAB ein falsches Ergebnis liefern (siehe Beisp.16.8a).
  * Für eine von MATLAB gelieferte Inverse kann zur Probe das Produkt

$\mathbf{A} \cdot \mathbf{A}^{-1}$

berechnet werden, das die Einheitsmatrix **E** ergeben muss.

- Die Inverse einer Matrix **A** ist ein Spezialfall ganzzahliger *Potenzen* n von **A**, die MATLAB folgendermaßen berechnet:

    \>\> A^n

    Somit lässt sich die Inverse einer Matrix **A** in MATLAB auch mittels

    \>\> A^-1

    berechnen (siehe Beisp.16.8d).

Beispiel 16.8:

Berechnung der Inversen von Matrizen **A**, **B**, **C** und **D** mittels MATLAB. Diese Matrizen wurden so gewählt, um auch mögliche Problemfälle zu illustrieren:

a) Versuch der Berechnung der Inversen einer singulären Matrix **A**, wobei die Singularität durch Berechnung der Determinante (=0) festgestellt wird:

\>\> A=[1,2,3;4,5,6;7,8,9] ; det(A)
ans = 0
\>\> X=inv(A)
Warning: Matrix is close to singular or badly scaled.
Results may be inaccurate. RCOND=1.541976e-018.
X =
1.0e+016 *
-0.4504 0.9007 -0.4504
0.9007 -1.8014 0.9007
-0.4504 0.9007 -0.4504

Obwohl MATLAB die Singularität der Matrix **A** erkennt, wird eine Inverse X berechnet, die nicht existieren kann.

b) *Berechnung* der *Inversen* einer nichtsingulären Matrix **C**, wobei die Nichtsingularität durch Berechnung der Determinante überprüft wird. Danach wird die Berechnung der Inversen exakt und numerisch durchgeführt:

\>\> C=[2,3,5;5,7,3;2,4,9] ; det(C)
ans = 15
Exakte Berechnung der Inversen:
\>\> X=sym(inv(C))
X =
[17/5, -7/15, -26/15]
[-13/5, 8/15, 19/15]
[2/5, -2/15, -1/15]
Numerische Berechnung der Inversen:
\>\> X=inv(C)
X =
3.4000 -0.4667 -1.7333
-2.6000 0.5333 1.2667
0.4000 -0.1333 -0.0667

c) Versuch der Berechnung der Inversen einer nichtquadratischen Matrix **D**:

\>\> D=[1,2,3;4,5,6] ;

>> **inv(D)**
??? Error using →inv
Matrix must be square.
MATLAB erkennt den Fehler und gibt eine *Fehlermeldung* aus.

d) Berechnung *ganzzahliger Potenzen* für eine Matrix **A**:
>> A=[1,2;5,4]
A =
1 2
5 4
Berechnung des Quadrats von **A**
>> A^2
ans =
11 10
25 26
Berechnung der Inversen von **A** durch Eingabe der Potenz -1
>> A^-1
ans =
-0.6667 0.3333
0.8333 -0.1667

16.6 Determinanten

Determinanten det(**A**) sind nur für n-reihige quadratische Matrix **A** definiert, schreiben sich in der Form

$$\det(\mathbf{A}) = \begin{vmatrix} a_{11} & a_{12} & \cdots & a_{1n} \\ a_{21} & a_{22} & \cdots & a_{2n} \\ \vdots & \vdots & \cdots & \vdots \\ a_{n1} & a_{n2} & \cdots & a_{nn} \end{vmatrix}$$

und sind folgendermaßen *charakterisiert:*

- Für reelle Elemente a_{ik} liefern Determinanten eine reelle Zahl.
- Gilt **det(A)**=0, so heißt die Matrix **A** *singulär* ansonsten *regulär*.
- Es existieren endliche Algorithmen zur Berechnung von Determinanten, wie z.B. Umformung auf Dreiecksgestalt mittels Gaußschen Algorithmus oder Anwendung des Laplaceschen Entwicklungssatzes, die jedoch mit wachsendem n sehr aufwendig sind.

MATLAB berechnet die Determinante einer quadratischen Matrix **A**

Exakt mittels   >> **sym(det(A))**

Numerisch mittels   >> **det(A)**

Falls man versehentlich die Determinante einer nichtquadratischen Matrix berechnen möchte, gibt MATLAB eine Fehlermeldung aus.

Beispiel 16.9:

a) Berechnung der Determinanten für Zahlenmatrizen **A** und **B**:
>> **A=[1,2,3;4,5,6;7,8,9]**
A =
1 2 3
4 5 6
7 8 9
>> **det(A)**
ans = 0
>> **B=[4,3,6;8,5,9]**
B =
4 3 6
8 5 9
>> **det(B)**
??? Error using==>det
Matrix must be square.
MATLAB erkennt, dass **B** nichtquadratisch ist und gibt eine *Fehlermeldung* aus.

b) Berechnung der Determinante einer Zahlenmatrix **A**:
>> **A=[1/2,1;1/3,1] ;**
exakt:
>> **sym(det(A))**
ans = 1/6
numerisch:
>> **det(A)**
ans = 0.1667

c) Berechnung der Determinante einer Matrix **A** mit symbolischen Elementen:
>> **A=sym('[a,b,c;d,e,f;g,h,k]')**
A =
[a,b,c]
[d,e,f]
[g,h,k]
>> **det(A)**
ans = b*f*g-a*f*h+c*d*h-c*e*g+a*e*k-b*d*k

16.7 Eigenwertprobleme für Matrizen

Eigenwerte λ und zugehörige Eigenvektoren von quadratischen Matrizen **A** besitzen zahlreiche *Anwendungen* in der Ingenieurmathematik, so u.a. bei der
Analyse mechanischer Strukturen (wie Brücken, Türme, Gebäude),
Untersuchung von Schwingungen mechanischer und elektrischer Systeme.

Im Folgenden werden Problemstellung und Anwendung von MATLAB vorgestellt:
- Unter *Eigenwerten* einer n-reihigen quadratischen Matrix **A** werden diejenigen reellen und/oder komplexen Zahlenwerte λ_i verstanden, für die das lineare homogene Gleichungssystem (siehe Abschn.17.2)

    $\mathbf{A} \cdot \mathbf{x}^i = \lambda_i \cdot \mathbf{x}^i$ d.h. $(\mathbf{A} - \lambda_i \cdot \mathbf{E}) \cdot \mathbf{x}^i = 0$ (**E** - Einheitsmatrix)

    nichttriviale (d.h. von Null verschiedene) Lösungsvektoren $\mathbf{x}^i$ besitzt, die als *Eigenvektoren* bezeichnet werden.

- *Eigenwertprobleme* sind sehr rechenintensiv, da sich die Eigenwerte λ_i als Nullstellen des *charakteristischen Polynoms* vom Grade n
  $$P_n(\lambda) = \det(A-\lambda \cdot E)$$
  der Matrix **A** ergeben und anschließend für sie zugehörige Eigenvektoren zu ermitteln sind.
  Auf die umfangreiche Theorie für Eigenwertprobleme kann nicht eingegangen werden.
  Im Folgenden wird die Anwendung von MATLAB betrachtet, die eine große Hilfe bei der Berechnung von Eigenwerten und Eigenvektoren darstellt.

In MATLAB sind zur Berechnung von Eigenwerten und Eigenvektoren einer im Kommandofenster befindlichen Matrix **A** folgende Funktionen vordefiniert:

Exakte Berechnung mittels der Funktion **eig**:
Wenn die Toolbox SYMBOLIC MATH installiert ist, können Eigenwerte folgendermaßen exakt berechnet und dem Ergebnisvektor **v** zugewiesen werden (siehe Beisp.16.10):
>> **v=sym(eig(A))**

Numerische Berechnung mittels der Funktion **eig**:
>> **v=eig(A)**
Hier werden die Eigenwerte berechnet und dem Ergebnisvektor **v** zugewiesen.
>> **[V,M]=eig(A)**
Hier werden eine Matrix **V**, die als Spalten die *Eigenvektoren* von **A** enthält, und eine Matrix **M** berechnet, in der in den Spalten die *Eigenwerte* von **A** stehen.

Es gibt weitere MATLAB-Funktionen zu Eigenwertproblemen wie z.B. **eigs(A)**. Informationen hierzu liefert die MATLAB-Hilfe.

Bei Eigenwertproblemen ist Folgendes zu *beachten:*
- Die Eigenwerte für eine n-reihige quadratische Matrix **A** bestimmen sich als Nullstellen des charakteristischen Polynoms vom Grade n. Dies führt zu den im Abschn.17.3.1 geschilderten Problemen für n≥5, die auch MATLAB nicht meistern kann.
- Falls das charakteristische Polynom vom Grade n einer n-reihigen quadratischen Matrix **A** gesucht ist, so werden seine Koeffizienten von MATLAB mittels
  >> **poly(A)**   bzw.   >> **sym(poly(A))**
  in absteigender Reihenfolge numerisch bzw. exakt berechnet.
- Eigenvektoren sind nur bis auf einen Faktor bestimmt und werden oft normiert, so dass sie die Länge 1 besitzen.

Beispiel 16.10:
Berechnung von Eigenwerten und Eigenvektoren für zwei Matrizen **A**:
a) Eine *elastische Membrane* in der Ebene in Form einer Kreisfläche mit Radius 1 wird so *gedehnt*, dass ein Punkt $\mathbf{x}=(x_1,x_2)$ der Membrane in den Punkt $\mathbf{y}=(y_1,y_2)$ nach der Vorschrift

$$\mathbf{y} = \begin{pmatrix} y_1 \\ y_2 \end{pmatrix} = \mathbf{A} \cdot \mathbf{x} = \begin{pmatrix} 5 & 3 \\ 3 & 5 \end{pmatrix} \cdot \begin{pmatrix} x_1 \\ x_2 \end{pmatrix}$$

übergeht. Die Frage nach Hauptrichtungen dieser Dehnung, ist die Frage nach Punkten **x**, für die Punkte **y** dieselbe Richtung haben, d.h. $\mathbf{y} = \mathbf{A} \cdot \mathbf{x} = \lambda \cdot \mathbf{x}$ gilt:

Somit sind Eigenwerte $\lambda_1 = 2$ und $\lambda_2 = 8$ der Matrix $\mathbf{A} = \begin{pmatrix} 5 & 3 \\ 3 & 5 \end{pmatrix}$ und die beiden folgenden zugehörigen normierten Eigenvektoren zu berechnen:

$$\mathbf{x}^1 = \frac{1}{\sqrt{2}} \cdot \begin{pmatrix} -1 \\ 1 \end{pmatrix} \approx \begin{pmatrix} -0.7071 \\ 0.7071 \end{pmatrix} \qquad \mathbf{x}^2 = \frac{1}{\sqrt{2}} \cdot \begin{pmatrix} 1 \\ 1 \end{pmatrix} \approx \begin{pmatrix} 0.7071 \\ 0.7071 \end{pmatrix}$$

MATLAB berechnet für diese symmetrische Matrix **A**
\>\> **A=[5,3;3,5] ;**
mittels \>\> **eig(A)**
die beiden *Eigenwerte:*
ans =
2
8
mittels \>\> **[V,M]=eig(A)**
in den Spalten der Matrix **V** die normierten *Eigenvektoren* (mit Länge 1):
V =
-0.7071 0.7071
0.7071 0.7071
in der Diagonalen der Matrix **M** die *Eigenwerte:*
2 0
0 8

b) Die Matrix $\mathbf{A} = \begin{pmatrix} 3 & 1 \\ -2 & 1 \end{pmatrix}$ besitzt die komplexen Eigenwerte $\lambda_1 = 2+i$ und $\lambda_2 = 2-i$

und die zugehörigen Eigenvektoren $\mathbf{x}^1 = \begin{pmatrix} 1 \\ i-1 \end{pmatrix}$ und $\mathbf{x}^2 = \begin{pmatrix} -1 \\ i+1 \end{pmatrix}$

MATLAB berechnet für diese Matrix
\>\> **A=[3,1;-2,1] ;**
mittels
\>\> **[V,M]=eig(A)**
in den Spaltenvektoren der Matrix **V** die komplexen Eigenvektoren:
V =
-0.4082-0.4082i   -0.4082+0.4082i
0.8165   0.8165
in der Diagonalen der Matrix **M** die komplexen Eigenwerte:
M =
2.0000+1.0000i   0
0   02.0000-1.0000i
mittels
\>\> **sym(poly(A))**
ans =[1,-4,5]

die Koeffizienten des charakteristischen Polynoms von **A** in absteigender Reihenfolge, d.h. es hat die Gestalt $P_2(\lambda) = \lambda^2 - 4 \cdot \lambda + 5$ und besitzt die beiden komplexen Eigenwerte als Nullstellen.

17 Gleichungen und Ungleichungen mit MATLAB

17.1 Einführung

In zahlreichen mathematischen Modellen treten Zusammenhänge zwischen veränderlichen Größen (Variablen) in Form von *Gleichungen* auf, so dass von Gleichungsmodellen gesprochen wird:

In der Mathematik drücken Relationen der Form A=B die Gleichheit zwischen Werten zweier mathematischer Ausdrücke A und B aus und werden als *Gleichungen* bezeichnet, wenn die Ausdrücke A und B eine oder mehrere Variable (Unbekannte) enthalten.

Werden die Variablen (Unbekannten) mittels eines Vektors **x** bezeichnet, lassen sich *Gleichungen* in der Form

f(**x**) = 0

schreiben, wobei f für eine Funktion steht.

Je nach Art der Variablen **x** und der Funktion f werden verschiedene Arten von Gleichungen unterschieden:

- *Lineare* und *nichtlineare Gleichungen:*
  Hier gehören die Variablen zu endlichdimensionalen (n-dimensionalen) Räumen und werden durch Zahlen realisiert. Sie treten u.a. in statischen (zeitunabhängigen) Modellen auf und werden in diesem Kapitel betrachtet.
- *Differenzen-* und *Differentialgleichungen:*
  Hier gehören die Variablen zu unendlichdimensionalen Räumen (z.B. Funktionenräumen). Sie treten u.a. in dynamischen (zeitabhängigen) Modellen auf und werden im Abschn. 23.3.3 bzw. Kap.22 behandelt.

Lineare und *nichtlineare Gleichungen* werden zusammenfassend als *Gleichungen* bezeichnet, mit Zahlenvariablen **x** und reellwertigen Funktionen f(**x**) gebildet und sind folgendermaßen *charakterisiert:*

- Es wird keine exakte mathematische Definition von Gleichungen gegeben, sondern nur eine anschauliche Interpretation. Je nach Struktur von f(**x**) wird zwischen zwei Klassen unterschieden:
  I. *Algebraische Gleichungen:*
  Hier treten im Funktionsausdruck f(**x**) nur algebraische Ausdrücke in den Variablen **x** auf, die dadurch gekennzeichnet sind, dass mit **x** nur Rechenoperationen Addition, Subtraktion, Multiplikation, Division und Potenzierung vorgenommen werden. Folgende zwei Spezialfälle spielen in Anwendungen eine große Rolle:
  Lineare Gleichungen (siehe Abschn.17.2) und *Polynomgleichungen* (siehe Abschn. 17.3.1).
  II. *Transzendente Gleichungen:*
  Hier treten im Funktionsausdruck f(**x**) zusätzlich transzendente (trigonometrische, logarithmische und exponentielle) Funktionen auf.
- Als *Lösungen* von Gleichungen f(**x**)=0 werden diejenigen reellen oder komplexen Zahlen $\bar{\mathbf{x}}$ bezeichnet, die die Gleichungen identisch erfüllen, d.h. wenn die Variablen **x** durch die Zahlen $\bar{\mathbf{x}}$ ersetzt werden, muss f($\bar{\mathbf{x}}$)≡0 gelten:
  Die Bestimmung von Lösungen einer Gleichung der Form f(**x**)=0 ist offensichtlich äquivalent zur Bestimmung von *Nullstellen* der Funktion f(**x**).
  Da für *Lösungen* von Gleichungen immer eine *Probe* durch Einsetzen möglich ist, wird dies auch bei Anwendung von MATLAB empfohlen.

17.2 Lineare Gleichungssysteme

Lineare Gleichungen treten in praktischen Anwendungen als Systeme auf, die aus mehreren Gleichungen mit mehreren Variablen bestehen und als *lineare Gleichungssysteme* bezeichnet werden.

Sie spielen bei algebraischen Gleichungen eine Sonderrolle, da für sie eine umfassende und aussagekräftige Lösungstheorie existiert und sie in vielen mathematischen Modellen in Technik und Naturwissenschaften vorkommen.

Lineare Gleichungssysteme besitzen von allen Gleichungen die einfachste Struktur.

Allgemeine *lineare Gleichungssysteme* mit m *Gleichungen* und n *Variablen* (Unbekannten) haben die Form

$$a_{11} \cdot x_1 + \cdots + a_{1n} \cdot x_n = b_1$$
$$a_{21} \cdot x_1 + \cdots + a_{2n} \cdot x_n = b_2 \qquad (m \geq 1, n \geq 1)$$
$$\vdots \qquad \vdots$$
$$a_{m1} \cdot x_1 + \cdots + a_{mn} \cdot x_n = b_m$$

und lauten in *Matrixschreibweise* **A·x=b**, wobei

$$\mathbf{A} = \begin{pmatrix} a_{11} & a_{12} & \cdots & a_{1n} \\ a_{21} & a_{22} & \cdots & a_{2n} \\ \vdots & \vdots & \vdots & \vdots \\ a_{m1} & a_{m2} & \cdots & a_{mn} \end{pmatrix} \qquad \mathbf{x} = \begin{pmatrix} x_1 \\ x_2 \\ \vdots \\ x_n \end{pmatrix} \qquad \mathbf{b} = \begin{pmatrix} b_1 \\ b_2 \\ \vdots \\ b_m \end{pmatrix} \qquad \text{gelten und}$$

A als *Koeffizientenmatrix* mit reellen *Koeffizienten* a_{ik}

x als *Vektor* (Spaltenvektor) der *Variablen* (Unbekannten) $x_1, \ldots, x_n$

b als *Vektor* (Spaltenvektor) der reellwertigen *rechten Seiten* $b_1, \ldots, b_m$

bezeichnet werden.

Da MATLAB keine *indizierten Größen* kennt, werden lineare Gleichungssysteme hier in folgender Form geschrieben:

a11*x1 +...+ a1n*xn = b1
a21*x1 +...+ a2n*xn = b2
$\vdots \qquad \vdots$
am1*x1+...+amn*xn = bm

Die *Lösungstheorie* ist für lineare Gleichungssysteme umfassend:
Sie liefert Bedingungen in Abhängigkeit von Koeffizientenmatrix **A** und Vektor **b** der rechten Seiten, wann

- *genau eine Lösung* existiert:
  Dies ist der Fall, wenn die Koeffizientenmatrix **A** *quadratisch* und *regulär* ist. Die *eindeutige Lösung* $\mathbf{x} = \mathbf{A}^{-1} \cdot \mathbf{b}$ ergibt sich hier durch Auflösung des Gleichungssystems mittels *inverser Koeffizientenmatrix* $\mathbf{A}^{-1}$.
- *keine Lösung* existiert,
- *beliebig viele Lösungen* existieren.

17.2 Lineare Gleichungssysteme

Da MATLAB die *Lösungseigenschaften* linearer Gleichungssysteme erkennt, wird nicht näher hierauf eingegangen. Dies ist auch dadurch gerechtfertigt, dass bei umfangreicheren Gleichungssystemen die Lösungseigenschaften nicht mehr per Hand in einem vertretbaren Aufwand untersucht werden können.

Die Lösungstheorie stellt *endliche Lösungsalgorithmen* zur Verfügung:

Dies sind Algorithmen wie der bekannte *Gaußsche Algorithmus*, die Lösungen in endlich vielen Schritten liefern.

Sie fordern bei Berechnung per Hand bereits für Gleichungssysteme mit mehr als 5 Gleichungen und Unbekannten einen hohen Rechenaufwand.

Da derartige Algorithmen in MATLAB integriert sind, braucht man sie nicht im Detail zu kennen, so dass auf eine Vorstellung verzichtet wird.

MATLAB bietet folgende Möglichkeiten zur *exakten* bzw. *numerischen Berechnung* von *Lösungen* linearer Gleichungssysteme:

- Bei quadratischer regulärer Koeffizientenmatrix **A** kann die *inverse Koeffizientenmatrix* A^{-1} angewandt werden, wenn sich *Koeffizientenmatrix* **A** und *Vektor* **b** der *rechten Seiten* (als Spaltenvektor) im Kommandofenster befinden:
  Exakte Berechnung der *Lösung* unter Anwendung von **sym**:
  >> **x=sym(inv(A)*b)**
  Numerische Berechnung der *Lösung:*
  >> **x=inv(A)*b**

  Diese Berechnungsmethode ist weniger zu empfehlen, da sie sich nur für quadratische reguläre Koeffizientenmatrizen anwenden lässt und die Berechnung der Inversen mehr Aufwand von MATLAB erfordert als der Einsatz vordefinierter Funktionen wie **solve**.

- Die vordefinierte Funktion **solve** berechnet *Lösungen exakt* und ist in der Form
  >>[x1,x2,...,xn]=**solve**('a11*x1+...+a1n*xn=b1,a21*x1+...+a2n*xn=b2,...,am1*x1+...+
              amn*xn=bm','x1,x2,...,xn')

  anwendbar, wobei Folgendes zu beachten ist:
  Gleichungen und Variablen sind als *Zeichenketten* einzugeben.
  Falls **solve** eine Lösung berechnet, wird sie den Variablen x1,x2,...,xn zugewiesen.
  solve ist auch zur Lösung nichtlinearer Gleichungen anwendbar (siehe Abschn.17.3).

- Die Funktion **linsolve** ist speziell für lineare Gleichungen vordefiniert und ist folgendermaßen anzuwenden, wenn sich *Koeffizientenmatrix* **A** und *Vektor* **b** der *rechten Seiten* (als Spaltenvektor) im Kommandofenster befinden:
  Exakte Ausgabe berechneter *Lösungen:*
  >> **x=sym(linsolve(A,b))**
  Numerische Ausgabe berechneter *Lösungen:*
  >> **x=linsolve(A,b)**

- Der Operator \ ist zur Lösungsberechnung für lineare Gleichungen folgendermaßen anzuwenden, wenn sich *Koeffizientenmatrix* **A** und *Vektor* **b** der *rechten Seiten* (als Spaltenvektor) im Kommandofenster befinden:
  Exakte Ausgabe berechneter *Lösungen:*
  >> **x=sym(A\b)**
  Numerische Ausgabe berechneter *Lösungen:*
  >> **x=A\b**

Bei *Berechnung* von *Lösungen* linearer Gleichungssysteme mittels MATLAB ist Folgendes zu *beachten:*

Bei *numerischer Berechnung* treten *Rundungsfehlern* auf, die besonders bei schlecht konditionierten Gleichungssystemen zu falschen Ergebnissen führen können.

Bei *exakter Berechnung* im Rahmen der *Computeralgebra* treten keine *Rundungsfehler* auf, d.h. es wird immer eine exakte Lösung geliefert:

Die *exakte Lösungsberechnung* mittels **solve** ist vorzuziehen, da andere Methoden von MATLAB zusätzlich Schwierigkeiten haben, wenn mehrere Lösungen existieren (siehe Beisp.17.1c).

Falls zu lösende Gleichungssysteme frei wählbare *Parameter* enthalten, bildet die *exakte Lösungsberechnung* die einzige Möglichkeit, da bei numerischer Berechnung den Parametern vorher Zahlenwerte zugewiesen werden müssen.

Falls Ergebnisse in *Dezimalform* gewünscht sind, kann anschließend auf berechnete exakte Lösungen die Funktion **single** angewandt werden (siehe Beisp.17.1b).

Beispiel 17.1:

Illustration der Lösungsberechnung für *lineare Gleichungssysteme* mittels MATLAB:

a) Ein lineares Gleichungssystem entsteht, wenn in einem *elektrischen Netzwerk* unbekannte Ströme mittels Kirchhoffscher Gesetze bestimmt werden.

Gegeben sei ein konkretes Netzwerk mit drei unbekannten Strömen I_1, I_2, I_3, für das die Kirchhoffschen Strom- und Spannungsgesetze die vier linearen Gleichungen

$I_1 - I_2 + I_3 = 0$, $-I_1 + I_2 - I_3 = 0$, $10 \cdot I_2 + 25 \cdot I_3 = 90$, $20 \cdot I_1 + 10 \cdot I_2 = 80$

liefern, die sich in Matrixschreibweise in folgender Form darstellen:

$$\begin{pmatrix} 1 & -1 & 1 \\ -1 & 1 & -1 \\ 0 & 10 & 25 \\ 20 & 10 & 0 \end{pmatrix} \cdot \begin{pmatrix} I_1 \\ I_2 \\ I_3 \end{pmatrix} = \begin{pmatrix} 0 \\ 0 \\ 90 \\ 80 \end{pmatrix}$$

MATLAB berechnet die Lösungen $I_1 = 2$, $I_2 = 4$, $I_3 = 2$ für die drei Ströme z.B. folgendermaßen:

\>\> **A=[1,-1,1;-1,1,-1;0,10,25;20,10,0] ; b=[0;0;90;80] ;**
\>\> **I=A\b**
I =
2.0000
4.0000
2.0000

b) Das lineare Gleichungssystem $x_1 + x_2 = 10/21$, $x_1 - x_2 = 4/21$ hat die *eindeutige Lösung* $x_1 = 1/3$, $x_2 = 1/7$, die MATLAB auf eine der folgenden Arten berechnet:

* Da die *Koeffizientenmatrix* **A**
   \>\> **A=[1,1;1,-1] ;**

wegen **det(A)**≠0 regulär ist, kann die *inverse Matrix* A^{-1} angewandt werden:
Exakte Ausgabe der Lösung:
\>\> x=**sym(inv(A)***[10/21;4/21])
x =
1/3
1/7
Numerische Ausgabe der Lösung:
\>\> x=**inv(A)***[10/21;4/21]
x =
0.3333
0.1429

* *Exakte Berechnung* mittels **solve**:
\>\> [x1,x2]=**solve**('x1+x2=10/21,x1-x2=4/21','x1,x2')
x1 = 1/3
x2 = 1/7
Ist das Ergebnis in *Dezimalform* gesucht, so kann dies durch anschließenden Einsatz der MATLAB-Funktion **single** erreicht werden:
\>\> x1=**single**(x1)
x1 = 0.3333
\>\> x2=**single**(x2)
x2 = 0.1429

* *Anwendung* von **linsolve**:
\>\> A=[1,1;1,-1] ; b=[10/21;4/21] ;
Exakte Ausgabe der Lösung:
\>\> x=**sym(linsolve(A,b))**
x =
1/3
1/7
Numerische Ausgabe der Lösung:
\>\> x=**linsolve(A,b)**
x =
0.3333
0.1429

* *Anwendung* von **A\b**:
\>\> A=[1,1;1,-1] ; b=[10/21;4/21] ;
Exakte Ausgabe der Lösung:
\>\> x=**sym(A\b)**
x =
1/3
1/7
Numerische Ausgabe der Lösung:
\>\> x=**A\b**
x =
0.3333
0.1429

c) Das lineare Gleichungssystem $x_1 + 2 \cdot x_2 = 1$, $2 \cdot x_1 + 4 \cdot x_2 = 2$

hat *beliebig viele Lösungen* $x_1 = 1 - 2 \cdot \lambda$, $x_2 = \lambda$ (λ - reeller Zahlenparameter), da beide Gleichungen identisch sind. MATLAB berechnet diese Lösungen nur mittels **solve**, wie im Folgenden zu sehen ist:

* *Exakte Lösung* mittels **solve**:
  >> [x1,x2]=**solve**('x1+2*x2=1,2*x1+4*x2=2','x1,x2')
  x1 = 1-2*z
  x2 = z
  solve berechnet die Lösungsgesamtheit, wobei z für λ verwendet wird.
* *Anwendung* von **linsolve**:
  >> A=[1,2;2,4] ; b=[1;2] ; x=**linsolve(A,b)**
  Warning: Matrix is singular to working precision.
  x =
  NaN
  NaN
  linsolve berechnet *keine Lösungen*:
  Es wird die richtige Meldung ausgegeben, dass die *Koeffizientenmatrix singulär* ist. Für **x** wird mittels **NaN** (Not-a-Number - keine Zahl) die falsche Information angezeigt, dass keine Zahlenlösungen existieren.
* *Anwendung* von **A\b** :
  >> A=[1,2;2,4] ; b=[1;2] ; x=**A\b**
  Warning: Matrix is singular to working precision.
  x =
  NaN
  NaN
  Hier verhält sich MATLAB wie bei **linsolve**.

d) Das lineare Gleichungssystem $x_1 + 2 \cdot x_2 = 1$, $2 \cdot x_1 + 4 \cdot x_2 = 3$ ist *unlösbar*, da sich die Gleichungen widersprechen. MATLAB gibt hier folgende *Meldungen* aus:
* *Anwendung* von **solve**:
  >> [x1,x2]=**solve**('x1+2*x2=1,2*x1+4*x2=3','x1,x2')
  Warning: Explicit solution could not be found.
  x1=[empty sym]
  x2=[]
  Es wird eine Meldung der *Unlösbarkeit* ausgegeben und angezeigt, dass die Lösungsvariablen leer sind (durch empty bzw. []).
* *Anwendung* von **linsolve**:
  >> A=[1,2;2,4] ; b=[1;3] ; x=**linsolve(A,b)**
  Warning: Matrix is singular to working precision.
  x =
  Inf
  -Inf
  Es wird die Meldung ausgegeben, dass die Matrix singulär ist und anstatt der Unlösbarkeitsmeldung eine unverständliche Lösung angezeigt.

* Anwendung von **A\b**:
  ```
  >> A=[1,2;2,4] ; b=[1;3] ; x=A\b
  ```
  Warning: Matrix is singular to working precision.
  x =
  Inf
  -Inf
  Hier verhält sich MATLAB wie bei **linsolve**.

e) Das lineare Gleichungssystem $c \cdot x_1 + d \cdot x_2 = 1$, $d \cdot x_1 + c \cdot x_2 = 0$ hängt von *Parametern* c und d ab:
   Es ist nur eine *exakte Berechnung* der *Lösung* möglich, da die Parameter c und d keine Zahlenwerte sind, sondern nur symbolischen Charakter besitzen.
   Die *exakte Berechnung* kann mittels MATLAB *folgendermaßen* geschehen:
* Mittels **solve**:
  ```
  >> [x1,x2]=solve('c*x1+d*x2=1,d*x1+c*x2=0','x1,x2')
  ```
  x1 = c/(c^2-d^2)
  x2 = -d/(c^2-d^2)
* Mittels **sym(A\b)**
  ```
  >> A=sym('[c,d;d,c]') ; b=[1;0] ; x=sym(A\b)
  ```
  x =
  c/(c^2-d^2)
  -d/(c^2-d^2)
  Bei *symbolischer Koeffizientenmatrix* **A** ist Folgendes zu beachten:
  Bei Anwendung von **sym(A\b)** muss **A** mittels **sym** als *symbolisch* gekennzeichnet sein.
  Den Einsatz von **sym(linsolve(A,b))** lehnt MATLAB hier ab.

17.3 Nichtlineare Gleichungen

Nicht alle praktischen Zusammenhänge lassen sich durch lineare Gleichungen befriedigend modellieren, so dass *nichtlineare Gleichungssysteme* der Form

$$u_1(x_1,...,x_n) = 0$$
$$\vdots$$
$$u_m(x_1,...,x_n) = 0$$

(m≥1 Gleichungen mit n≥1 Variablen/Unbekannten $x_1,...,x_n$)

mit *beliebigen Funktionen* $u_1(x_1,...,x_n),...,u_m(x_1,...,x_n)$ erforderlich sind.

17.3.1 Polynomgleichungen

Polynomgleichungen stellen neben linearen Gleichungen einen *Spezialfall* nichtlinearer (algebraischer) Gleichungen dar und sind folgendermaßen charakterisiert:
Funktionen der Form

$$P_n(x) = \sum_{k=0}^{n} a_k \cdot x^k = a_0 + a_1 \cdot x + a_2 \cdot x^2 + ... + a_n \cdot x^n \qquad (a_n,...,a_2, a_1, a_0 \text{ - Koeffizienten})$$

heißen *Polynomfunktionen* (kurz *Polynome*) n-ten Grades und gehören zu den *ganzrationalen Funktionen*.
Die Berechnung von *Nullstellen* für Polynome ist äquivalent zur Berechnung reeller bzw. komplexer *Lösungen* x_i der zugehörigen *Polynomgleichung* $P_n(x) = 0$.

Eng mit Lösungen von Polynomgleichungen hängt die *Faktorisierung* von *Polynomen* zusammen.

Hierunter wird die *Darstellung* als *Produkt* von *Linearfaktoren* (für reelle Nullstellen) und *Polynomen* 2-ten Grades (für komplexe Nullstellen) verstanden, d.h. (für $a_n = 1$)

$$\sum_{k=0}^{n} a_k \cdot x^k = (x-x_1) \cdot (x-x_2) \cdot \ldots \cdot (x-x_r) \cdot (x^2 + b_1 \cdot x + c_1) \cdot \ldots \cdot (x^2 + b_s \cdot x + c_s)$$

wenn das Polynom r reelle Nullstellen $x_1, \ldots, x_r$ besitzt, die in ihrer Vielfachheit zu zählen sind.

Die *Lösungstheorie* für Polynomgleichungen sagt Folgendes aus:

- Nach dem *Fundamentalsatz* der *Algebra* hat eine Polynomgleichung n-ten Grades *n Lösungen*, die reell, komplex und mehrfach sein können. Diese Aussage liefert die Grundlage für die Faktorisierung von Polynomen.
- Zur *Bestimmung* der *Lösungen* existieren *Lösungsformeln* bis n=4: Die bekannteste ist die für *quadratische Gleichungen* (d.h. für n=2):

$$x^2 + a_1 \cdot x + a_0 = 0 \text{ hat die zwei \textit{Lösungen} } x_{1,2} = -\frac{a_1}{2} \pm \sqrt{\frac{a_1^2}{4} - a_0}.$$

Für n=3 und 4 sind die *Lösungsformeln* umfangreicher. Ab n=5 gibt es keine Lösungsformeln mehr, da allgemeine Polynomgleichungen ab 5.Grad nicht durch Radikale lösbar sind.

Polynomgleichungen schreiben sich in MATLAB in der Form
an*x^n+...+a2*x^2+a1*x+ a0 = 0.
Lösungen kann MATLAB folgendermaßen berechnen (siehe auch Beisp.17.2a,c):

- Anwendung der vordefinierten Funktion **factor** zur *Faktorisierung*, um *reelle Nullstellen* zu bestimmen (siehe Abschn.14.5).
- Anwendung der Funktion **solve** aus Abschn.17.2 in der Form
  >> **x=solve** ('an*x^n+...+a2*x^2+a1*x+a0=0','x')
  d.h. der Einsatz geschieht folgendermaßen:
  Im Argument sind Polynom und Variable als Zeichenkette einzugeben.
  Die berechneten Lösungen werden im Spaltenvektor **x** gespeichert.
- Anwendung der Funktion **roots** zur *numerischen Berechnung* von *Lösungen* in der Form
  >> **x=roots**([an,...,a2,a1,a0])
  d.h. der Einsatz geschieht folgendermaßen:
  Im Argument sind die Koeffizienten $a_n, \ldots, a_2, a_1, a_0$ des Polynoms als Zeilenvektor einzugeben.
  Die berechneten Lösungen werden im Spaltenvektor **x** gespeichert.

Bei der *Lösungsberechnung* mittels MATLAB ist Folgendes zu *beachten:*
Aufgrund der Lösungstheorie für Polynomgleichungen kann nicht erwartet werden, dass MATLAB für n≥5 immer Lösungen berechnet.

Bei ganzzahligen Nullstellen kann MATLAB auch für n≥5 erfolgreich sein, wie Beisp. 17.2a illustriert.

In MATLAB sind für Polynome *weitere Funktionen vordefiniert:*

Aus bekannten *Nullstellen* lassen sich mittels der Funktion **poly** die Koeffizienten des *Polynoms* berechnen, das diese Nullstellen besitzt. Eine Illustration hierfür liefert Beisp.17.2c.

Der *Funktionswert* für einen konkreten x-Wert des *Polynoms* mit *Koeffizienten* $a_n, ..., a_2, a_1, a_0$ kann mittels der Funktion **polyval** folgendermaßen berechnet werden (siehe Beisp.17.2b):

```
>> polyval([an,...,a2,a1,a0],x)
```

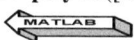

Beispiel 17.2:

a) Die 7 ganzzahligen Nullstellen $-3, -2, -1, 0, 1, 2, 3$
   des Polynoms 7.Grades $x^7 - 14 \cdot x^5 + 49 \cdot x^3 - 36 \cdot x$
   berechnet MATLAB folgendermaßen:

   a1) Mittels **factor** *exakt:*
   ```
   >> syms x ; factor(x^7-14*x^5+49*x^3-36*x)
   ans = (x+3)*(x+2)*(x+1)*x*(x-1)*(x-2)*(x-3)
   ```
   Die 7 Lösungen werden in *Form* von *Linearfaktoren* geliefert.

   a2) Mittels **solve** *exakt:*
   ```
   >> x=solve('x^7-14*x^5+49*x^3-36*x=0','x')
   x =
   -3
   -2
   -1
    0
    1
    2
    3
   ```

   a3) Mittels **roots** *numerisch:*
   ```
   >> x=roots([1,0,-14,0,49,0,-36,0])
   x =
         0
   -3.0000
    3.0000
   -2.0000
   -1.0000
    2.0000
    1.0000
   ```

b) Berechnung des *Funktionswerts* x=1.5 des Polynoms aus Beisp.a mittels **polyval**:
   ```
   >> polyval([1,0,-14,0,49,0,-36,0],1.5)
   ans = 22.1484
   ```

c) Die Polynomgleichung 6.Grades $x^6 - 6 \cdot x^5 + 24 \cdot x^4 - 40 \cdot x^3 + 49 \cdot x^2 - 34 \cdot x + 26 = 0$
   besitzt nur komplexe Lösungen (Nachprüfung durch grafische Darstellung). MATLAB-Funktionen lassen sich folgendermaßen zur Berechnung dieser Lösungen einsetzen:

   c1) Anwendung von **factor**:

```
>> syms x ; factor(x^6-6*x^5+24*x^4-40*x^3+49*x^2-34*x+26)
ans = (x^2-2*x+2)*(x^2-4*x+13)*(x^2+1)
```

Hier können die Lösungen nicht explizit abgelesen werden, da bei der Faktorisierung aufgrund ihrer komplexen Werte *quadratische Polynome* erscheinen. Man erhält die Lösungen erst durch Berechnung der Nullstellen dieser drei quadratischen Polynome.

c2) Anwendung von **solve**:

```
>> x=solve('x^6-6*x^5+24*x^4-40*x^3+49*x^2-34*x+26=0','x')
x =
-i
i
1-i
i+1
2-3*i
3*i+2
```

solve berechnet die *6 Lösungen exakt*, da sie eine einfache Struktur besitzen.

c3) Anwendung von **roots**

```
>> x=roots([1,-6,24,-40,49,-34,26])
x =
2.0000+3.0000i
2.0000-3.0000i
1.0000+1.0000i
1.0000-1.0000i
0.0000+1.0000i
0.0000-1.0000i
```

roots berechnet die *6 Lösung numerisch*.

Mittels der Funktion **poly** lässt sich aus den erhaltenen *Lösungen* wieder das *Polynom* berechnen, d.h. seine Koeffizienten in absteigender Richtung:

```
>> poly([i,-i,2+3*i,2-3*i,1+i,1-i])
ans = 1 -6 24 -40 49 -34 26
```

17.3.2 Allgemeine algebraische und transzendente Gleichungen

Für allgemeine nichtlineare (d.h. algebraische und transzendente) Gleichungen existiert *keine Lösungstheorie*.

Die *Existenz* von Lösungen ist schwierig nachzuweisen.

Exakte Lösungen lassen sich nur für einfach strukturierte Gleichungen finden, für die Einsetzungs- und Eliminationsmethoden zum Ziel führen.

Da es keinen allgemein anwendbaren endlichen Lösungsalgorithmus gibt, sind meistens *numerische Methoden* (vor allem *Iterationsmethoden*) einzusetzen, die folgendermaßen charakterisiert sind:

Sie liefern *Näherungswerte* für die Lösungen.

Sie benötigen *Schätzwerte* für eine *Lösung* als *Startwerte*, die im Falle der Konvergenz verbessert werden.

17.3 Nichtlineare Gleichungen

Startwerte sind für numerische Methoden nicht immer einfach zu finden. Bei *einer Gleichung* u(x)=0 mit einer *Variablen* x lässt sich ihre Wahl erleichtern, indem man die Funktion u(x) *grafisch darstellt* und hieraus Näherungswerte für die Nullstellen abliest.
Numerische Methoden müssen *nicht konvergieren*, d.h. kein Ergebnis liefern (z.B. *Methode* von *Newton*), auch wenn *Startwerte* nahe bei einer *Lösung* liegen. Dies ist bei Anwendung von MATLAB zu berücksichtigen.

Zur *Berechnung* von *Lösungen* nichtlinearer Gleichungssysteme sind in MATLAB folgende Funktionen vordefiniert:

- Die vordefinierte Funktion **solve** berechnet *Lösungen exakt* und ist in der Form
  >> [x1,x2,...,xn]=solve('u1(x1,...,xn)=0,...,um(x1,...,xn)=0','x1,x2,...,xn')
  anwendbar, wobei Folgendes zu beachten ist:
  solve wird bereits im Abschn.17.2 und 17.3.1 bei linearen Gleichungen und Polynomgleichungen eingesetzt. Die Anwendung auf nichtlineare Gleichungen geschieht analog.
  Falls **solve** keine exakten Lösungen findet, wird *numerisch* gerechnet.

- Die vordefinierte Funktion **fzero** berechnet *Lösungen* einer *nichtlinearen Gleichung* der Form u(x) = 0 *numerisch* und ist in der Form
  >> **fzero**('u(x)',xa)
  anwendbar, wobei Folgendes zu beachten ist:
  Die Funktion ist als *Zeichenkette* einzugeben und kann auch als *Funktionsdatei* u.m vorliegen.
  xa ist ein vorzugebender *Startwert*, für den **fzero** eine reelle oder komplexe Lösung *numerisch* berechnet.
  fzero setzt die *Methode der kleinsten Quadrate* ein, bei der das Gleichungssystem in folgende *Minimierungsaufgabe* überführt wird, die numerisch gelöst wird:
  $$\sum_{k=0}^{n} u_k^2(x_1, x_2, ..., x_n) \to \underset{x_1, x_2, ..., x_n}{\text{Minimum}}$$
  Diese Minimierungsaufgabe besitzt immer eine Lösung, auch wenn das Gleichungssystem keine besitzt. Man erkennt dies daran, dass das Minimum einen Wert größer Null annimmt und spricht von *verallgemeinerten Lösungen* des Gleichungssystems.

- Die vordefinierte Funktion **fsolve** wird in der gleichen Form wie **fzero** angewandt, kann jedoch auch *Systeme* von Gleichungen *numerisch lösen* (siehe Beisp.17.3b):

Bei Anwendung von **fsolve** und **fzero** ist Folgendes zu beachten:
Bei *Vorgabe* von *reellen* bzw. *komplexen Startwerten* werden meistens nur reelle bzw. komplexe Näherungen für die Lösungen geliefert.
Beide stehen nur zur Verfügung, wenn die Toolbox OPTIMIZATION installiert ist.

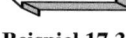

Beispiel 17.3:
a) Die einzige *reelle Lösung* der transzendenten Gleichung
  $u(x) = x^7 + e^x + \sin x$
  liegt zwischen -0.6 und -0.5, wie aus der grafischen Darstellung mittels
  >> **syms x ; ezplot**(x^7+exp(x)+sin(x),[-1,0])
  zu entnehmen ist. Sie wird von MATLAB folgendermaßen numerisch *berechnet:*
  a1) mittels **solve**:

```
>> x=solve('x^7+exp(x)+sin(x)=0','x')
x = -0.5738
```
a2) mittels **fzero** für den *Startwert* 0:
```
>> fzero('x^7+exp(x)+sin(x)',0)
ans = -0.5738
```
a3) mittels **fsolve** für den *Startwert* -1:
```
>> fsolve('x^7+exp(x)+sin(x)',-1)
ans = -0.5738
```

b) Das System von *Polynomgleichungen* $2 \cdot x^2 - y^2 = -1$, $x^4 + y^4 = 2$ besitzt neben den *vier reellen Lösungen* $\frac{1}{5} \cdot (\sqrt{5}, \sqrt{35})$, $\frac{1}{5} \cdot (-\sqrt{5}, \sqrt{35})$, $\frac{1}{5} \cdot (\sqrt{5}, -\sqrt{35})$, $\frac{1}{5} \cdot (-\sqrt{5}, -\sqrt{35})$ weitere *vier komplexen Lösungen* **(i,i), (-i,i), (i,-i), (-i,-i)**

MATLAB kann die Lösungen dieses Gleichungssystem auf folgende Arten berechnen:

Exakte Berechnung mittels **solve**:
```
>> [x,y]=solve('2*x^2-y^2=-1,x^4+y^4=2','x,y')
x =
i
-i
i
-i
5^(1/2)/5
5^(1/2)/5
-5^(1/2)/5
-5^(1/2)/5
y =
i
i
-i
-i
35^(1/2)/5
-35^(1/2)/5
35^(1/2)/5
-35^(1/2)/5
```

Numerische Berechnung mittels **fsolve**:
Zuerst ist das Gleichungssystem in der Form
$2 \cdot x(1)^2 - x(2)^2 + 1 = 0$, $x(1)^4 + x(2)^4 - 2 = 0$
zu schreiben und hierfür folgende *Funktionsdatei* zu erstellen und unter dem Namen f.m im aktuellen Verzeichnis (Current Directory/Folder) von MATLAB zu speichern:
function z=f(x)
z=[2*x(1)^2-x(2)^2+1;x(1)^4+x(2)^4-2] ;

Abschließend ist **fsolve** folgendermaßen anzuwenden, wobei als Startwerte x(1)=1, x(2)=1 verwendet werden:

```
>> x=fsolve('f(x) ',[1;1])
x =
0.4472
1.1832
```
Für die verwendeten Startwerte wird die *reelle Näherungslösung* x(1)=0.4472, x(2)=1.1832 berechnet.

17.4 Ungleichungen

Falls in Gleichungen ein Gleichheitszeichen durch ein Ungleichheitszeichen zu ersetzen ist, ergeben sich *Ungleichungen*.

Ungleichungssysteme haben die Form

$u_1(x_1,...,x_n) \leq 0$
$\vdots$ (m≥1 Ungleichungen mit n≥1 Variablen/Unbekannten $x_1,...,x_n$)
$u_m(x_1,...,x_n) \leq 0$

mit *beliebigen Funktionen* $u_1(x_1,...,x_n),...,u_m(x_1,...,x_n)$.

Sie treten bei einer Reihe praktischer Probleme auf, z.B. bei Optimierungsproblemen.

In MATLAB konnten *keine vordefinierten Funktionen* gefunden werden, um Lösungen von Ungleichungen direkt zu berechnen:

Einzelne Lösungen lassen sich durch Lösung von Optimierungsaufgaben berechnen, wenn die Toolbox OPTIMIZATION installiert ist (siehe Kap.24).

Bei *einer Ungleichung*

u(x)≤0

mit einer Variablen x kann eine *Kurvendiskussion* durchgeführt und die Funktion u(x) *grafisch* dargestellt werden.

18 Differentialrechnung mit MATLAB

Die *Differentialrechnung* gehört neben der Integralrechnung zu den wichtigen Gebieten der Ingenieurmathematik, da sie in zahlreichen praktischen Problemen benötigt wird:

Die Differentialrechnung befasst sich mit lokalem Änderungsverhalten von Funktionen, das sich durch Ableitungen (Differentialquotienten) charakterisieren lässt.

In der Physik sind Ableitungen u.a. zur Beschreibung von Bewegungen (Geschwindigkeiten, Beschleunigung) erforderlich wie z.B. beim harmonischen Oszillator (siehe Abschn. 22.3) und der Newtonschen Bewegungsgleichung, die in Form von Differentialgleichungen vorliegen.

In der Mathematik werden Ableitungen u.a. zur Untersuchung von Flächen und Kurven (Tangenten, Krümmungen, Tangentialebenen), zur Bestimmung von Extremwerten (Minima und Maxima - siehe Abschn.24.2.1) und zur Fehlerrechnung (siehe Abschn.18.6) benötigt.

18.1 Einführung

Zur *Differentiation* (Berechnung von Ableitungen/Differentialquotienten) von Funktionen, die sich aus *elementaren mathematischen Funktionen* (siehe Abschn.12.2.1) zusammensetzen, lässt sich ein *endlicher Algorithmus* angeben:

Dieser Algorithmus beruht auf bekannten *Ableitungen* für *elementare mathematische Funktionen* und folgenden *Differentiationsregeln* für Funktionen f(x) und g(x):

Summenregel $\quad (c \cdot f(x) \pm d \cdot g(x))' = c \cdot f'(x) \pm d \cdot g'(x) \quad$ (c, d -Konstanten)

Produktregel $\quad (f(x) \cdot g(x))' = f'(x) \cdot g(x) + f(x) \cdot g'(x)$

Quotientenregel $\quad (f(x)/g(x))' = (f'(x) \cdot g(x) - f(x) \cdot g'(x))/g^2(x)$

Kettenregel $\quad (f(g(x)))' = f'(g(x)) \cdot g'(x)$

Dies betrifft die Berechnung von *Ableitungen*

$f'(x), f''(x), ..., f^{(n)}(x), ...$

für Funktionen f(x) einer Variablen x

$$f_x = \frac{\partial f}{\partial x}, \; f_y = \frac{\partial f}{\partial y}, \; f_{xx} = \frac{\partial^2 f}{\partial x^2}, \; f_{xy} = \frac{\partial^2 f}{\partial x \partial y}, ... \quad (partielle \; Ableitungen)$$

für Funktionen f(x,y) von zwei Variablen x und y

$$f_{x_1} = \frac{\partial f}{\partial x_1}, \; f_{x_2} = \frac{\partial f}{\partial x_2}, ..., f_{x_1 x_1} = \frac{\partial^2 f}{\partial x_1^2}, \; f_{x_1 x_2} = \frac{\partial^2 f}{\partial x_1 \partial x_2}, ... \quad (partielle \; Ableitungen)$$

für Funktionen f($x_1, x_2, ..., x_n$) von n Variablen $x_1, x_2, ..., x_n$.

18.2 Exakte Berechnung von Ableitungen

Die im vorangehenden Abschn.18.1 vorgestellten Fakten lassen erkennen, dass im Rahmen der Computeralgebra alle möglichen Differentiationen (Berechnungen von Ableitungen) ohne Schwierigkeiten exakt durchführbar sind.

Wenn die Toolbox SYMBOLIC MATH installiert ist, kann MATLAB beliebige *Ableitungen* mittels der vordefinierten Funktion **diff** *exakt berechnen*.

Aufgrund der *Matrixorientierung* von MATLAB (siehe Abschn.3.2) können mit **diff** nicht nur Funktionen sondern auch *Matrizen differenziert* werden, deren Elemente Funktionsausdrücke sind (siehe Beisp.16.1c).

Zusätzlich besteht die Möglichkeit, die *Benutzeroberfläche* für *symbolische Berechnungen* zur Differentiation einzusetzen, die mittels **>> funtool** aufzurufen ist. Diese Benutzeroberfläche wird im Abschn.3.3.3 und Beisp.18.1 und 19.1 vorgestellt.

In den folgenden Abschn.18.2.1 und 18.2.2 werden Details zur Anwendung von **diff** für Funktionen einer bzw. mehrerer Variablen erklärt.

18.2.1 Ableitungen von Funktionen einer Variablen

MATLAB berechnet problemlos Ableitungen von Funktionen einer Variablen.

Die *exakte Berechnung n-ter Ableitungen* (n=1,2,3,...) für Funktionen f(x) einer Variablen x kann mittels der vordefinierten Funktion **diff** folgendermaßen geschehen:

>> syms x ; diff(f(x),x,n)   o d e r   >> diff('f(x)','x',n)

wobei *Funktion* f(x) und *Variable* x als *Zeichenketten* einzugeben sind, falls x nicht mittels des Kommandos **syms** als symbolisch gekennzeichnet ist.

Beispiel 18.1:

Illustration der Berechnung von Ableitungen mittels der MATLAB-Funktion **diff** anhand der Funktion $f(x) = x^x$, die per Hand durch logarithmische Differentiation erhalten wird:

Die Berechnung der *ersten Ableitung* mittels **diff** kann auf folgende Arten geschehen, wobei sich das von MATLAB berechnete Ergebnis mittels **simplify** vereinfachen lässt:

>> syms x ; simplify(diff(x^x,x,1))   o d e r   >> simplify(diff('x^x','x',1))

ans = x^x*(**log**(x)+1)   ans = x^x*(**log**(x)+1)

Die Berechnung der *ersten Ableitung* mittels *Benutzeroberfläche* für *symbolische Berechnungen* (Aufruf durch **>> funtool**) geschieht folgendermaßen:

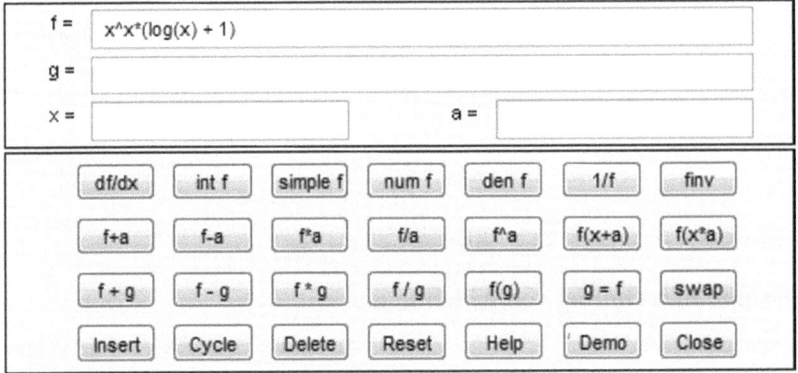

18.2 Exakte Berechnung von Ableitungen **149**

Die zu differenzierende Funktion x^x wird bei f= eingegeben und anschließend der Knopf  gedrückt.

Das Ergebnis erscheint anschließend bei f=, wobei es durch Drücken des Knopfes **simple f** vereinfacht wird, wie in der obigen Abbildung zu sehen ist.

Berechnung der *dritten Ableitung*:

Es wird zusätzlich die MATLAB-Funktion **simplify** (siehe Abschn.14.3) eingesetzt, um das von **diff** berechnete Ergebnis zu vereinfachen:

\>\> **syms x ; simplify(diff(x^x,x,3))**

ans = x^x*(log(x)^3+3*log(x)^2+3*log(x)+1)-(x^x-x*x^x*(3*log(x)+3))/x^2

Die dritte Ableitung kann auch mittels *Benutzeroberfläche* für *symbolische Berechnungen* erhalten werden, indem der Knopf  dreimal gedrückt wird.

18.2.2 Partielle Ableitungen

MATLAB berechnet problemlos partielle Ableitungen von Funktionen mehrerer Variablen.

Die *exakte Berechnung partieller Ableitungen* für Funktionen $f(x_1, x_2, ..., x_n)$ von n Variablen $x_1, x_2, ..., x_n$ kann mittels **diff** folgendermaßen geschehen:

- *m-te partielle Ableitung* bzgl. der Variablen x_k :

  Mit Kommando **syms** zur symbolischen Kennzeichnung der *Variablen* x1,x2,...,xn:

  \>\> **syms x1 x2 ... xn ; diff(f(x1,x2,...,xn),xk,m)**

  Ohne Verwendung von **syms** sind Funktion f(x1,x2,...,xn) und Variable xk als *Zeichenketten* zu kennzeichnen:

  \>\> **diff('f(x1,x2,...,xn)','xk',m)**

  Es ist zu sehen, dass die Berechnung partieller Ableitungen bzgl. einer Variablen analog zu Funktionen einer Variablen geschieht.

- *Gemischte partielle Ableitungen* werden durch *Schachtelung* von **diff** berechnet, so z.B.

  $$\frac{\partial^{m+r}}{\partial^m x_i \, \partial^r x_k} f(x_1, x_2, ..., x_n)$$ auf eine der folgenden Arten:

  Mit Kommando **syms** zur symbolischen Kennzeichnung der *Variablen* x1,x2,...,xn:

  \>\> **syms x1 x2 ... xn ; diff(diff(f(x1,x2,...,xn),xi,m),xk,r)**

  Ohne Verwendung von **syms** sind Funktion f(x1,x2,...,xn) und Variablen xi und xk als *Zeichenketten* zu kennzeichnen:

  \>\> **diff(diff('f(x1,x2,...,xn)','xi',m),'xk',r)**

- Werden alle *partiellen Ableitungen erster Ordnung* der Funktion f(x1,x2,...,xn) benötigt, so kann die MATLAB-Funktion **jacobian** in der Form

  syms x1 x2 ... xn ; **jacobian**(f(x1,x2,...,xn),[x1,x2,...,xn])

  eingesetzt werden (siehe Beisp.18.2c und Abschn.21.3).

Beispiel 18.2:

Illustration der Berechnung partieller Ableitungen anhand der Funktion f(x,y)=sin(x·y):

a) Die Ableitung $\dfrac{\partial^5 f(x,y)}{\partial x^5}$ fünfter Ordnung lässt sich auf folgende Arten berechnen:

>> syms x y ; diff(sin(x*y),x,5)   o d e r   >> diff('sin(x*y)','x',5)
ans = y^5*cos(x*y)   ans = y^5*cos(x*y)

b) Die gemischte partielle Ableitung $\dfrac{\partial^5 f(x,y)}{\partial x^2 \partial y^3}$ fünfter Ordnung lässt sich durch *Schachtelung* von **diff** auf folgende Arten berechnen:

>> syms x y ; diff(diff(sin(x*y),x,2),y,3)
ans = 6*x^2*y*sin(x*y)-6*x*cos(x*y)+x^3*y^2*cos(x*y)
>> diff(diff('sin(x*y)','x',2),'y',3)
ans = 6*x^2*y*sin(x*y)-6*x*cos(x*y)+x^3*y^2*cos(x*y)

c) Die beiden partiellen Ableitungen $\dfrac{\partial f(x,y)}{\partial x}$, $\dfrac{\partial f(x,y)}{\partial y}$ erster Ordnung lassen sich mittels **jacobian** folgendermaßen berechnen:

>> syms x y ; jacobian (sin(x*y),[x,y])
ans = [y*cos(x*y),x*cos(x*y)]

18.3 Numerische Berechnung von Ableitungen

Mittels MATLAB lassen sich Ableitungen von Funktionen auch numerisch (näherungsweise) berechnen.
Dies kann problematisch (fehlerbehaftet) sein, wie aus der Numerischen Mathematik bekannt ist.
Eine numerische Berechnung wird nur für Funktionen empfohlen, die durch Wertetabellen oder analytisch durch sehr komplizierte Funktionsausdrücke gegeben sind.
Für nicht komplizierte analytisch gegebene Funktionen sollten Ableitungen immer exakt (symbolisch) berechnet werden, da hier keine Fehler auftreten.

Die vordefinierte Funktion **diff** bietet MATLAB auch als *Numerikfunktion* an, wobei
>> y = **diff(x)**
die *Differenzen* zwischen den einzelnen Komponenten des Vektors **x** (n Komponenten) berechnet und diese als Vektor **y** (n-1 Komponenten) ausgibt.
Das folgende Beispiel illustriert die Arbeitsweise von **diff**:
>> x=[1,3,4,8] ; y=diff(x)
y = 2 1 4
Differentialquotienten können näherungsweise durch *Differenzenquotienten* ersetzt werden, wie z.B. für die 1.Ableitung

$$f'(x) = \lim_{\Delta x \to 0} \frac{f(x+\Delta x) - f(x)}{\Delta x} \approx \frac{f(x+\Delta x) - f(x)}{\Delta x}$$

Deshalb kann **diff** zur näherungsweisen Berechnung von Ableitungen einer Funktion in vorgegebenen Punkten eines Intervalls herangezogen werden, falls Δx hinreichend klein ist (siehe Beisp.18.3).

Beispiel 18.3:
Die *numerische Berechnung* der *1.Ableitung* der Funktion x^x aus Beisp.18.1 mittels Numerikfunktion **diff** geschieht mit Schrittweite 0.01 im Intervall [1,2] folgendermaßen:
>> **x=1:0.01:2 ; dy=diff(x.^x)./diff(x) ;**
wobei Folgendes zu beachten ist:
Der Vektor **dy** enthält die Zahlenwerte der näherungsweise berechneten 1.Ableitung in den mit der *Schrittweite* 0.01 berechneten Punkten des Intervalls [1,2].
Es sind die Zeichen **.^** und **./** für elementweise Durchführung der Rechenoperationen zu verwenden.
Die im Vektor **dy** berechneten Näherungswerte können mit den Werten der exakt berechneten 1.Ableitung durch Eingabe von >> **x.^x.*(log(x)+1)** verglichen werden, um einen Eindruck von den Fehlern zu erhalten.

18.4 Taylorentwicklung

Nach dem *Satz* von *Taylor* besitzt eine Funktion f(x) einer Variablen x, die mindestens (n+1)-mal in einem Intervall (x_0 -r, x_0 +r) stetig differenzierbar ist, folgende Eigenschaften:

- Sie besitzt im *Entwicklungspunkt* x_0 die *Taylorentwicklung* n-ter Ordnung

$$f(x) = \sum_{k=0}^{n} \frac{f^{(k)}(x_0)}{k!} \cdot (x-x_0)^k + R_n(x) \qquad \text{für } x \in (x_0 \text{-r}, x_0 \text{+r})$$

wobei das *Restglied* $R_n(x)$ in der *Form* von *Lagrange* folgende Gestalt hat:

$$R_n(x) = \frac{f^{(n+1)}(x_0 + \vartheta \cdot (x-x_0))}{(n+1)!} \cdot (x-x_0)^{n+1} \qquad (0 < \vartheta < 1)$$

- Das in der Taylorentwicklung vorkommende *Polynom* n-ten Grades

$$\sum_{k=0}^{n} \frac{f^{(k)}(x_0)}{k!} \cdot (x-x_0)^k$$

heißt *n-tes Taylorpolynom* von f(x) im *Entwicklungspunkt* x_0.

- Gilt für alle $x \in (x_0$ -r, x_0 +r) für das *Restglied* $\lim_{n \to \infty} R_n(x) = 0$, so lässt sich die Funktion f(x) durch die *Taylorreihe*

$$f(x) = \sum_{k=0}^{\infty} \frac{f^{(k)}(x_0)}{k!} \cdot (x-x_0)^k \quad \text{mit dem Konvergenzintervall } |x - x_0| < r \text{ darstellen.}$$

- Der Nachweis, dass sich eine *Funktion* f(x) in eine *Taylorreihe* entwickeln lässt, gestaltet sich i.Allg. schwierig (die Existenz der Ableitungen beliebiger Ordnung von f genügt hierfür nicht).
Für praktische Anwendungen reichen meistens *n-te Taylorpolynome* (für n=1,2,...), um Funktionen f(x) in der Nähe des Entwicklungspunktes x_0 durch *Polynome* n-ten Grades anzunähern.

Bei installierter Toolbox SYMBOLIC MATH ist die Funktion **taylor** vordefiniert, die in der Form

>> **syms** x ; **taylor**(f(x),n+1,x0,x)

das *n-te Taylorpolynom* bzgl. der Variablen x für die Funktion f(x) im *Entwicklungspunkt* x0 berechnet:
Das Kommando **syms** dient zur *Kennzeichnung* der *symbolischen Variablen* x.

Da sich die *Berechnung* von *Taylorpolynomen* per Hand mühsam gestaltet, liefert **taylor** ein wirksames Hilfsmittel, um Taylorpolynome auch für großes n problemlos berechnen zu können.

Des Weiteren lässt sich mittels >> **taylortool** die Benutzeroberfläche **Taylor Tool** aufrufen, mit deren Hilfe Taylorentwicklungen einfach durchführbar sind (siehe Beisp.18.4b).

Beispiel 18.4:

Für die Funktion $f(x)=\sqrt{1+x}$ werden *Taylorpolynome* mittels MATLAB berechnet:

a) Anwendung der MATLAB-Funktion **taylor**:

Taylorpolynom vom *Grade* n=4 im *Entwicklungspunkt* x0=0:

>> **syms x ; taylor(sqrt(1+x),5,0,x)**

ans = - (5*x^4)/128+x^3/16-x^2/8+x/2+1

d.h. das Polynom 4.Grades wird in absteigender Reihenfolge angezeigt.

Taylorpolynom vom *Grade* n=8 im *Entwicklungspunkt* x0=0:

>> **syms x ; taylor(sqrt(1+x),9,0,x)**

ans=-(429*x^8)/32768+(33*x^7)/2048-(21*x^6)/1024+(7*x^5)/256-(5*x^4)/128+ x^3/16-x^2/8+x/2+1

d.h. das Polynom 8.Grades wird in absteigender Reihenfolge angezeigt.

Die *grafische Darstellung* der gegebenen *Funktion* und ihrer *Taylorpolynome* vom Grade n=4 und n=8 (im Entwicklungspunkt 0) kann folgendermaßen erhalten werden:

>> **syms x ; ezplot(sqrt(1+x),[-2,4]) ; hold on**
>> **ezplot(taylor(sqrt(1+x),5,0,x),[-2,4]) ; hold on**
>> **ezplot(taylor(sqrt(1+x),9,0,x),[-2,4])**

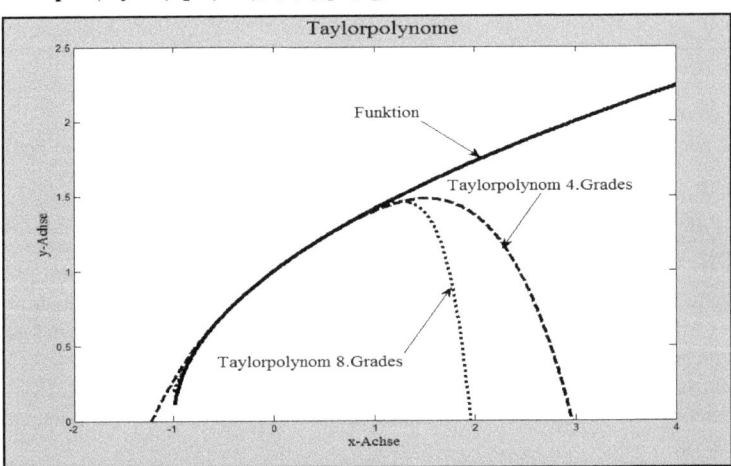

Abb.18.1: Grafikfenster von MATLAB mit der Funktion und ihren Taylorpolynomen aus Beisp.18.4

Die *Graphen* der *Funktion* und der beiden mittels **taylor** berechneten *Taylorpolynome* sind in Abb.18.1 dargestellt. Man sieht, dass die Taylorpolynome nur in der Umgebung des Entwicklungspunktes eine akzeptable Näherung für die Funktion bilden.

b) Anwendung der *Benutzeroberfläche* **Taylor Tool** zur Berechnung und grafischen Darstellung (im Intervall [-2,2]) des *Taylorpolynoms* vom *Grade* n=8 im *Entwicklungspunkt* x0=a=0, die in Abb.18.2 zu sehen ist.

Diese Benutzeroberfläche **Taylor Tool** wird mittel >> **taylortool** aufgerufen und hier bei

f(x)   die Funktion **sqrt**(1+x),
a=   der Entwicklungspunkt 0,
N   der Grad 8,
< x <   das Intervall [-2,2] für die grafische Darstellung

eingetragen.

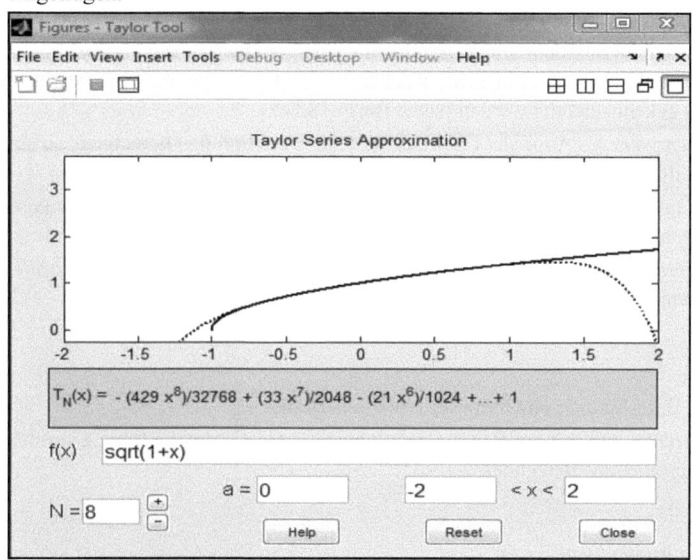

Abb.18.2: Benutzeroberfläche **Taylor Tool** mit der Funktion und ihrem Taylorpolynom aus Beisp.18.4

18.5 Grenzwertberechnung

Der (*beidseitige*) *Grenzwert* einer Funktion f(x) für x=a $\lim_{x \to a} f(x)$

existiert, wenn *linksseitiger Grenzwert* $\lim_{x \to a-0} f(x)$

und *rechtsseitiger Grenzwert* $\lim_{x \to a+0} f(x)$

existieren und beide übereinstimmen.

Bei der Berechnung von *Grenzwerten* können *unbestimmte Ausdrücke* der Form

$\dfrac{0}{0}$, $\dfrac{\infty}{\infty}$, $0 \cdot \infty$, $\infty - \infty$, 0^0 , ∞^0 , 1^∞ , ...   auftreten:

Für diesen Fall lässt sich die bekannte *Regel von de l'Hospital* unter gewissen Voraussetzungen anwenden. Diese Regel muss aber nicht in jedem Fall ein Ergebnis liefern.

Deshalb ist nicht zu erwarten, dass MATLAB bei der Berechnung von Grenzwerten immer erfolgreich ist.

Bei installierter Toolbox SYMBOLIC MATH ist die Funktion **limit** zur *exakten Berechnung* von *Grenzwerten* für mathematische Funktionen f(x) und damit auch für mathematische Ausdrücke A(n) vordefiniert, die folgendermaßen anzuwenden ist:

Berechnung des *beidseitigen Grenzwerts* der Funktion f(x) für x→a
>> **syms** x ; **limit**(f(x),x,a)

Berechnung des *linksseitigen Grenzwerts* der Funktion f(x) für x→a-0
>> **syms** x ; **limit**(f(x),x,a,'left')

Berechnung des *rechtsseitigen Grenzwerts* der Funktion f(x) für x→a+0
>> **syms** x ; **limit**(f(x),x,a,'right')

Bei Anwendung von **limit** ist Folgendes zu *beachten:*

- Das Kommando **syms** dient zur *Kennzeichnung* der *symbolischen Variablen* x. Falls a keine reelle Zahl, sondern ein symbolischer Parameter ist, so muss dieser ebenfalls durch **syms** gekennzeichnet werden (siehe Beisp.18.5c).
- Soll ein *Grenzwert* des *Ausdrucks* A(n) anstelle der Funktion f(x) berechnen, so sind lediglich f(x) durch A(n) und x durch n zu *ersetzen*.
- Für a kann auch **Inf** (*Unendlich*) eingesetzt werden, so dass *Grenzwertberechnungen* für x→±∞ bzw. n→±∞ möglich sind.
- Falls die *Grenzwertberechnung* mittels **limit** *versagt* oder das *Ergebnis überprüft* werden soll, können f(x) bzw. A(n) *gezeichnet* werden.

Beispiel 18.5:

Illustration der Berechnung von Grenzwerten mittels **limit**:

a) Folgende Grenzwerte, die auf Berechnung unbestimmter Ausdrücke führen, werden von MATLAB problemlos berechnet:

$$\lim_{x \to 0} x^{\sin x} = 1:$$

>> **syms** x ; **limit**(x^sin(x),x,0)
ans = 1

$$\lim_{x \to 0} \left(\frac{1}{\tan x} - \frac{1}{x} \right) = 0:$$

>> **syms** x ; **limit**(1/**tan**(x)-1/x,x,0)
ans = 0

$$\lim_{x \to \infty} \frac{x + \sin x}{x} = 1:$$

>> **syms** x ; **limit**((x+sin(x))/x,x,**Inf**)
ans = 1

b) Folgender *links-* und *rechtsseitiger Grenzwert*

$$\lim_{x \to -0} \frac{2}{1+e^{\frac{-1}{x}}} \to 0 \quad \text{bzw.} \quad \lim_{x \to +0} \frac{2}{1+e^{\frac{-1}{x}}} \to 2 \quad \text{werden } \textit{berechnet:}$$

```
>> syms x ; limit(2/(1+exp(-1/x)),x,0,'left')
ans = 0
>> syms x ; limit(2/(1+exp(-1/x)),x,0,'right')
ans = 2
```

Links- und rechtsseitiger Grenzwerte sind verschieden, so dass der *Grenzwert nicht existiert*. MATLAB zeigt dies durch Ausgabe der vordefinierten Konstanten **NaN** (Not-a-Number) an:

```
>> syms x ; limit(2/(1+exp(-1/x)),x,0)
ans = NaN
```

c) Berechnung des Grenzwerts $\lim_{x \to a} \frac{x-a}{x^2-a^2} = \frac{1}{2 \cdot a}$ mit *Parameter* a:

```
>> syms x a ; limit((x-a)/(x^2-a^2),x,a)
ans = 1/(2*a)
```

18.6 Fehlerrechnung

18.6.1 Einführung

Fehlereinflüsse auf Ergebnisse von Berechnungen (*Berechnungsfehler*) können bei praktischen Problemen nicht unberücksichtigt bleiben, da sie im ungünstigsten Fall zu falschen (unbrauchbaren) Ergebnissen führen. Man unterscheidet bei Berechnungsfehlern zwischen drei großen Klassen:

Modellierungsfehler
Diese entstehen, da bei mathematischer Modellierung praktischer Probleme nur Haupteigenschaften berücksichtigt werden können. Ihr Einfluss muss von Spezialisten der entsprechenden Fachgebiete eingeschätzt werden.

Rundungs-, Abbruch- und Konvergenzfehler
Ihr Auftreten bei numerischen Berechnungen wird im Abschn.3.3.2 diskutiert.

Messfehler
Ihr Einfluss auf numerische Berechnungen bildet den Gegenstand der *mathematischen Fehlerrechnung*, die im Folgenden vorgestellt wird:
Die für Berechnungen in Technik und Naturwissenschaften benötigten *Größen* werden meistens durch *Messungen* gewonnen, so dass *Messfehler* auftreten:
Auswirkungen der *Messfehler* von gemessenen Größen $x_1, x_2, ..., x_n$ lassen sich mathematisch *untersuchen*, wenn diese *unabhängige Variablen* eines *funktionalen Zusammenhangs* (z.B. physikalischen Gesetzes) $f(x_1, x_2, ..., x_n)$ sind.
Es stellt sich die Frage, wie *Messfehler* der Variablen $x_1, x_2, ..., x_n$ den über den funktionalen Zusammenhang f berechneten *Wert* $z = f(x_1, x_2, ..., x_n)$ *beeinflussen*.
Mittels *Differentialrechnung* lassen sich für z *Fehlerschranken* berechnen.
Die Problematik von Messfehlern wird im folgenden Beisp.18.6 illustriert und im Abschn. 18.6.2 wird eine Fehlerschranke hergeleitet, für deren Berechnung mittels MATLAB im Abschn.18.6.3 eine Funktionsdatei erstellt wird.

Beispiel 18.6:
Das *Volumen* V eines *Quaders* (Kiste) mit Länge l, Breite b und Höhe h berechnet sich aus der bekannten *Formel*   V=V(l,b,h)=l·b·h,
d.h. V ist eine *Funktion* der drei *Größen* (Variablen) l, b und h:
Soll das *Volumen* V durch *Messung* von *Länge*, *Breite* und *Höhe* bestimmt werden, so ergibt die Berechnung durch die Funktion V(l,b,h)=l·b·h einen *fehlerhaften Wert* für V, da die gemessenen Größen l, b und h mit *Messfehlern* behaftet sind.
Für *Messfehler* der Größen l, b und h lassen sich *Schranken* angeben, so dass auch für das berechnete *Volumen* V eine *Fehlerschranke* wünschenswert ist.

18.6.2 Berechnung von Fehlerschranken

Beisp.18.6 lässt bereits die Problematik der *mathematischen Fehlerrechnung* erkennen:
- Wie wirken sich *Fehler* (Änderungen) $\Delta x_1, \Delta x_2, ..., \Delta x_n$ (vektoriell $\Delta \mathbf{x}$)
  in den *Variablen* $x_1, x_2, ..., x_n$ (vektoriell $\mathbf{x}$)
  auf den daraus resultierenden *Fehler* (Änderung) Δz der Funktion $z = f(x_1, x_2, ..., x_n)$
  aus, d.h. welche *Genauigkeit* hat der für z erhaltene *Näherungswert* $\tilde{z}$:
  $\tilde{z} = z + \Delta z = f(x_1 + \Delta x_1, x_2 + \Delta x_2, ..., x_n + \Delta x_n) = f(\tilde{x}_1, \tilde{x}_2, ..., \tilde{x}_n)$ mit $\tilde{x}_i = x_i + \Delta x_i$,
  der sich vektoriell $\tilde{z} = z + \Delta z = f(\mathbf{x}+\Delta\mathbf{x}) = f(\tilde{\mathbf{x}})$ schreibt mit $\tilde{\mathbf{x}} = \mathbf{x}+\Delta\mathbf{x}$,
  wobei $\tilde{\mathbf{x}}$ die *Näherung* von $\mathbf{x}$ ist, die z.B. durch *fehlerhafte Messung* erhalten wird und $\tilde{z}$ den daraus erhaltenen Näherungswert der Funktion f darstellt.

- Da man für die *Fehler* (Messfehler) Δx_i i.Allg. keine exakten Werte kennt, sondern nur
  Schranken δ_i für den *absoluten Fehler* $|\Delta x_i|$, d.h. $|\Delta x_i| \leq \delta_i$
  lässt sich für den erhaltenen *Näherungswert* der Funktion $\tilde{z} = z + \Delta z$
  ebenfalls nur eine *Schranke* δ für den *absoluten Fehler* angeben: $|\Delta z| \leq \delta$

- Zur *Berechnung* derartiger *Schranken* δ kann eine *Taylorentwicklung* 1.Ordnung (siehe Abschn.18.4) mit Vernachlässigung des Restgliedes auf
  $\Delta z = f(x_1 + \Delta x_1, x_2 + \Delta x_2, ..., x_n + \Delta x_n) - f(x_1, x_2, ..., x_n) = f(\tilde{\mathbf{x}}) - f(\mathbf{x})$
  angewendet werden so dass die *Abschätzung*

  $$|\Delta z| \approx \left| \sum_{i=1}^{n} \frac{\partial f}{\partial x_i}(\tilde{\mathbf{x}}) \cdot \Delta x_i \right| \leq \sum_{i=1}^{n} \left| \frac{\partial f}{\partial x_i}(\tilde{\mathbf{x}}) \right| \cdot |\Delta x_i| \leq \sum_{i=1}^{n} \left| \frac{\partial f}{\partial x_i}(\tilde{\mathbf{x}}) \right| \cdot \delta_i = \delta$$

  folgt, die sich folgendermaßen interpretieren lässt:
  Sie liefert eine *Näherung* δ für eine *Schranke* des *absoluten Fehlers* $|\Delta z|$ von z.
  Eine *Schranke* für den *relativen Fehler* $\dfrac{|\Delta z|}{\tilde{z}}$ folgt hieraus problemlos.

18.6.3 Anwendung von MATLAB

Die im vorangehenden Abschn.18.6.2 gegebene Näherung $\delta = \sum_{i=1}^{n} \left| \dfrac{\partial f}{\partial x_i}(\tilde{\mathbf{x}}) \right| \cdot \delta_i$ für eine

Schranke des *absoluten Fehlers* $|\Delta z|$ lässt sich mit MATLAB einfach berechnen.
Es kann hierfür eine *Funktionsdatei* geschrieben werden (siehe Beisp.18.7):
Die Funktionsdatei wird für eine Funktion von drei Variablen erstellt und auf ein konkretes Problem angewandt.
Für Funktionen mehrerer Variabler ist die Vorgehensweise analog.
Beisp.18.7 kann als Vorlage zur Berechnung von Schranken des absoluten Fehlers mittels MATLAB für beliebige Probleme verwendet werden.

Beispiel 18.7:

a) Erstellung einer *Funktionsdatei* ABS_FEHLER.m für beliebige Funktionen mit bis zu 3 Variablen zur *Berechnung* einer Näherung δ für eine *Schranke* des *absoluten Fehlers*:

Die Funktion dreier Variablen wird in der Form F(x1,x2,x3), ihre drei partiellen Ableitungen in der Form Fx1(x1,x2,x3), Fx2(x1,x2,x3), Fx3(x1,x2,x3) geschrieben und die *Fehlerschranken* δ_1, δ_2 und δ_3 durch dx1, dx2 bzw. dx3 bezeichnet.

Damit ist für die Schranke δ folgender Ausdruck mittels MATLAB zu berechnen:

|Fx1(x1,x2,x3)|·dx1+|Fx2(x1,x2,x3)|·dx2+|Fx3(x1,x2,x3)|·dx3

Eine *Funktionsdatei* ABS_FEHLER.m kann hierfür folgendermaßen erstellt werden:
Die drei *Funktionsdateien* Fx1.m, Fx2.m und Fx3.m zur Berechnung der *partiellen Ableitungen* der Funktion F werden in der Form

function z=Fxi(x1,x2,x3)   (i=1,2,3)

z=... ;

geschrieben, wobei in jeder Datei für eine konkrete Funktion F nach z= die jeweilige *partielle Ableitung* einzutragen ist.

ABS_FEHLER.m kann in der Form

function z=ABS_FEHLER(x1,x2,x3,dx1,dx2,dx3)
z=**abs**(Fx1(x1,x2,x3))*dx1+**abs**(Fx2(x1,x2,x3))*dx2+**abs**(Fx3(x1,x2,x3))*dx3

geschrieben werden, wobei Folgendes für eine Anwendung zu beachten ist:
Alle Funktionsdateien Fx1.m, Fx2.m, Fx3.m und ABS_FEHLER.m sind in das gleiche Verzeichnis zu speichern, wofür sich das aktuelle Verzeichnis (Current Directory/Folder) von MATLAB anbietet.
Der Aufruf für konkrete Fehlerschrankenberechnungen geschieht in der Form
ABS_FEHLER(x1,x2,x3,dx1,dx2,dx3)
wobei für x1,x2,x3 die konkreten Werte (Messwerte) und für dx1,dx2,dx3 die bekannten Fehlerschranken einzusetzen sind.
ABS_FEHLER kann auch für weniger als drei Variablen angewandt werden. Es sind dann die jeweiligen partiellen Ableitungen gleich Null zu setzen.
Die vorgestellte Funktionsdatei ABS_FEHLER lässt sich ohne Mühe für mehr als drei Variablen umschreiben.

b) Illustration der Anwendung der Funktionsdatei ABS_FEHLER.m an einem Zahlenbeispiel für die Volumenberechnung aus Beisp.18.6:
Berechnung einer *oberen Schranke* für den *absoluten Fehler* des *Volumens*
V(l,b,h)=l·b·h
einer *Kiste*:

* Dieses Volumen ist eine *Funktion* der drei *Variablen* l (Länge), b (Breite) und h (Höhe), die im Folgenden mit x1, x2, x3 bezeichnet werden.

* Es wird angenommen, dass
  obere Schranken dl=db=dh=0.001·m
  für die *Messfehler* von Länge l, Breite b und Höhe h aufgrund des verwendeten Messgeräts gegeben sind, wobei als *Maßeinheit* Meter (m) verwendet wird.
* Die *Funktionsdateien* für die *partiellen Ableitungen* haben hierfür folgende Gestalt, wenn F die Funktion F(x1,x2,x3)=x1·x2·x3 für das Volumen bezeichnet:
  function z=Fx1(x1,x2,x3)   **function** z=Fx2(x1,x2,x3)   **function** z=Fx3(x1,x2,x3)
  z=x2*x3 ;   z=x1*x3 ;   z=x1*x2 ;
* Die Berechnung des *absoluten Fehlers* des Volumens V z.B. für konkrete Werte
  l=2 , b=3 , h=4 , dl=db=dh=0.001
  erfolgt durch Aufruf der Funktionsdatei ABS_FEHLER in der Form:
  >> ABS_FEHLER(2,3,4,0.001,0.001,0.001)
  ans = 0.0260
  Dies bedeutet, dass eine *Schranke* für den *absoluten Fehler* des Volumens $0.026\,m^3$ beträgt, wobei sich das Volumen zu $24\,m^3$ berechnet.

19 Integralrechnung mit MATLAB

Die *Integralrechnung* gehört neben der Differentialrechnung zu wichtigen Gebieten der Ingenieurmathematik, da sie in zahlreichen praktischen Problemen benötigt wird.

Während sich die Differentialrechnung mit lokalen Eigenschaften von Funktionen beschäftigt, befasst sich die Integralrechnung mit globalen Eigenschaften.

In der Physik sind Integrale u.a. zur Bestimmung von Schwerpunkten und Trägheitsmomenten (siehe Beisp.19.4a) erforderlich.

In der Mathematik werden Integrale u.a. zur Berechnung von Flächen- und Rauminhalten (siehe Beisp.19.4c) benötigt.

19.1 Einführung

Die *Lösung* des *Problems,* ob eine gegebene Funktion f(x) die *Ableitung* einer noch zu bestimmenden Funktion F(x) ist (d.h. F'(x)=f(x)), führt zur *Integralrechnung* für reelle Funktionen f(x) einer reellen Variablen x, wobei F(x) als *Stammfunktion* bezeichnet wird:

Offensichtlich stellt die *Integralrechnung* die *Umkehrung* der *Differentialrechnung* dar.

Die *Integralrechnung* hat die beiden *Fragen*

I. Besitzt jede stetige *Funktion* f(x) eine *Stammfunktion* F(x).

II. Wie lässt sich eine *Stammfunktion* F(x) für eine *gegebene Funktion* f(x) bestimmen.

zu *beantworten:*

Frage I lässt sich positiv beantworten, da jede auf einem Intervall [a,b] *stetige Funktion* f(x) eine *Stammfunktion* F(x) besitzt. Dies ist jedoch nur eine *Existenzaussage,* die keinen Berechnungsalgorithmus liefert.

Frage II lässt sich allgemein nicht positiv beantworten:

Es existiert *kein endlicher Algorithmus* zur *exakten Berechnung* von *Stammfunktionen* F(x) für *beliebige stetige Funktionen* f(x). Die Integralrechnung liefert Berechnungsalgorithmen nur für spezielle Klassen von Funktionen.

Dies ist ein wesentlicher *Unterschied* zur *Differentialrechnung*, die einen endlichen Algorithmus zur Berechnung von Ableitungen differenzierbarer Funktionen bereitstellt, die sich aus elementaren mathematischen Funktionen zusammensetzen.

19.2 Unbestimmte und bestimmte Integrale

Es gibt zwei Arten von Integralen, die eng miteinander zusammenhängen:

- *Unbestimmte Integrale* $\int f(x)\,dx$ (f(x) - Integrand , x - Integrationsvariable)

    bezeichnen die *Gesamtheit* von *Stammfunktionen* F(x) einer Funktion f(x), d.h. alle Funktionen F(x) mit F'(x)=f(x):
    Die Berechnung eines unbestimmten Integrals ist äquivalent zur Berechnung einer Stammfunktion, da sich alle für eine Funktion f(x) existierenden *Stammfunktionen* F(x) höchstens um eine *Konstante* (*Integrationskonstante*) C unterscheiden, d.h. es gilt

    $\int f(x)\,dx = F(x)+C$

- *Bestimmte Integrale* $\int_a^b f(x)\,dx$ (a , b - untere bzw. obere Integrationsgrenze)

    sind aufgrund des *Hauptsatzes* der *Differential-* und *Integralrechnung* durch die *Formel*

$$\int_a^b f(x)\,dx = F(b) - F(a) \qquad (F(x) \text{ - beliebige Stammfunktion von } f(x))$$

mit den zugehörigen *unbestimmten Integralen* $\int f(x)\,dx$ verbunden:

Der *Wert* (reelle Zahl) F(b)-F(a) eines *bestimmten Integrals* über dem *Integrationsintervall* [a,b] ist gegeben, wenn eine Stammfunktion F(x) des Integranden f(x) bekannt ist. Damit ist die Berechnung bestimmter Integrale auf die Berechnung zugehöriger unbestimmter Integrale zurückgeführt.

Der *Hauptsatz* liefert die *Formel* $\qquad F(x) = \int_a^x f(t)\,dt$

für die spezielle *Stammfunktion* F(x) von f(x) mit F(a)=0:

Die Formel hat nur symbolischen Charakter, da sie nicht zur exakten Berechnung von F(x) anwendbar ist.

Die Formel kann jedoch zur numerischen Berechnung von Stammfunktionen F(x) herangezogen werden, wie im Beisp.19.2d illustriert ist.

Aufgrund der vorgestellten Fakten kann nicht erwartet werden, dass MATLAB zu jeder stetigen Funktion f(x) eine *Stammfunktion* exakt berechnen kann.

19.2.1 Berechnung unbestimmter Integrale

Die Integralrechnung kann nicht jedes unbestimmte Integral exakt berechnen, kennt aber eine Reihe von *Methoden* wie
partielle Integration
Partialbruchzerlegung (für gebrochenrationale Funktionen)
Substitution
um für *spezielle Integranden* f(x) erfolgreich zu sein. Dies gilt auch für die Anwendung von MATLAB.

MATLAB bietet bei installierter Toolbox SYMBOLIC MATH folgende Möglichkeiten zur *exakten Berechnung unbestimmter Integrale* mit Integrand f(x) und Integrationsvariablen x:
Anwendung der vordefinierten Funktion **int** in einer der Formen
>> **syms** x ; **int**(f(x),x)   o d e r   >> **int**('f(x)','x')
wobei Folgendes zu beachten ist:
Der Integrand f(x) kann direkt eingegeben werden oder muss als Funktionsdatei f.m vorliegen.
Integrand f(x) und Integrationsvariable x sind als Zeichenketten einzugeben, falls x nicht mittels **syms** als symbolisch gekennzeichnet ist.
int berechnet das Ergebnis ohne Integrationskonstante.

Wenn **int** kein Ergebnis berechnet, werden das *Integral unverändert* und eine Meldung *ausgegeben* (siehe Beisp.19.1d). In diesem Fall kann eine *numerische Berechnung* herangezogen werden, wie im Beisp.19.2d illustriert ist.

Die mittels **>> funtool** aufzurufende *Benutzeroberfläche* für *symbolische Berechnungen* kann ebenfalls angewandt werden. Diese Benutzeroberfläche wird im Abschn.3.3.3 und Beisp.18.1 vorgestellt und im Beisp.19.1a zur Berechnung von Integralen eingesetzt.

In einigen Fällen lässt sich das *Scheitern* der exakten Berechnung von Integralen *vermeiden*, wenn der *Integrand* f(x) vor Anwendung von MATLAB per Hand *vereinfacht* wird:
Gebrochenrationale Funktionen in *Partialbrüche* zerlegen (siehe Abschn.14.6).
Gängige *Substitutionen* durchführen.

Beispiel 19.1:
Illustration der *exakten Berechnung unbestimmter Integrale:*

a) $\int x \cdot \sin x \, dx = \sin x - x \cdot \cos x$ ist durch *partielle Integration* berechenbar und lässt sich mittels MATLAB folgendermaßen berechnen:

Anwendung von **int**:

>> **syms x ; int(x*sin(x),x)**   o d e r   >> **int('x*sin(x)','x')**
ans = sin(x)-x*cos(x)   **ans = sin(x)-x*cos(x)**

Aufruf der *Benutzeroberfläche* für *symbolische Berechnungen* mittels **>> funtool**:
Bei f= ist der Integrand x*sin(x) einzutragen.

Das Anklicken von [int f] löst die Berechnung des Integrals aus, wobei das *Ergebnis* wieder bei f= zu finden ist, wie folgende Abbildung zeigt:

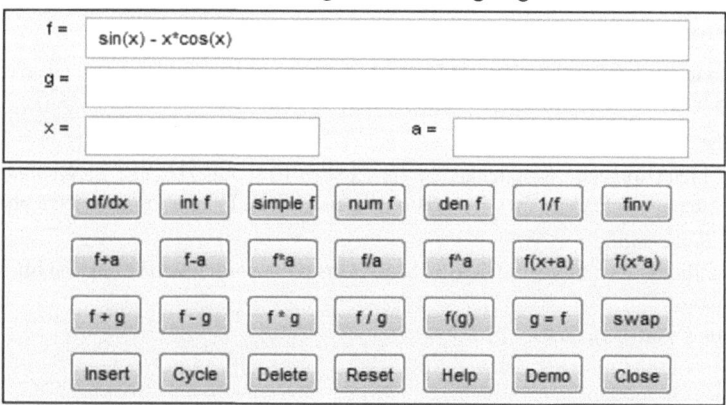

b) Berechnung unbestimmter Integrale, deren Integrand *gebrochenrationale Funktionen* sind. Hierfür ist die *Partialbruchzerlegung* anwendbar.

$\int \dfrac{1}{x^4 + x^3 - 7 \cdot x^2 - x + 6} \, dx$ wird mittels **int** *exakt berechnet:*

>> **syms x ; int(1/(x^4+x^3-7*x^2-x+6),x)**
ans = log(x+1)/12-log(x-1)/8+log(x-2)/15-log(x+3)/40

$$\int \frac{1}{x^4 + 4 \cdot x + 1} \, dx \qquad \text{wird mittels \textbf{int} nicht \textit{exakt berechnet:}}$$

\>\> **syms** x ; **int**(1/(x^4+4*x+1),x)

ans =

Das von MATLAB angezeigte Ergebnis ist nicht verwendbar, da noch Nullstellen eines Polynoms vierten Grades zu berechnen sind.

Dieses Beispiel lässt bereits erkennen, dass MATLAB Integrale mittels *Partialbruchzerlegung* nur *exakt berechnen* kann, wenn die Nullstellen des Nennerpolynoms einfach zu bestimmen sind. Obwohl bis zum 4.Grad eine Lösungsformel existiert (siehe Abschn.17.3.1), wird das zweite Integral nicht berechnet, da das Nennerpolynom komplexe und nichtganzzahlige reelle Nullstellen besitzt. Das erste Integral berechnet MATLAB, da das Nennerpolynom nur ganzzahlige Nullstellen -3, -1, 1 und 2 besitzt.

c) Berechnung eines unbestimmten Integrals, dessen *Integrand* $a \cdot x^2 + b \cdot x + c$

von *symbolischen Parametern* a, b und c abhängt:

\>\> **syms** x a b c ; **int**(a*x^2+b*x+c,x)

ans = (a*x^3)/3+(b*x^2)/2+c*x

d) $\int x^x \, dx$ \qquad wird mittels **int** *nicht exakt berechnet:*

\>\> **syms** x ; **int**(x^x,x)

Warning: Explicit integral could not be found.

ans = int(x^x,x)

Da für diesen Integranden keine Stammfunktion existiert, die sich aus elementaren mathematischen Funktionen zusammensetzt, ist eine numerische Berechnung anzuwenden, die im Beisp.19.2d durchgeführt wird.

19.2.2 Berechnung bestimmter Integrale

Da die exakte Berechnung bestimmter Integrale auf der unbestimmter beruht, gilt das dort gesagte auch für die Anwendung von MATLAB.

MATLAB bietet folgende Möglichkeiten zur *exakten* bzw. *numerischen Berechnung* bestimmter Integrale (Integrand f(x), Integrationsvariable x und Integrationsgrenzen a und b):

- *Exakte Berechnung:*
  Bei installierter Toolbox SYMBOLIC MATH kann die vordefinierte Funktion **int** in der Form

  \>\> **syms** x ; **int**(f(x),x,a,b)

  o d e r

  \>\> **int**('f(x)','x',a,b)

  angewandt werden, wobei Folgendes zu beachten ist:

Der Integrand f(x) kann direkt eingegeben werden oder muss als Funktionsdatei f.m vorliegen.

Integrand f(x) und Integrationsvariable x sind als Zeichenketten zu schreiben, falls x nicht mittels **syms** als symbolisch gekennzeichnet ist.

Für die *Integrationsgrenzen* a und b sind konkrete Zahlen einzugeben.

Falls der Integrand *symbolische Parameter* c,d,... enthält und *symbolische Integrationsgrenzen* a und b auftreten, kann **int** in der Form

>> syms x a b c d ... ; int(f(x,c,d,...),x,a,b)

angewandt werden, d.h. neben der Integrationsvariablen x sind Parameter c,d,... und Integrationsgrenzen a und b mittels **syms** als *symbolisch* zu kennzeichnen (siehe Beisp.19.2b).

- *Numerische Berechnung:*

  Es werden drei vordefinierte *Numerikfunktionen* **trapz**, **quad** und **quadl** vorgestellt, für die der Integrand f(x) direkt einzugeben ist oder als Funktionsdatei f.m vorliegen muss:

  * >> **trapz(x,y)**   wendet eine *Trapezregel* an:

    Als Argumente werden Zeilenvektoren **x** und **y** mit gleicher Komponentenzahl benötigt, die x-Werte aus dem Integrationsintervall [a,b] bzw. dazugehörige Funktionswerte y=f(x) des Integranden enthalten. Vektor **y** lässt sich aus Vektor **x** mittels
    >> y=f(**x**) berechnen, da MATLAB matrixorientiert arbeitet.

    Es werden i.Allg. n gleichabständige x-Werte mit Schrittweite h verwendet, so dass sich der Vektor **x** auf eine der folgenden Arten erzeugen lässt:

    >> x=a:h:b   oder   >> x=**linspace**(a,b,n)

    Schrittweite h und Anzahl n der x-Werte berechnen sich aus n=(b-a)/h:
    Deshalb kann entweder h oder n vorgegeben werden.

    Da h bzw. n die Genauigkeit beeinflussen, sollte **trapz** mit verschiedenen Werten angewandt und die erhaltenen Ergebnisse verglichen werden.

  * >> **quad**('f(x)',a,b)   wendet adaptive *Simpson-Quadraturformeln* an.

  * >> **quadl**('f(x)',a,b)   wendet adaptive *Lobatto-Quadraturformeln* an.

    Bei den Numerikfunktionen können *Optionen* im Argument angegeben werden. Hierzu wird auf die MATLAB-Hilfe verwiesen.

Mit *Numerikfunktionen* zur Berechnung bestimmter Integrale lassen sich näherungsweise *Stammfunktionen* F(x) in einzelnen Punkten x *berechnen*, wenn die aus dem Hauptsatz der Differential- und Integralrechnung folgende Formel

$$F(x) = \int_a^x f(t)\,dt \qquad \text{herangezogen wird:}$$

Das bestimmte Integral der Formel lässt sich für benötigte x-Werte numerisch berechnen, so dass eine *Liste* von *Funktionswerten* für die *gesuchte Stammfunktion* F(x) erhalten wird, d.h. eine *tabellarische Darstellung* (siehe Beisp.19.2d).

Die erhaltene tabellarische Darstellung von F(x) kann

mittels MATLAB *grafisch dargestellt* werden,

durch *analytisch gegebene Funktionen* mittels *Interpolation* oder *Quadratmittelapproximation angenähert* werden (siehe Abschn.12.5).

Beispiel 19.2:

a) Berechnung des bestimmten Integrals $\displaystyle\int_0^\pi x\cdot\sin(x)\,dx = \pi$

für das im Beisp.19.1a das zugehörige unbestimmte Integral berechnet wird:

Exakte Berechnung mittels **int**, wofür eine der folgenden Formen möglich sind:

>> **syms x ; int(x∗sin(x),x,0,pi)**   o d e r   >> **int('x∗sin(x)','x',0,pi)**

ans = pi   **ans = pi**

Numerische Berechnung mittels **trapz**, **quad** und **quadl**:

trapz

>> **x=0:0.01:pi ; trapz(x,x.∗ sin(x))**

ans = 3.1416

quad   o d e r   **quadl**

>> **quad('x.∗ sin(x)',0,pi)**   >> **quadl('x.∗sin(x)',0,pi)**

ans = 3.1416   **ans = 3.1416**

Es ist zu beachten, dass alle *Rechenoperationen* im konkreten Integranden *elementweise* durchzuführen sind, d.h. hier die *elementweise Multiplikation* **.∗** .

b) Die geleistete Arbeit A, um ein Gas vom Volumen v1 auf ein Volumen v2 zu komprimieren, berechnet sich mittels des bestimmten Integrals

$$A = \int_{v1}^{v2} p\,dv$$

wobei $p\cdot v^n = c$ gilt (c=konstant), d.h. es ist folgendes Integral zu berechnen:

$$\int_{v1}^{v2}\frac{c}{v^n}\,dv = \begin{cases} c\cdot\ln(v2/v1) & \text{für } n = 1 \\ \dfrac{c}{1-n}\cdot(v2^{1-n} - v1^{1-n}) & \text{für } n > 1 \end{cases}$$

Die exakte Berechnung mittels **int** ergibt Folgendes:

∗ Allgemein treten Schwierigkeiten wegen der symbolischen Größen v1, v2 und n auf, da MATLAB nicht weiß, dass n positiv und ganzzahlig und die Integrationsgrenzen v1 und v2 positiv sind. Eine weitere Schwierigkeit besteht darin, dass für n=1 und n>1 die Integration unterschiedliche Ergebnisse liefert:

Wenn statt v1 und v2 der Betrag eingegeben wird, um die Positivität zu gewährleisten, berechnet MATLAB das Ergebnis:

>> **syms v v1 v2 c n ; int(c/v^n,v,abs(v1),abs(v2))**

ans = piecewise ([n=1 , -c∗(log(abs(v1))-log(abs(v2)))] , [n<>1 , (c∗(abs(v1)^(1-n)

- abs(v2)^(1-n))/(n-1)] , [Re(n)<1 and abs(v2)=1 and v1=0 , -c/(n-1)])

Es ist zu sehen, dass MATLAB zwischen n=1 und n≠1 unterscheidet, da hierfür die Integralberechnung unterschiedlich ist. Da MATLAB nicht weiß, dass n reell ist, wird noch der Fall **Re**(n)<1 angegeben.

∗ Für konkretes n wird das Ergebnis problemlos berechnet, wie z.B. für n=1 und n=3:

n=1:
>> **syms** v v1 v2 c ; **int**(c/v,v,**abs**(v1),**abs**(v2))
ans = -c*(**log**(**abs**(v1))-**log**(**abs**(v2)))
n=3
>> **syms** v v1 v2 c ; **int**(c/v^3,v,**abs**(v1),**abs**(v2))
ans = c/(2***abs**(v1)^2)-c/(2***abs**(v2)^2)

c) Das *bestimmte Integral* $\int_{1}^{2} x^x \, dx$ wird von MATLAB nicht exakt berechnet:

>> **syms** x ; **int**(x^x,x,1,2)
Warning: Explicit integral could not be found.
ans = **int**(x^x,x=1..2)

Das Integral wird unverändert mit einer Meldung der Nichtberechenbarkeit ausgegeben, so dass nur eine *numerische Berechnung* mit den Numerikfunktionen **trapz**, **quad** oder **quadl** möglich ist. Unter Beachtung, dass die *Potenzierung* als *elementweise Rechenoperation* **.^** zu schreiben ist, geschieht deren Anwendung folgendermaßen:

Anwendung von **trapz** mit *Schrittweite* 0.001:
>> **x=1:0.001:2** ; **trapz(x,x.^x)**
ans = 2.0504

Anwendung von **quad**   o d e r   **quadl**
>> **quad('x.^x',1,2)**   >> **quadl('x.^x',1,2)**
ans = 2.0504   **ans** = 2.0504

d) Die grafische Darstellung der *Stammfunktion* F(x) mit Eigenschaft F(1)=0 für die Funktion $f(x) = x^x$ aus Beisp.19.1d ist in folgender Abbildung zu sehen:

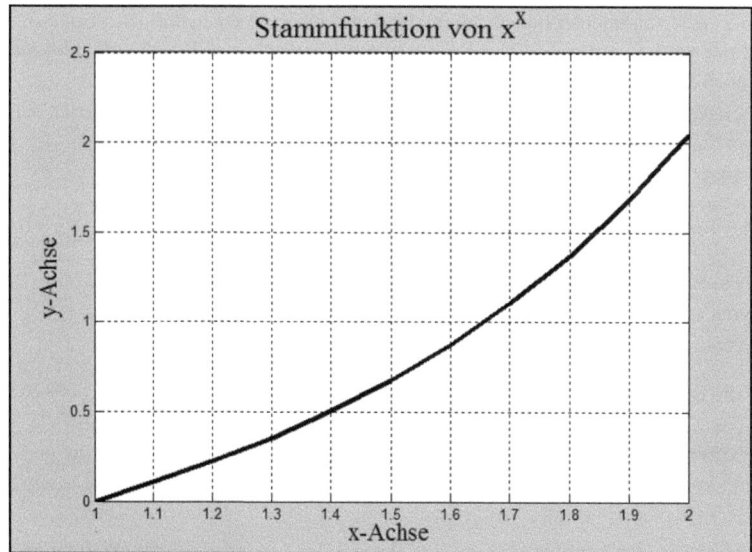

Die *numerische Berechnung* dieser Stammfunktion im Intervall [1,2] mit Schrittweite 0.1 gelingt unter Verwendung der Formel

$$F(x) = \int\limits_1^x t^t \, dt$$

folgendermaßen:

Anwendung der MATLAB-Funktion **quad** in einer **for**-Schleife:

`>> x=1:0.1:2 ; for i=1:11 integral(i)=quad('t.^t',1,x(i)) ; end ;`

Damit werden Näherungswerte für F(x) für die 11 x-Werte 1, 1.1, 1.2,...,2 berechnet.
Die *berechneten Näherungswerte* für F(x) stehen im Vektor **integral**.
Die anschließende Eingabe der MATLAB-*Grafikfunktion*

`>> plot(x,integral)`

zeichnet die für die 11 x-Werte berechneten *Funktionswerte* von F(x) und *verbindet* die *Punkte* durch *Geradenstücke*, wie aus obiger Abbildung ersichtlich ist.

19.3 Uneigentliche Integrale

Es gibt drei Formen *uneigentlicher Integrale:*

I. Das *Integrationsintervall* ist *unbeschränkt*, z.B. $\quad \int\limits_1^\infty \dfrac{1}{x^3} dx$

II. Der *Integrand* ist im Integrationsintervall [a,b] *unbeschränkt*, z.B. $\quad \int\limits_{-1}^1 \dfrac{1}{x^2} dx$

III. Sowohl *Integrationsintervall* als auch *Integrand* sind *unbeschränkt*, z.B. $\quad \int\limits_{-\infty}^\infty \dfrac{1}{x} dx$

Die Berechnung uneigentlicher Integrale wird auf die Berechnung bestimmter (eigentlicher) Integrale unter Verwendung von Grenzwerten zurückgeführt:
Bei allen Typen von uneigentlichen Integralen kann im Konvergenzfall die *exakte Berechnung* mit der vordefinierten MATLAB-Funktion **int** versucht werden, die als *Integrationsgrenzen* auch ±∞ zulässt (siehe Beisp.19.3).
Die numerische Berechnung uneigentlicher Integrale gestaltet sich komplizierter, so dass hierauf verzichtet wird.

Beispiel 19.3:

a) Für das *konvergente uneigentliche Integral* $\quad \int\limits_1^\infty \dfrac{1}{x^5} dx = 1/4$

kann die Berechnung direkt mittels **int** folgendermaßen geschehen:

`>> syms x ; int(1/x^5,1,Inf)`

ans = 1/4

kann die Berechnung in der Form $\quad \lim\limits_{s \to \infty} \int\limits_1^s \dfrac{1}{x^5} dx$

als bestimmtes Integral mit anschließender Grenzwertberechnung mittels **int** und **limit** folgendermaßen geschehen:

```
>> syms s x ; limit(int(1/x^5,1,s),s,Inf)
ans = 1/4
```

b) Für das *divergente uneigentliche Integral* $\displaystyle\int_{1}^{\infty}\frac{1}{x}\,dx$

erkennt int die *Divergenz* und gibt **Inf** (∞) aus:
```
>> syms x ; int(1/x,1,Inf)
ans = Inf
```

c) Wenn das *divergente uneigentliche Integral* $\displaystyle\int_{-1}^{1}\frac{1}{x^2}\,dx$

formal integriert wird, ohne zu erkennen, dass der Integrand bei x=0 unbeschränkt ist, wird das *falsche Ergebnis* -2 erhalten. **int** erkennt die *Divergenz* und gibt **Inf** (∞) als Ergebnis aus:
```
>> syms x ; int(1/x^2,-1,1)
ans = Inf
```

☞

Zusammenfassend lässt sich zur *Berechnung uneigentlicher Integrale* mittels MATLAB sagen, dass sich eine Überprüfung empfiehlt, wenn ein Ergebnis geliefert wird. Diese kann u.a. durch eine Behandlung als *bestimmtes* (*eigentliches*) *Integral* mit anschließender *Grenzwertberechnung* erfolgen (siehe Beisp.19.3a).

19.4 Mehrfache Integrale

Im Folgenden wird die Berechnung *mehrfacher Integrale* am Beispiel

zweifacher Integrale (*Doppelintegrale*) $\qquad \displaystyle\iint_{D} f(x,y)\,dx\,dy$

dreifacher Integrale $\qquad \displaystyle\iiint_{G} f(x,y,z)\,dx\,dy\,dz$

betrachtet, wobei D und G beschränkte Gebiete in der *Ebene* bzw. im *Raum* sind:
- Die *exakte Berechnung* mehrfacher Integrale führt die Integralrechnung auf die *Berechnung mehrerer einfacher Integrale* zurück, so dass die MATLAB-Funktion **int** aus Abschn.19.2.2 durch Schachtelung anwendbar ist. Dabei erhöht eine vorher per Hand durchgeführte Koordinatentransformation häufig die Effektivität (siehe Beisp.19.4c).
- Zur *numerischen Berechnung zweifacher* und *dreifacher Integrale* über rechteckigen Gebieten sind in MATLAB die Funktionen **dblquad** bzw. **triplequad** vordefiniert, die im Folgenden vorgestellt werden.
- Wie Numerikfunktionen von MATLAB zur Berechnung einfacher Integrale auf mehrfache Integrale anwendbar sind, wird im Beisp.19.4b illustriert.

In MATLAB sind zur *numerischen Berechnung* folgende Funktionen vordefiniert:
- Für *zweifache Integrale* der Form

$\displaystyle\int_{c}^{d}\int_{a}^{b} f(x,y)\,dx\,dy \qquad$ über dem Rechteck [a,b]×[c,d]

ist die Numerikfunktion **dblquad** in der Form
```
>> dblquad('f(x,y)',a,b,c,d)
```
anzuwenden:

dblquad verwendet die Funktion **quad** zur Berechnung einfacher Integrale.
Wie bei zweifachen Integralen über allgemeineren Gebieten vorgegangen werden kann, wird im Beisp.19.4b illustriert.

- Für *dreifache Integrale* der Form

$$\int_e^g \int_c^d \int_a^b f(x,y,z) \, dx \, dy \, dz \qquad \text{über dem Quader } [a,b] \times [c,d] \times [e,g]$$

ist die Numerikfunktion **triplequad** in der Form

\>\> **triplequad**('f(x,y,z)',a,b,c,d,e,g)

anzuwenden, die u.a. die Funktion **quadl** zur Berechnung einfacher Integrale einsetzt.

Beispiel 19.4:

Illustration der *exakten* und *numerischen Berechnung mehrfacher Integrale*. Die Beispiele zeigen, dass MATLAB bzgl. der Berechnung mehrfacher Integrale noch verbesserbar ist:

a) Berechnung des *Massenträgheitsmoments* bzgl. einer *Kante* des im ersten Oktanten liegenden *Würfels* $0 \leq x \leq a$, $0 \leq y \leq a$, $0 \leq z \leq a$ mit Kantenlänge a>0 und Dichte ρ=1:
Wenn die Bezugskante in der z-Achse liegt, berechnet sich das gesuchte *Trägheitsmoment* I_z durch folgendes *dreifache Integral*:

$$I_z = \int_{z=0}^a \int_{y=0}^a \int_{x=0}^a (x^2 + y^2) \, dx \, dy \, dz$$

Exakte Berechnung durch Schachtelung von **int**:
Mit symbolischen Integrationsgrenzen a lässt sich das Integral nur exakt berechnen.
Bei Schachtelung von **int** ist zu beachten, dass die richtige *Berechnungsreihenfolge* von innen nach außen eingehalten wird, d.h. folgende Anwendung:

\>\> **syms** x y z a ; **int**(**int**(**int**(x^2+y^2,x,0,a),y,0,a),z,0,a)
ans = (2*a^5)/3

Da die Integration bzgl. z sofort durchgeführt werden kann, gilt:

$$\int_{z=0}^a \int_{y=0}^a \int_{x=0}^a (x^2 + y^2) \, dx \, dy \, dz = \int_{y=0}^a \int_{x=0}^a (x^2 + y^2) \, dx \, dy$$

so dass für konkretes a (z.B. a=1) sowohl mittels **dblquad** als auch **triplequad** die numerische Berechnung durchgeführt werden kann:

\>\> **dblquad**('x.^2+y.^2',0,1,0,1)
ans = 0.6667
\>\> **triplequad**('x.^2+y.^2+0*z',0,1,0,1,0,1)
ans = 0.6667

Bei der Anwendung von **triplequad** muss der Integrand von drei Variablen x, y und z abhängen, so dass für das gegebene Beispiel der Ausdruck 0·z addiert wird, der den Integranden nicht verändert.

b) Berechnung des zweifachen Integrals $\int_0^1 \int_0^y \sin(x+y) \, dx \, dy$

mit einem nichtrechteckigen Integrationsbereich, so dass **dblequad** nicht anwendbar ist:

Exakte Berechnung mittels **int**:
>> syms x y ; int(int(sin(x+y),x,0,y),y,0,1)
ans = sin(1)-sin(2)/2

Numerische Berechnung mittels **quad** und **trapz**:
Zuerst wird die *numerische Integration* in x-Richtung zwischen 0 und y numerisch mittels **quad** z.B. für 15 y-Werte durchgeführt. Deshalb steht als *dritte Option* y(i) im Argument von **quad**, wobei vorher fehlende Optionen durch Klammern [] zu kennzeichnen sind:
>> y = linspace(0,1,15) ;
>> for i=1:15 integral(i)=quad('sin(x+y)',0,y(i),[],[],y(i)) ; end ;
Abschließend wird bzgl. y mittels **trapz** numerisch integriert.
>> dintegral = trapz(y,integral)
dintegral = 0.3872

c) Das *Volumen* $18 \cdot \pi$ einer *Halbkugel* mit Radius 3 wird durch das dreifache Integral

$$\int_{-3}^{3} \int_{-\sqrt{9-x^2}}^{\sqrt{9-x^2}} \int_0^{\sqrt{x^2+y^2}} dz \, dy \, dx$$

berechnet, das durch Integration bzgl. z auf folgendes zweifache Integral

$$\int_{-3}^{3} \int_{-\sqrt{9-x^2}}^{\sqrt{9-x^2}} \sqrt{x^2+y^2} \, dy \, dx$$

führt, das **int** mittels
>> syms x y ; int(int(sqrt(x^2+y^2),y,-sqrt(9-x^2),sqrt(9-x^2)),x,-3,3)
nicht exakt berechnen kann:
Es wird die Fehlermeldung *Warning: Explicit integral could not be found* angezeigt.
Erst eine *Koordinatentransformation* per Hand mittels *Polarkoordinaten*
x=r·cos φ , y=r·sin φ liefert das einfachere zweifache Integral $\int_0^{2\pi} \int_0^3 r^2 \, dr \, d\varphi$,

das **int** *exakt berechnet*:
>> syms r phi ; int(int(r^2,r,0,3),phi,0,2*pi)
ans = 18*pi

20 Reihen (Summen) und Produkte mit MATLAB

20.1 Einführung

Reihen (Summen) und *Produkte* treten bei einer Reihe von Problemen der Ingenieurmathematik auf, wobei ein wesentlicher Unterschied zwischen *endlichen* und *unendlichen Reihen* und *Produkten* besteht.

20.2 Endliche Reihen (Summen) und Produkte

Endliche Reihen (*Summen*) und *Produkte* reeller Zahlen werden von MATLAB problemlos *berechnet*, da nur eine endliche Anzahl von Rechenoperationen erforderlich ist, d.h. ein endlicher Algorithmus vorliegt.

20.2.1 Endliche Reihen (Summen)

Endliche Summen haben die Form
$$S_n = \sum_{k=m}^{n} a_k = a_m + a_{m+1} + \ldots + a_n$$

mit n−m+1 *Gliedern* (*reellen Zahlen*) $a_k = f(k)$ (k = m, m+1,..., n ; m<n)
und sind folgendermaßen charakterisiert:
Sie werden als *endliche Reihen* bezeichnet und S_n als *Reihensumme*.
Die ganzen Zahlen m und n heißen unterer bzw. oberer *Summationsindex*.
Die Glieder a_k der Reihe werden durch die Funktion f(k) bestimmt, die das *Bildungsgesetz* der Reihe beinhaltet.

MATLAB gestattet *exakte* bzw. *numerische Berechnung* endlicher Reihen:
- *Exakte Berechnung:*
  Sie ist nur bei installierter Toolbox SYMBOLIC MATH möglich. Hier ist die Funktion **symsum** vordefiniert, die folgendermaßen anzuwenden ist, wenn das Bildungsgesetz f(k) für die Reihenglieder vorliegt:
  Wenn m und n konkrete ganze Zahlen sind, wird die Reihe mittels
  `>> syms k ; symsum(f(k),m,n)`
  berechnet, wobei k mittels **syms** als *symbolisch* zu kennzeichnen ist.
  Falls m und n *symbolische Parameter* sind, wird die Reihe mittels
  `>> syms k m n ; symsum(f(k),m,n)`
  berechnet, wobei k, m und n mittels **syms** als *symbolisch* zu kennzeichnen sind.
- *Numerische Berechnung:*
  Hierfür ist die Funktion **sum** vordefiniert, die folgendermaßen anzuwenden ist:
  `>> sum(x)`
  berechnet die *Summe* der *Komponenten* des Zeilen- oder Spaltenvektors **x**.
  Zur Berechnung einer endlichen Reihe mit Bildungsgesetz f(k) lässt sich **sum** für konkrete Zahlenwerte m und n folgendermaßen anwenden:
  Es ist ein Vektor **x** zu erzeugen, dessen n−m+1 Komponenten x(k) sich aus f(k) berechnen.
  Die Erzeugung von **x** und numerische Berechnung der Reihensumme mittels **sum** kann auf folgende zwei Arten geschehen (siehe Beisp.20.1a):
  I. `>> k=m:n ; x=f(k) ; sum(x)`
     Hier sind zur Erzeugung von **x** in f(**k**) die Zeichen für elementweise Rechenoperationen zu verwenden.

II. >> **for** k=m:n ; x(k)=f(k) ; **end** ; **sum(x)**

Hier geschieht die Erzeugung von **x** unter Verwendung einer **for**-Schleife.

>> **sum(a:b:c)** (a, b, c - reelle Zahlen mit a<c)

berechnet unter Verwendung des *Doppelpunktoperators* **:** (siehe Abschn.7.3) die *Summe* der *Zahlen* zwischen a und c mit *Schrittweite* b.

Wird **sum** auf eine *Matrix* angewandt, so werden deren *Spaltensummen* berechnet.

Beispiel 20.1:

Illustration der exakten und numerischen Berechnung endlicher Reihen mittels MATLAB:

a) Die endliche Reihe $\sum_{k=1}^{10} \frac{1}{k} = \frac{7381}{2520}$ kann folgendermaßen berechnet werden:

Exakte Berechnung mittel **symsum**:
>> **syms** k ; **symsum**(1/k,1,10)
ans = 7381/2520

Numerische Berechnung mittels **sum** auf eine der beiden Arten:

I. >> **k=1:10 ; x=1./k ; sum(x)**
ans = 2.9290

II. >> **for** k=1:10 ; x(k)=1/k ; **end** ; **sum(x)**
ans = 2.9290

b) *Numerische Berechnung* der *Summe* der *Komponenten* des Zeilenvektors (1/3,2,3,4,5,6,7,8,9) mittels **sum**:
>> **x=[1/3,2,3,4,5,6,7,8,9] ; sum(x)**
ans = 44.3333

c) **symsum** kann endliche Reihen exakt berechnen, wenn m und n *symbolische Parameter* sind, wie am Beispiel der Reihe $\sum_{k=m}^{n} k$ zu sehen ist:
>> **syms** k m n ; **symsum**(k,m,n)
ans = (n*(n+1))/2-(m*(m-1))/2

d) Berechnung der *Summe* der 11 *Zahlen* zwischen 1 und 2 mit *Schrittweite* 0.1, d.h. der Summe 1+1.1+1.2+1.3+...+2 mittels **sum**:
>> **sum(1:0.1:2)**
ans = 16.5000

e) Anwendung von **sum** auf eine *Matrix* **A** vom Typ (2,3):
>> **A=[1,2,3;4,5,6]**
A =
1 2 3
4 5 6
>> **sum(A)**
ans = 5 7 9

Es ist zu sehen, dass **sum** die *Spaltensummen* für **A** berechnet.

20.2.2 Endliche Produkte

Endliche Produkte haben die Form
$$\prod_{k=m}^{n} a_k = a_m \cdot a_{m+1} \cdot \ldots \cdot a_n$$

mit *Faktoren* (*reellen Zahlen*) $a_k = f(k)$ ($k=m, m+1, \ldots, n$; $m \leq n$),

d.h. die Faktoren des Produkts werden durch die Funktion f(k) bestimmt, die das *Bildungsgesetz* des Produkts beinhaltet.

Produkte kann MATLAB *numerisch* berechnen, wofür die Funktion **prod** vordefiniert ist:

\>> **prod(x)**

berechnet das *Produkt* der *Komponenten* eines Zeilen- oder Spaltenvektors **x**.
Zur Berechnung eines endlichen Produkts mit Bildungsgesetz f(k) ist **prod** für konkrete ganze Zahlen m und n folgendermaßen anzuwenden:
Es ist ein Vektor **x** zu erzeugen, dessen n−m+1 Komponenten x(k) sich aus f(k) berechnen.
Die Erzeugung von **x** und numerische Berechnung des Produkts mittels **prod** kann auf zwei Arten geschehen (siehe Beisp.20.2a):

I. \>> **k=m:n ; x=f(k) ; prod(x)**
    Hier sind zur Erzeugung von **x** in f(**k**) die Zeichen für elementweise Rechenoperationen zu verwenden.

II. \>> **for** k=m:n ; x(k)=f(k) ; **end** ; **prod(x)**
    Hier geschieht die Erzeugung von **x** unter Verwendung einer **for**-Schleife.

\>> **prod(a:b:c)**

berechnet unter Verwendung des Doppelpunktoperators **:** das *Produkt* der *Zahlen* zwischen a und c mit *Schrittweite* b.
Wird **prod** auf eine *Matrix* angewandt, so werden deren *Spaltenprodukte berechnet*.

Beispiel 20.2:

Illustration der numerischen Berechnung endlicher Produkte mittels MATLAB:

a) Das Produkt $\prod_{k=1}^{8} \frac{k^2+1}{k+2} = \frac{13287625}{4536} = 2929.37$ wird auf folgende Arten mittels **prod** numerisch berechnet:

   I. \>> **k=1:8 ; x=(k.^2+1)./(k+2); prod(x)**
       ans = 2.9294e+003

   II. \>> **for** k=1:8 ; x(k)=(k^2+1)/(k+2) ; **end** ; **prod(x)**
       ans = 2.9294e+003

b) Berechnung des *Produkts* der *Komponenten* des Zeilenvektors (1/3,2,3,4,5,6,7,8,9) mittels **prod**:
   \>> **x=[1/3,2,3,4,5,6,7,8,9] ; prod(x)**
   ans = 120960

c) Berechnung des *Produkts* der *Zahlen* zwischen 1 und 2 mit *Schrittweite* 0.1, d.h. des Produkts 1·1.1·1.2·1.3·...·2 mittels **prod**:
   \>> **prod(1:0.1:2)**
   ans = 67.0443

d) **prod** kann die *Fakultät* einer beliebigen ganzen Zahl n berechnen, wie z.B. 10! :

```
>> prod(1:10)
ans = 3628800
```
e) Anwendung von **prod** auf eine *Matrix* **A**:
```
>> A=[1,2,3;4,5,6;7,8,9]
A =
 1 2 3
 4 5 6
 7 8 9
>> prod(A)
ans = 28 80 162
```
Es ist zu sehen, dass **prod** die *Spaltenprodukte* für **A** berechnet.

20.3 Unendliche Reihen

Im Folgenden wird der Einsatz von MATLAB für unendliche Zahlen- und Funktionenreihen besprochen, die sich als Grenzwert endlicher Reihen definieren.

20.3.1 Zahlenreihen

Unendliche Zahlenreihen $\sum_{k=m}^{\infty} a_k = a_m + a_{m+1} + \ldots + a_n + \ldots = \lim_{n \to \infty} S_n$ \qquad ($a_k = f(k)$)

definieren sich als Grenzwert endlicher Zahlenreihen $S_n = \sum_{k=m}^{n} a_k = a_m + a_{m+1} + \ldots + a_n$

und sind folgendermaßen charakterisiert:

- Wenn $S = \lim_{n \to \infty} S_n$ existiert, heißt die Reihe *konvergent* mit Summe (*Reihensumme*) S.
- Wenn kein Grenzwert existiert, heißt die Reihe *divergent*.
- S_n heißt *n-te Partialsumme* der unendlichen Reihe.
- Der Nachweis der *Konvergenz* einer Zahlenreihe ist schwierig:
  Das *notwendige Konvergenzkriterium* \qquad $\lim_{k \to \infty} a_k = 0$
  ist für die meisten Reihen leicht nachzuprüfen. Wenn es nicht erfüllt ist, so *divergiert* die Reihe. Wenn es erfüllt ist, kann die Reihe trotzdem divergieren.
  Es werden *hinreichende Konvergenzkriterien* bereitgestellt, die jedoch für viele unendliche Reihen keine Aussagen treffen.
- Die Berechnung der Summe konvergenter Zahlenreihen ist schwierig:
  Es gibt nur für *alternierende Reihen* ein leicht nachzuprüfendes hinreichendes Konvergenzkriterium und einen numerischen Berechnungsalgorithmus.
  Bei *nichtalternierenden Reihen* ist eine Annäherung durch eine endliche Summe nicht zu empfehlen, da sich hier keine Fehlerschranken angeben lassen, so dass dies in den meisten Fällen zu falschen Ergebnissen führt.
- Das hinreichende *Konvergenzkriterium* von *Leibniz* für *alternierende Reihen* sagt Folgendes aus:

20.3 Unendliche Reihen

Gelten für eine alternierende Reihe $\sum_{k=m}^{n}(-1)^k \cdot a_k$ die leicht nachzuprüfenden Bedingungen $a_k \geq a_{k+1} > 0$ und $\lim_{k \to \infty} a_k = 0$, so ist die Reihe konvergent mit einer Summe S.

Für den *absoluten Fehler* zwischen *Reihensumme* S und *n-ter Partialsumme* S_n gilt
$|S - S_n| \leq a_{n+1}$

Aufgrund dieser Fehlerschranke lässt sich eine numerische (näherungsweise) Berechnung der Reihensumme S einfach durchführen (siehe Beisp.20.3e).

Die in MATLAB bei installierter Toolbox SYMBOLIC MATH zur *exakten Berechnung endlicher Reihen* vordefinierte Funktion **symsum** ist auf unendliche Zahlenreihen anwendbar, wobei für den *oberen Summationsindex* **Inf** (*Unendlich*) einzusetzen ist:

Falls m eine konkrete ganze Zahl ist: `>> syms k ; symsum(f(k),m,Inf)`

Falls m ein *symbolischer Parameter* ist: `>> syms k m ; symsum(f(k),m,Inf)`

syms dient zur Kennzeichnung von k und des Parameters m als symbolisch.

Beispiel 20.3:
Illustration der Anwendung von **symsum** auf unendliche Zahlenreihen:

a) Die *konvergente* Zahlenreihe $\sum_{k=1}^{\infty} \frac{1}{(4 \cdot k-1)\cdot(4 \cdot k+1)} = \frac{1}{2} - \frac{\pi}{8}$ wird *exakt berechnet*:

`>> syms k ; symsum(1/((4*k-1)*(4*k+1)),1,Inf)`
ans = 1/2-pi/8

b) Die *konvergente* Zahlenreihe $\sum_{k=1}^{\infty} \frac{1}{k^k}$

wird *nicht berechnet*. Sie wird unverändert zurückgegeben:
`>> syms k ; symsum(1/k^k,1,Inf)`
ans = sum(1/(k^k),k=1..Inf)

c) Für die *divergente* Zahlenreihe $\sum_{k=2}^{\infty} \frac{1}{k \cdot \ln(k)}$

trifft MATLAB keine Entscheidung über Konvergenz oder Divergenz. Die Reihe wird unverändert zurückgegeben:
`>> syms k ; symsum(1/(k*log(k)),2,Inf)`
ans = sum(1/(k*log(k)),k=2..Inf)

d) Die *konvergente alternierende* Zahlenreihe (Leibnizsche Reihe) $\sum_{k=0}^{\infty}(-1)^k \cdot \frac{1}{2 \cdot k+1} = \frac{\pi}{4}$

wird exakt berechnet:
`>> syms k ; symsum((-1)^k*1/(2*k+1),0,Inf)`
ans = pi/4

e) Die *konvergente alternierende* Zahlenreihe $\sum_{k=0}^{\infty}(-1)^{k+1} \cdot \frac{k}{k^2+1}$

berechnet MATLAB *nicht exakt*:

```
>> syms k ; symsum((-1)^(k+1)*k/(k^2+1),0,Inf)
ans = sum(((-1)^(k+1)*k)/(k^2+1),k=0..Inf)
```

Im Folgenden wird ein *Programm* zur *näherungsweisen Berechnung* von Summen alternierender Reihen vorgestellt, das auf dem angegebenen Kriterium von Leibniz beruht:

Bei vorgegebener *Genauigkeit* eps kann die Ungleichung

$$a_{n+1} = f(n+1) < eps$$

verwendet werden, um eine Reihensumme S durch die n-te Partialsumme mit Fehler eps anzunähern, d.h. es gilt $|S - S_n| < eps$.

Somit kann zur näherungsweisen Berechnung von *Summen alternierender Reihen* folgende Funktion SUM_ALT_REIHE

function S= SUM_ALT_REIHE(eps,ku)
k=ku ; S=0 ; **while abs**(f(k+1))>=eps ; S=S+f(k) ; k=k+1; **end** ; S

als *Funktionsdatei* SUM_ALT_REIHE.m geschrieben werden, in der das Argument ku den unteren Summationsindex bezeichnet.

>> SUM_ALT_REIHE(0.001,0) berechnet für die eingegebene *Fehlerschranke* den *Näherungswert* 0.2691 für die Summe der betrachteten alternierenden Reihe, wenn das *Bildungsgesetz* f(k) der Reihe als *Funktionsdatei* f.m der Form
function y=f(k)
y=(-1)^(k+1)*k/(k^2+1) ;

zusammen mit der Funktionsdatei SUM_ALT_REIHE.m im aktuellen Verzeichnis (Current Directory/Folder) von MATLAB gespeichert ist.

Die Funktion SUM_ALT_REIHE kann zur Summenberechnung beliebiger konvergenter alternierender Reihen verwendet werden. Es sind nur die *Funktionsdatei* für das Bildungsgesetz f(k) der Reihe zu ändern und konkrete *Fehlerschranke* eps und unteren Summationsindex ku als Argumente einzugeben.

20.3.2 Potenzreihen

Potenzreihen als wichtige Klasse von Funktionenreihen werden im Abschn.18.4 im Rahmen von *Taylorentwicklungen* vorgestellt und auch die Möglichkeiten von MATLAB zur Aufstellung derartiger Reihen besprochen, so dass hierauf verwiesen wird.

20.3.3 Fourierreihen

Fourierreihen als weitere wichtige Klasse von Funktionenreihen dienen zur Beschreibung *periodischer Vorgänge* und gestatten eine direkte *technische Interpretation:*
- Viele durch Funktionen beschriebene *Vorgänge* in Technik und Naturwissenschaften (z.B. in Mechanik, Elektrotechnik, Akustik und Optik) sind *periodisch*, aber nicht mehr *sinusförmig (harmonisch)*.
- Die *Entwicklung* periodischer Funktionen mit Periode 2p oder nur auf einem Intervall [-p,p] gegebener Funktionen f(x) in eine *Fourierreihe (Fourierreihenentwicklung)* der Form

$$f(x) = \frac{a_0}{2} + \sum_{k=1}^{\infty} (a_k \cdot \cos\frac{k \cdot \pi \cdot x}{p} + b_k \cdot \sin\frac{k \cdot \pi \cdot x}{p})$$

erfordert die Bestimmung der *Fourierkoeffizienten* a_k und b_k, die als *harmonische Analyse* bezeichnet wird.

Diese Fourierkoeffizenten berechnen sich mittels folgender bestimmter Integrale:

$$a_k = \frac{1}{p} \cdot \int_{-p}^{p} f(x) \cdot \cos\frac{k \cdot \pi \cdot x}{p} \, dx \quad , \quad b_k = \frac{1}{p} \cdot \int_{-p}^{p} f(x) \cdot \sin\frac{k \cdot \pi \cdot x}{p} \, dx$$

- Bei praktischen Problemen beträgt die Periode häufig 2π, d.h. $p=\pi$.
- Die meisten *periodischen Vorgänge* lassen sich durch *Überlagerung* unendlich vieler *harmonischer Schwingungen* darstellen:
  Dies wird durch die zugehörige Fourierreihenentwicklung analytisch realisiert.
  Die Fourierreihenentwicklung spielt bei periodischen Vorgängen eine wesentliche Rolle, um Zerlegungen in *Grundschwingungen* (π/p) und *Oberschwingungen* ($k \cdot \pi/p$) zu illustrieren.
- Für die Praxis ist es meistens ausreichend, nur eine endliche Anzahl N von Gliedern der Fourierreihe zu berechnen und damit eine gegebene Funktion anzunähern. Deshalb wird im Beisp.20.4 eine Funktionsdatei erstellt, die N Fourierkoeffizienten berechnet.
- Der *Nachweis* für die (punktweise) *Konvergenz* der *Fourierreihe* gestaltet sich nicht schwierig (Kriterium von Dirichlet), so dass die Konvergenz für die meisten praktisch auftretenden Funktionen gewährleistet ist.

Da in MATLAB keine Funktionen zur *Berechnung* von *Fourierkoeffizienten* vordefiniert sind, können die Integrationsmethoden aus Abschn.19.2.2 zur Berechnung der *Fourierkoeffizienten* angewandt werden:

Wenn die Toolbox SYMBOLIC MATH installiert ist, kann die vordefinierte Funktion **int** zur exakten Berechnung bestimmter Integrale und damit der Fourierkoeffizienten angewandt werden. Dies wird im Beisp.20.4 illustriert. Die hier gegebene Funktionsdatei kann als Vorlage zur Entwicklung in Fourierreihen verwendet werden.

Falls die Toolbox SYMBOLIC MATH nicht verfügbar ist oder die exakte Berechnung der Integrale der Fourierkoeffizienten versagt, können Numerikfunktionen zur Integration herangezogen werden.

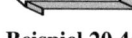

Beispiel 20.4:
Erstellung einer Funktionsdatei FOURIER.m, mit der beliebige Funktionen f(x) im Intervall [-p,p] in eine Fourierreihe mit N Gliedern entwickelbar sind.
* Für die zu entwickelnde Funktion wird eine Funktionsdatei f.m benötigt, die den konkreten Funktionsausdruck von f(x) realisiert:
  function y=f(x)
  y=... ;
* Anschließend lassen sich mit der Funktionsdatei FOURIER.m in der Form
  function [a,b]=FOURIER(p,N)
  syms x ;
  for k=1:N+1 ; a(k)=**int**(f(x)***cos**((k-1)*pi*x/p),-p,p)/p ; **end** ;
  a=**single**(a) ;

for k=1:N ; b(k)=**int**(f(x)***sin**(k*pi*x/p),-p,p)/p ; **end** ;
b=**single**(b) ;
die *Fourierkoeffizienten berechnen*, wenn die beiden Funktionsdateien FOURIER.m und f.m im aktuellen Verzeichnis (Current Directory/Folder) von MATLAB gespeichert sind.

* Die Funktionsdatei FOURIER.m lässt sich folgendermaßen charakterisieren:
  Sie benötigt als Argumente die konkreten Werte für p und N.
  Die berechneten Fourierkoeffizienten befinden sich in den Vektoren **a** und **b**.
  Da MATLAB bei der Indizierung nicht mit Null beginnen kann, werden die Fourierkoeffizienten a(k) für k=1 bis N+1 berechnet.
  Da die *Fourierkoeffizienten exakt berechnet* werden, wird eine anschließende *Dezimalnäherung* mittels **single** durchgeführt.
  Wenn die zu entwickelnde Funktion f(x) *gerade* (d.h. f(-x)=f(x)) bzw. *ungerade* (d.h. f(-x)=-f(x)) ist, sind sämtliche Fourierkoeffizienten **b** bzw. **a** gleich Null, wie aus der Theorie bekannt ist. Es werden jedoch immer beide berechnet, um die Funktionsdatei FOURIER.m allgemein anwenden zu können.

a) Sollen für die nichtperiodische Funktion
   f(x)=x
   über dem Intervall [0,1] die Fourierkoeffizenten bis N=5 mittels der Funktionsdatei FOURIER.m berechnet werden, so gibt es mehrere Möglichkeiten, da f(x) auf verschiedene Weise auf das Intervall [-1,0] fortsetzbar ist. Es werden im Folgenden zwei Möglichkeiten betrachtet:
   * Die Funktion kann über dem gesamten Intervall [-1,1] durch f(x)=x dargestellt und periodisch fortgesetzt werden.
     Die benötigte Funktionsdatei f.m hat hierfür folgende Form:
     function y=f(x)
     y=x ;
     Der Aufruf der Funktionsdatei FOURIER.m liefert folgendes Ergebnis, wobei die Fourierkoeffizienten **a** gleich Null sind, da die Funktion ungerade ist:
     >> [a,b]=FOURIER(1,5)
     a = 0 0 0 0 0 0
     b = 0.6366 -0.3183 0.2122 -0.1592 0.1273
   * Die Funktion kann über dem gesamten Intervall [-1,1] durch f(x)=| x | dargestellt und periodisch fortgesetzt werden:
     Die benötigte Funktionsdatei f.m hat hierfür folgende Form:
     function y=f(x)
     y=**abs**(x) ;
     Der Aufruf der Funktionsdatei FOURIER.m liefert folgendes Ergebnis, wobei die Fourierkoeffizienten **b** gleich Null sind, da die Funktion gerade ist:
     >> [a,b]=FOURIER(1,5)
     a = 1.0000 -0.4053 0 -0.0450 0 -0.0162
     b = 0 0 0 0 0

b) Berechnung der Fourierkoeffizenten über dem Intervall $[-\pi,\pi]$ bis N=6 mittels der Funktionsdatei FOURIER.m für die periodische Funktion

f(x)= | sin x |

Die benötigte Funktionsdatei f.m hat hierfür folgende Form:

function y=f(x)

y=**abs(sin(**x)) ;

Der Aufruf der Funktionsdatei FOURIER.m liefert folgendes Ergebnis, wobei die Fourierkoeffizienten **b** gleich Null sind, da die gegebene Funktion gerade ist:

\>\> [**a,b**]=FOURIER(**pi**,6)

a = 1.2732 0 -0.4244 0 -0.0849 0 -0.0364

b = 0 0 0 0 0 0

21 Vektoranalysis mit MATLAB

21.1 Einführung

Die *Vektoranalysis* untersucht *skalare* und *vektorielle Felder* mit Mitteln der Differential- und Integralrechnung.

Viele *Probleme* in *Technik* und *Naturwissenschaften* lassen sich unter Verwendung von *Feldern* beschreiben, so u.a.

Kraftfelder (z.B. elektrische Felder, Gravitationsfelder), Beschleunigungsfelder, Geschwindigkeitsfelder als Beispiele für *Vektorfelder*.

Elektrostatische Potentiale, Dichte- und Temperaturverteilungen als Beispiele für *Skalarfelder*.

Skalar- und Vektorfelder sind nicht mit den im Kap.7 behandelten Feldern zu verwechseln, die MATLAB zur Darstellung von Vektoren und Matrizen verwendet.

Im Folgenden werden Fähigkeiten von MATLAB in der Vektoranalysis vorgestellt.

21.2 Skalar- und Vektorfelder

Häufig werden Felder im zweidimensionalen Raum (kurz: Ebene) R^2 und dreidimensionalen Raum (kurz: Raum) R^3 benötigt, die *zweidimensionale* (ebene) bzw. *dreidimensionale* (räumliche) *Felder* heißen.

Felder lassen sich in kartesischen Koordinatensystemen durch Funktionen beschreiben und teilen sich in *Skalar-* und *Vektorfelder* auf, denen bei ebenen und räumlichen Feldern jedem *Punkt* P(x,y) bzw. P(x,y,z) unterschiedliche Größen zugeordnet werden:

- *Skalarfelder*
  ordnen jedem Punkt P eine *skalare Größe* (*Zahlenwert*) u zu, die sich durch eine (skalare) *Funktion* beschreiben lässt, d.h.
  u=u(x,y)   (im R^2)
  u=u(x,y,z)   (im R^3)

- *Vektorfelder*
  ordnen jedem Punkt P einen *Vektor* **v** zu, der sich durch eine *Vektorfunktion* mit Komponenten v_1, v_2, v_3 in folgender Form beschreiben lässt:
  v=**v**(x,y) = $v_1(x, y) \cdot$ **i** + $v_2(x, y) \cdot$ **j**   (im R^2)
  v=**v**(x,y,z) = $v_1(x, y, z) \cdot$ **i** + $v_2(x, y, z) \cdot$ **j** + $v_3(x, y, z) \cdot$ **k**   (im R^3)
  Die verwendeten Vektoren **i**, **j** und **k** bezeichnen die *Basisvektoren* in rechtwinkligen *kartesischen Koordinatensystemen*.

MATLAB bietet für die Arbeit mit *Skalar-* und *Vektorfeldern* folgende Möglichkeiten:

Skalar- und Vektorfelder lassen sich als *Funktionsdateien* definieren, wobei die Definition von Skalarfeldern kein Problem darstellt, da diese durch Funktionen von zwei bzw. drei Variablen beschrieben werden (siehe Abschn.12.4). Die Definition von Vektorfeldern wird im folgenden Beisp.21.1 illustriert.

Zur *grafischen Veranschaulichung* ebener und räumlicher *Vektorfelder* sind die Grafikfunktionen **quiver** bzw. **quiver3** vordefiniert, deren Anwendung in den Beisp.21.1 und 21.2 illustriert wird.

Beispiel 21.1:
Vektorfelder lassen sich durch *Funktionsdateien* definieren, wie im Folgenden illustriert ist:

a) Betrachtung des *zweidimensionalen Vektorfeldes* $\mathbf{v}(x,y) = \dfrac{x-y}{\sqrt{x^2+y^2}} \cdot \mathbf{i} + \dfrac{x+y}{\sqrt{x^2+y^2}} \cdot \mathbf{j}$

Es kann durch die *Funktionsdatei* **v**.m
function [v1,v2]=v(x,y)
v1=(x-y)/**sqrt**(x^2+y^2) ; v2=(x+y)/**sqrt**(x^2+y^2) ;
definiert werden:
Das *Vektorfeld* **v**(x,y) lässt sich hiermit für konkrete Zahlenwerte folgendermaßen *berechnen*, so z.B. für x=3 und y=4:
>> [v1,v2]=v(3,4)
v1 = -0.2000
v2 = 1.4000
Die *Komponenten* des *Vektorfeldes* **v**(x,y) werden folgendermaßen *erhalten*:
>> **syms** x y ; [v1,v2]=v(x,y)
v1 = (x-y)/(x^2+y^2)^(1/2)
v2 = (x+y)/(x^2+y^2)^(1/2)
Das *Vektorfeld* **v**(x,y) lässt sich unter Verwendung der Grafikfunktion **quiver** und der Funktionsdatei **v**.m *grafisch darstellen*:
>> w=-2:0.2:2 ; [x,y]=**meshgrid**(w) ; [v1,v2]=v(x,y) ; **quiver**(x,y,v1,v2)

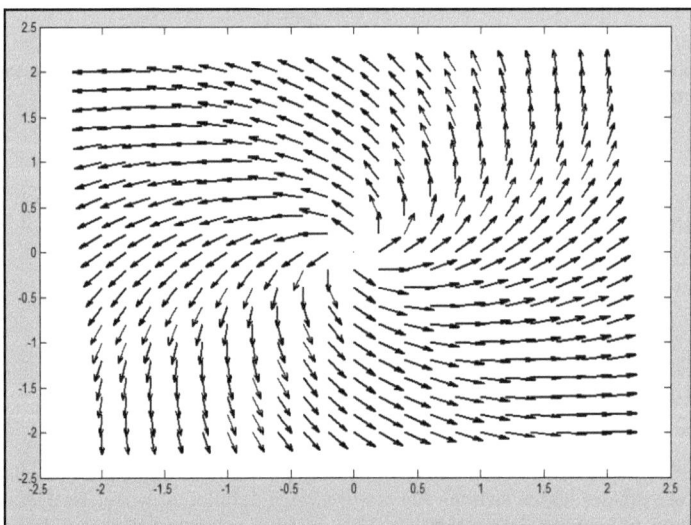

Bei dieser *grafischen Darstellung* ist Folgendes zu *beachten:*
Mittels **meshgrid** werden durch den vorzugebenen Vektor **w** die Punkte bestimmt, in denen MATLAB die Feldvektoren berechnet und darstellt. Im Beispiel werden Punkte

in x- und y-Richtung von -2 bis 2 mit *Schrittweite* Δ=0.2 ausgewählt, d.h. im Quadrat [-2,2]×[-2,2].

In der Funktionsdatei **v**.m sind Zeichen für elementweise Rechenoperationen zu verwenden.

b) Betrachtung des *dreidimensionalen Vektorfeldes*

$$\mathbf{v}(x,y,z) = \frac{x}{\left(x^2+y^2+z^2\right)^{\frac{3}{2}}} \cdot \mathbf{i} + \frac{y}{\left(x^2+y^2+z^2\right)^{\frac{3}{2}}} \cdot \mathbf{j} + \frac{z}{\left(x^2+y^2+z^2\right)^{\frac{3}{2}}} \cdot \mathbf{k}$$

Dieses Vektorfeld kann als Beispiel für ein elektrisches Feld angesehen werden, dass durch eine Punktladung im Nullpunkt erzeugt wird.

Dieses *Vektorfeld* lässt sich durch die *Funktionsdatei* **v**.m

function [v1,v2,v3]=v(x,y,z)
v1=x/(x^2+y^2+z^2)^(3/2) ; v2=y/(x^2+y^2+z^2)^(3/2) ;
v3=z/(x^2+y^2+z^2)^(3/2) ;

definieren.

Das durch **v**.m definierte *Vektorfeld* kann hiermit für konkrete Zahlenwerte folgendermaßen *berechnet* werden, so z.B. für x=1, y=2 und z=0:
>> [v1,v2,v3]=v(1,2,0)
v1 = 0.0894
v2 = 0.1789
v3 = 0

Die *Komponenten* des definierten *Vektorfeldes* **v**.m zeigt MATLAB folgendermaßen an:
>> **syms** x y z ; [v1,v2,v3]=v(x,y,z)
v1=x/(x^2+y^2+z^2)^(3/2)
v2=y/(x^2+y^2+z^2)^(3/2)
v3=z/(x^2+y^2+z^2)^(3/2)

Das *Vektorfeld* **v**(x,y,z) lässt sich unter Verwendung der Grafikfunktion **quiver3** und der Funktionsdatei **v**.m *grafisch darstellen:*

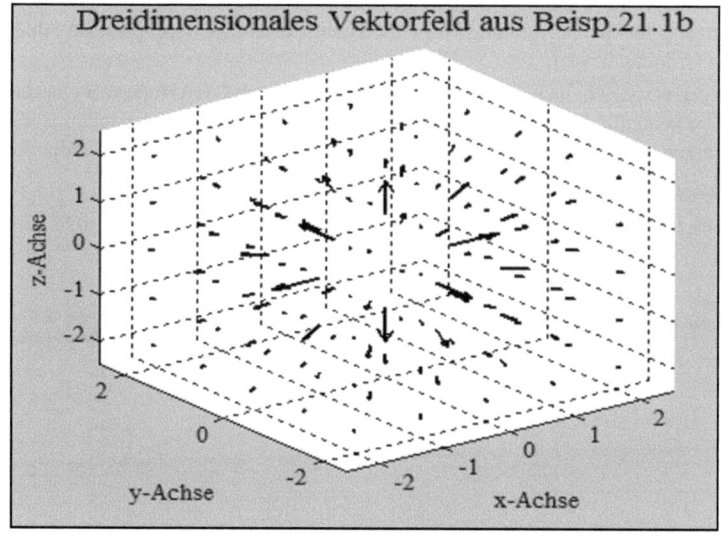

Bei dieser mittels

```
>> w=-2:1:2 ; [x,y,z]=meshgrid(w) ;
>> [v1,v2,v3]=v(x,y,z) ; quiver3(x,y,z,v1,v2,v3)
```

erhaltenen grafischen Darstellung ist Folgendes zu beachten:

Mittels **meshgrid** werden durch den vorzugebenen Vektor **w** die Punkte bestimmt, in denen MATLAB die Feldvektoren berechnet und darstellt. Im Beispiel werden Punkte in x-, y- und z-Richtung von -2 bis 2 mit *Schrittweite* $\Delta=1$ ausgewählt, d.h. im Würfel $[-2,2]\times[-2,2]\times[-2,2]$.

In der Funktionsdatei **v**.m sind die Zeichen für elementweise Rechenoperationen zu verwenden.

21.3 Gradient, Rotation und Divergenz

Die *Differentialoperatoren* **GRAD** (Gradient), **ROT** (Rotation) und DIV (Divergenz) spielen bei der Charakterisierung von Feldern eine grundlegende Rolle.

Auf ihre mathematische und physikalische Interpretation kann im Rahmen des Buches nicht ausführlich eingegangen werden. Es werden nur folgende wichtige Eigenschaften vorgestellt:

Der *Gradient* eines Skalarfeldes u(x,y,z) steht senkrecht auf den Niveaulinien bzw. -flächen von u(x,y,z) und zeigt in Richtung des größten Zuwachses von u(x,y,z).

Die *Rotation* eines Vektorfeldes **v**(x,y,z) ist ein Maß für die Wirbeldichte des Feldes. Ist sie gleich 0, so ist das Vektorfeld wirbelfrei.

Die *Divergenz* eines Vektorfeldes **v**(x,y,z) ist ein Maß für die Quelldichte des Feldes. Ist sie gleich 0, so ist das Vektorfeld quellenfrei.

Im Folgenden werden *Berechnungsformeln* für Gradient, Rotation und Divergenz vorgestellt:

- Mittels *Gradientenoperator* **GRAD** wird einem *Skalarfeld* u(x,y,z) das *Vektorfeld* (*Gradientenfeld*)

  $$\mathbf{GRAD}\,u(x,y,z) = u_x(x,y,z)\cdot\mathbf{i} + u_y(x,y,z)\cdot\mathbf{j} + u_z(x,y,z)\cdot\mathbf{k}$$

  zugeordnet.

  Voraussetzung für die Berechnung von Gradienten ist, dass u(x,y,z) partielle Ableitungen erster Ordnung besitzt.

  Vektorfelder **v**(x,y,z) heißen *Potentialfelder*, wenn **v**(x,y,z)=**GRAD**u(x,y,z) gilt, d.h. sie sich als Gradientenfeld eines Skalarfeldes (ihres *Potentials*) u(x,y,z) darstellen lassen. In Anwendungen spielen Potentialfelder aufgrund ihrer Eigenschaften eine wichtige Rolle.

- Mittels *Rotationsoperator* **ROT** wird einem *Vektorfeld*

  $\mathbf{v}(x,y,z) = v_1(x,y,z)\cdot\mathbf{i} + v_2(x,y,z)\cdot\mathbf{j} + v_3(x,y,z)\cdot\mathbf{k}$ das neue *Vektorfeld*

  $$\mathbf{ROT}\,\mathbf{v}(x,y,z) = \begin{vmatrix} \mathbf{i} & \mathbf{j} & \mathbf{k} \\ \dfrac{\partial}{\partial x} & \dfrac{\partial}{\partial y} & \dfrac{\partial}{\partial z} \\ v_1 & v_2 & v_3 \end{vmatrix} = \left(\dfrac{\partial v_3}{\partial y} - \dfrac{\partial v_2}{\partial z}\right)\cdot\mathbf{i} + \left(\dfrac{\partial v_1}{\partial z} - \dfrac{\partial v_3}{\partial x}\right)\cdot\mathbf{j} + \left(\dfrac{\partial v_2}{\partial x} - \dfrac{\partial v_1}{\partial y}\right)\cdot\mathbf{k}$$

21.3 Gradient, Rotation und Divergenz

zugeordnet, falls die Komponenten $v_1(x,y,z)$, $v_2(x,y,z)$, $v_3(x,y,z)$ des Vektorfeldes **v**(x,y,z) differenzierbar sind:
Die Bedingung **ROT**v(x,y,z)=0 ist unter gewissen Voraussetzungen *notwendig* und *hinreichend* für die Existenz eines *Potentials*.
Falls für ein Vektorfeld **v**(x,y,z) ein *Potential* u(x,y,z) vorliegt, so gestaltet sich die Berechnung dieses Potential über die Integration der Beziehungen

$$\frac{\partial u}{\partial x}=v_1(x,y,z) \ , \ \frac{\partial u}{\partial y}=v_2(x,y,z) \ , \ \frac{\partial u}{\partial z}=v_3(x,y,z)$$

schwierig. MATLAB kann hier helfen, wenn diese Integrationen im Rahmen der im Kap.19 gegebenen Möglichkeiten durchführbar sind.

- Mittels *Divergenzoperator* DIV wird

  dem *Vektorfeld*   **v**(x,y,z) = $v_1(x,y,z)\cdot$**i** + $v_2(x,y,z)\cdot$**j** + $v_3(x,y,z)\cdot$**k**

  das *Skalarfeld*   DIV**v**(x,y,z) = $\dfrac{\partial v_1}{\partial x}+\dfrac{\partial v_2}{\partial y}+\dfrac{\partial v_3}{\partial z}$

  zugeordnet, falls die Komponenten $v_1(x,y,z)$, $v_2(x,y,z)$, $v_3(x,y,z)$ des Vektorfeldes **v**(x,y,z) differenzierbar sind.

Möglichkeiten von MATLAB zur *Berechnung* von *Gradient*, *Rotation* und *Divergenz*:
Zur *exakten Berechnung* ist in MATLAB nur für den Gradienten eine Funktion vordefiniert. Es können für alle einfache Funktionsdateien geschrieben werden, die die gegebenen Berechnungsformeln verwenden:

- *Gradient* für das Skalarfeld u(x,y,z):
  * Anwendung der MATLAB-Funktion **jacobian** mittels
    >> **syms** x y z ; **v=jacobian**(u(x,y,z),[x,y,z])
    die Folgendes liefert:
    Das *Ergebnis* wird im Vektor **v**=[ux(x,y,z),uy(x,y,z),uz(x,y,z)] ausgegeben:
    Die Funktionen ux(x,y,z), uy(x,y,z) und uz(x,y,z) sind die berechneten partiellen Ableitungen erster Ordnung von u(x,y,z) bzgl. x, y bzw. z, d.h. sie liefern für das Gradientenfeld **GRAD**u(x,y,z) die Komponenten $u_x(x,y,z)$, $u_y(x,y,z)$, $u_z(x,y,z)$.
  * Es kann eine Funktionsdatei **GRAD1**.m geschrieben werden:
    function [ux,uy,uz]=**GRAD1**(x,y,z)
    ux=**diff**(u(x,y,z),x,1) ; uy=**diff**(u(x,y,z),y,1) ; uz=**diff**(u(x,y,z),z,1) ;
    Diese Funktionsdatei ist folgendermaßen charakterisiert:
    Das Skalarfeld u(x,y,z) ist durch die Funktionsdatei u.m
    function u=u(x,y,z)
    u=... ;
    zu definieren, bei der für ... der konkrete Funktionsausdruck von u(x,y,z) einzutragen ist.
    Die berechneten Größen ux, uy und uz liefern die Komponenten
    $u_x(x,y,z)$, $u_y(x,y,z)$, $u_z(x,y,z)$ des Gradientenfeldes **GRAD**u(x,y,z).
    Beide Funktionsdateien u.m und **GRAD1**.m sind im aktuellen Verzeichnis (Current Directory/Folder) von MATLAB zu speichern.
- *Rotation* für das Vektorfeld **v**(x,y,z) = v1(x,y,z)·**i** + v2(x,y,z)·**j** + v3(x,y,z)·**k** :

Da in MATLAB keine Funktion zur exakten Berechnung vordefiniert ist, kann eine *Funktionsdatei* **ROT1**.m geschrieben werden:
function [r1,r2,r3]=**ROT1**(x,y,z,v1,v2,v3)
r1=**diff**(v3,y,1)-**diff**(v2,z,1) ; r2=**diff**(v1,z,1)-**diff**(v3,x,1) ;
r3=**diff**(v2,x,1)-**diff**(v1,y,1) ;
Diese *Funktionsdatei* ist folgendermaßen *charakterisiert:*
Das Feld **v**(x,y,z) ist durch die Funktionsdatei **v**.m
function [v1,v2,v3]=**v**(x,y,z)
v1=v1(x,y,z) ; v2=v2(x,y,z) ; v3=v3(x,y,z) ;
zu definieren.
Die berechneten Größen r1, r2 und r3 bilden die Komponenten der Rotation, d.h.
ROTv(x,y,z) = r1(x,y,z)·**i** + r2(x,y,z)·**j** + r3(x,y,z)·**k**
Beide Funktionsdateien **v**.m und **ROT1**.m sind im aktuellen Verzeichnis (Current Directory/Folder) von MATLAB zu speichern.

- *Divergenz* für das Vektorfeld **v**(x,y,z) = v1(x,y,z)·**i** + v2(x,y,z)·**j** + v3(x,y,z)·**k** :
  Da in MATLAB keine Funktion zur exakten Berechnung vordefiniert ist, kann eine Funktionsdatei DIV1.m geschrieben werden:
  function div=DIV1(x,y,z,v1,v2,v3)
  div=**diff**(v1,x,1)+**diff**(v2,y,1)+**diff**(v3,z,1) ;
  Diese *Funktionsdatei* ist folgendermaßen *charakterisiert:*
  Das Vektorfeld **v**(x,y,z) ist durch eine Funktionsdatei **v**.m wie bei der Rotation zu definieren.
  DIV1.m berechnet die Divergenz, d.h. DIV**v**(x,y,z)=DIV1(x,y,z,v1,v2,v3).
  Beide Funktionsdateien **v**.m und DIV1.m sind im aktuellen Verzeichnis (Current Directory/Folder) von MATLAB zu speichern.

Zur *numerischen Berechnung* von *Gradient, Rotation* und *Divergenz* sind Funktionen in MATLAB vordefiniert. Zusätzlich lassen sich Funktionsdateien für die gegebenen Berechnungsformeln erstellen:

- *Gradient* für das Skalarfeld u(x,y,z) :
  * Anwendung der MATLAB-Funktion **gradient** mittels
    >> **w**=a:Δ:b ; [x,y,z]=**meshgrid**(w) ; u=...;
    >> [ux,uy,uz]=**gradient**(u)
    die Folgendes liefert:
    gradient berechnet den *Gradienten* **GRAD**u(x,y,z) in den Punkten, die mittels **meshgrid** mit dem vorzugebenden Vektor **w** im Würfel [a,b]×[a,b]×[a,b] mit Schrittweite Δ bestimmt werden.
    Anstelle von ... nach **u**= ist der konkrete Funktionsausdruck von u(x,y,z) einzusetzen, wobei die Zeichen für elementweise Rechenoperationen zu verwenden sind.
    Wird der Gradienten nur in einzelnen Punkten benötigt, ist folgende Funktionsdatei **GRAD2**.m vorzuziehen.

* Es kann eine Funktionsdatei **GRAD2**.m geschrieben werden:
  function [ux,uy,uz]=**GRAD2**(x,y,z)
  ux=ux(x,y,z) ; uy=uy(x,y,z) ; uz=uz(x,y,z) ;
  Diese *Funktionsdatei* ist folgendermaßen *charakterisiert:*
  Sie benötigt die partiellen Ableitungen ux(x,y,z), uy(x,y,z) und uz(x,y,z) der Funktion u(x,y,z) aus vorangegangener exakter Berechnung mittels MATLAB-Funktion **jacobian** oder Funktionsdatei **GRAD1.m**.
  Sie ist im aktuellen Verzeichnis (Current Directory/Folder) von MATLAB zu speichern.

- *Rotation* für das Vektorfeld $\mathbf{v}(x,y,z) = v1(x,y,z)\cdot\mathbf{i} + v2(x,y,z)\cdot\mathbf{j} + v3(x,y,z)\cdot\mathbf{k}$:
  * Anwendung der MATLAB-Funktion **curl** in der Form
    \>\> w=a:Δ:b ; [x,y,z]=**meshgrid**(w) ; [v1,v2,v3]=**v**(x,y,z) ;
    \>\> [r1,r2,r3]=**curl**(x,y,z,v1,v2,v3)
    die folgendermaßen *charakterisiert* ist:
    curl berechnet die *Rotation* ROT$\mathbf{v}$(x,y,z) in den Punkten, die mittels **meshgrid** mit dem vorzugebenden Vektor **w** im Würfel [a,b]×[a,b]×[a,b] mit Schrittweite Δ bestimmt werden.
    Das Feld $\mathbf{v}$(x,y,z) ist durch die Funktionsdatei **v**.m
    function [v1,v2,v3]=**v**(x,y,z)
    v1=v1(x,y,z) ; v2=v2(x,y,z) ; v3=v3(x,y,z) ;
    zu definieren und im aktuellen Verzeichnis (Current Directory/Folder) von MATLAB zu speichern. Dabei sind in den Funktionsausdrücken v1(x,y,z), v2(x,y,z) und v3(x,y,z) die Zeichen für elementweise Rechenoperationen zu verwenden.
    Wird die Rotation nur in einzelnen Punkten benötigt, ist folgende Funktionsdatei **ROT2**.m vorzuziehen.
  * Anwendung der Funktionsdatei **ROT2**.m:
    function [r1,r2,r3]=**ROT2**(x,y,z)
    r1=r1(x,y,z) ; r2=r2(x,y,z) ; r3=r3(x,y,z) ;
    Diese *Funktionsdatei* ist folgendermaßen *charakterisiert:*
    Es werden die Funktionen r1(x,y,z), r2(x,y,z) und r3(x,y,z) aus vorangegangener exakter Berechnung mittels Funktionsdatei **ROT1**.m benötigt.
    ROT2.m ist im aktuellen Verzeichnis (Current Directory/Folder) von MATLAB zu speichern.

- *Divergenz* für das Vektorfeld $\mathbf{v}(x,y,z) = v1(x,y,z)\cdot\mathbf{i} + v2(x,y,z)\cdot\mathbf{j} + v3(x,y,z)\cdot\mathbf{k}$:
  * Anwendung der MATLAB-Funktion **divergence** in der Form:
    \>\> w=a:Δ:b ; [x,y,z]=**meshgrid**(w) ; [v1,v2,v3]=**v**(x,y,z) ;
    \>\> div=**divergence**(x,y,z,v1,v2,v3)
    die folgendermaßen *charakterisiert* ist:
    divergence berechnet die *Divergenz* DIV$\mathbf{v}$(x,y,z) in den Punkten, die mittels **meshgrid** mit dem vorzugebenden Vektor **w** im Würfel [a,b]×[a,b]×[a,b] mit Schrittweite Δ bestimmt werden.
    Das Feld $\mathbf{v}$(x,y,z) ist durch die Funktionsdatei **v**.m wie bei der Berechnung der Rotation mittels **curl** zu definieren.
    Wird die Divergenz nur in einzelnen Punkten benötigt, ist folgende Funktionsdatei **DIV2**.m vorzuziehen.

* Anwendung der Funktionsdatei DIV2.m
  function div=DIV2(x,y,z)
  div=DIV1(x,y,z,v1,v2,v3);
  die folgendermaßen *charakterisiert* ist:
  Es wird die Funktion DIV1(x,y,z,v1,v2,v3) aus vorangegangener exakter Berechnung mittels Funktionsdatei DIV1.m benötigt.
  DIV2.m ist im aktuellen Verzeichnis (Current Directory/Folder) von MATLAB zu speichern.

Beispiel 21.2:
Illustration exakter und numerischer Berechnungen von Gradient, Rotation und Divergenz mittels MATLAB:
a) Berechnung des *Gradientenfeldes* **GRAD**u(x,y,z) = y·z·**i**+x·z·**j**+x·y·**k** für das Skalarfeld u(x,y,z)=x·y·z , das durch die Funktionsdatei u.m
  function u=u(x,y,z)
  u=x*y*z ;
  definiert und im aktuellen Verzeichnis (Current Directory/Folder) von MATLAB gespeichert ist:
  Exakte Berechnung des Gradientenfeldes:
  * Mittels MATLAB-Funktion **jacobian**:
    \>\> syms x y z ; **v=jacobian**(u(x,y,z),[x,y,z])
    v=[y*z,x*z,x*y]
  * Mittels Funktionsdatei **GRAD1**.m, die im aktuellen Verzeichnis (Current Directory/Folder) von MATLAB gespeichert ist:
    \>\> syms x y z ; [ux,uy,uz]=**GRAD1**(x,y,z)
    ux=y*z
    uy=x*z
    uz=x*y
  Numerische Berechnung des Gradientenfeldes:
  * Mittels MATLAB-Funktion **gradient**:
    \>\> w=-1:0.5:1 ; [x,y,z]=meshgrid(w) ; u=x.*y.*z ; [px,py,pz]=**gradient**(u)
    die folgendermaßen einzusetzen ist:
    Durch **meshgrid** werden mit dem vorgegebenen Vektor **w** die Punkte im Würfel [-1,1]×[-1,1]×[-1,1] mit Schrittweite Δ=0.5 bestimmt, in denen **gradient** den Gradienten berechnet. Aus Platzgründen wird auf die Ausgabe des Ergebnisses verzichtet.
    Bei der Berechnung der Funktionswerte von u(x,y,z) sind Zeichen für elementweise Rechenoperationen zu verwenden.
    Wenn der Gradient nur in einzelnen Punkten benötigt wird, ist folgende Funktionsdatei **GRAD2** vorzuziehen.
  * Mittels Funktionsdatei **GRAD2**.m:

Mit dem Ergebnis der exakten Berechnung durch **jacobian** oder die Funktionsdatei **GRAD1**.m kann die Funktionsdatei **GRAD2**.m in der Form
function [ux,uy,uz]=**GRAD2**(x,y,z)
ux=y*z ; uy=x*z ; uz=x*y ;
geschrieben, im aktuellen Verzeichnis (Current Directory/Folder) von MATLAB gespeichert und zur numerischen Berechnung herangezogen werden, wie z.B.:
\>\> [ux,uy,uz]=**GRAD2**(1,2,3)
ux = 6
uy = 3
uz = 2

b) Die folgende Abbildung zeigt eine Illustration für die *grafische Darstellung* eines Gradientenfeldes in der Ebene unter Anwendung der MATLAB-Funktion **quiver**:
Es ist das *Gradientenfeld* des Skalarfeldes $u(x,y) = x^2 + y^2$ zu sehen, das senkrecht zu den Höhenlinien (Kreisen) von u(x,y) verläuft.
Die *grafische Darstellung* der *Höhenlinien* und der *Gradienten* mittels **contour** bzw. **quiver** geschieht folgendermaßen:
\>\> w=-2:0.2:2 ; [x,y]=**meshgrid**(w) ; u=x.^2+y.^2 ; [ux,uy]=**gradient**(u) ;
\>\> **contour**(x,y,u) ; **hold on** ; **quiver**(x,y,ux,uy)

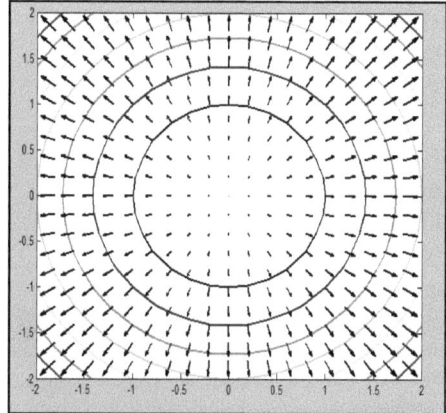

c) Berechnung der *Rotation* **ROT**v(x,y,z) des Feldes
$v(x,y,z) = z \cdot (2+y) \cdot \mathbf{i} + x \cdot (1+z) \cdot \mathbf{j} + x \cdot y \cdot z \cdot \mathbf{k}$, das durch die Funktionsdatei **v**.m
function [v1,v2,v3]=**v**(x,y,z)
v1=z.*(2+y) ; v2=x.*(1+z) ; v3=x.*y.*z ;
definiert und im aktuellen Verzeichnis (Current Directory/Folder) von MATLAB gespeichert ist. In **v**.m sind Zeichen für elementweise Rechenoperationen zu verwenden:
Exakte Berechnung der Rotation mittels Funktionsdatei **ROT1**.m:
\>\> **syms** x y z ; [v1,v2,v3]=**v**(x,y,z) ; [r1,r2,r3]=**ROT1**(x,y,z,v1,v2,v3)
r1 = x*z-x
r2 = y-y*z+2
r3 = 1

Numerische Berechnung der Rotation:
* Mittels MATLAB-Funktion **curl**:

>> w=-2:0.5:2 ; [x,y,z]=meshgrid(w) ; [v1,v2,v3]=v(x,y,z) ;
>> [r1,r2,r3]=curl(x,y,z,v1,v2,v3)
die folgendermaßen einzusetzen ist:
Durch **meshgrid** werden mit dem vorgegebenen Vektor **w** die Punkte im Würfel [-2,2]×[-2,2]×[-2,2] mit Schrittweite Δ=0.5 bestimmt, in denen **curl** die Rotation berechnet. Aus Platzgründen wird auf die Ausgabe des Ergebnisses verzichtet.
Wenn man die Rotation nur in einzelnen Punkten benötigt, ist folgende Funktionsdatei **ROT2** vorzuziehen.

* Mittels Funktionsdatei **ROT2**.m:
  Mit dem Ergebnis der exakten Berechnung durch **ROT1** kann die Funktionsdatei **ROT2**.m in der Form
  function [r1,r2,r3]=**ROT2**(x,y,z)
  r1=x*z-x ; r2=y-y*z+2 ; r3=1 ;
  geschrieben, im aktuellen Verzeichnis (Current Directory/Folder) von MATLAB gespeichert und zur numerischen Berechnung herangezogen werden, wie z.B.:
  >> [r1,r2,r3]=**ROT2**(1,2,3)
  r1 = 2
  r2 = -2
  r3 = 1

d) Berechnung der *Divergenz* DIV**v**(x,y,z)=x*y des Feldes **v**(x,y,z) aus Beisp.c:
   Exakte Berechnung der Divergenz mittels Funktionsdatei DIV1.m:
   >> **syms** x y z ; [v1,v2,v3]=v(x,y,z) ; div=DIV1(x,y,z,v1,v2,v3)
   div = x*y
   Numerische Berechnung der Divergenz:

   * Mittels MATLAB-Funktion **divergence**:
     >> w=-2:0.5:2 ; [x,y,z]=meshgrid(w) ; [v1,v2,v3]=v(x,y,z) ;
     >> div=**divergence**(x,y,z,v1,v2,v3)
     die folgendermaßen einzusetzen ist:
     Durch **meshgrid** werden mit dem vorgegebenen Vektor **w** die Punkte im Würfel [-2,2]×[-2,2]×[-2,2] mit Schrittweite Δ=0.5 bestimmt, in denen **divergence** die Divergenz berechnet. Aus Platzgründen wird auf die Ausgabe des Ergebnisses verzichtet.
     Wenn die Divergenz nur in einzelnen Punkten benötigt wird, ist folgende Funktionsdatei DIV2.m vorzuziehen.
   * Mittels Funktionsdatei DIV2.m:
     Mit dem Ergebnis der exakten Berechnung durch DIV1.m kann die Funktionsdatei DIV2.m in der Form
     function div=DIV2(x,y,z)
     div=x*y ;
     geschrieben, im aktuellen Verzeichnis (Current Directory/Folder) von MATLAB gespeichert und zur numerischen Berechnung herangezogen werden, wie z.B.:

```
>> div=DIV2(1,2,3)
div = 2
```

21.4 Kurven- und Oberflächenintegrale

Ein weiterer Gegenstand der *Vektoranalysis* ist die Berechnung von *Kurven-* und *Oberflächenintegralen:*

Hierfür sind keine Funktionen vordefiniert, so dass MATLAB auf diesem Gebiet noch verbesserungsfähig ist.

Derartige Integrale können nur mit MATLAB berechnet werden, wenn sie vorher per Hand unter Verwendung der Berechnungsformeln auf einfache bzw. zweifache Integrale zurückgeführt werden. Anschließend lassen sich die MATLAB-Funktionen zur Integration aus Kap.19 einsetzen.

Beispiel 21.3:

Illustration der Berechnung von Kurven- und Oberflächenintegralen mittels MATLAB:

a) Berechnung des *Kurvenintegrals*

$$\int_C 2 \cdot x \cdot y \, dx + (x-y) \, dy + y \cdot z \, dz$$

längs der Geraden C zwischen den Punkten (0,0,0) und (2,4,3):

Physikalisch liefert das Integral die *geleistete Arbeit*, wenn sich im *Vektorfeld*

$\mathbf{v}(x,y,z) = 2 \cdot x \cdot y \cdot \mathbf{i} + (x-y) \cdot \mathbf{j} + y \cdot z \cdot \mathbf{k}$

längs des *Geradenstücks* in Parameterdarstellung x(t)=2·t, y(t)=4·t, z(t)=3·t   (0≤t≤1) zwischen den beiden Punkten (0,0,0) und (2,4,3) bewegt wird.

Nach der *Berechnungsformel* für *Kurvenintegrale* ist die Parameterdarstellung der Geraden in das Kurvenintegral einzusetzen, so dass sich das *bestimmte Integral*

$$\int_0^1 (2 \cdot 2 \cdot t \cdot 4 \cdot t \cdot 2 + (2 \cdot t - 4 \cdot t) \cdot 4 + 4 \cdot t \cdot 3 \cdot t \cdot 3) \, dt = \int_0^1 (68 \cdot t^2 - 8 \cdot t) \, dt$$

ergibt, das MATLAB mittels **int** problemlos berechnet:

>> **syms** t ; **int**(68*t^2-8*t,t,0,1)
ans = 56/3

b) Berechnung eines *Oberflächenintegrals*:

Es ist der *Flächeninhalt* der Kegelfläche K gesucht, der zwischen den Ebenen z=0 und z=1 liegt, wobei K durch

$$z = \sqrt{x^2 + y^2}$$

beschrieben wird.

Der Flächeninhalt ist durch folgendes *Oberflächenintegral erster Art* gegeben, das durch die Berechnungsformel auf ein *zweifaches Integral* zurückgeführt wird:

$$\iint_K dS = \int_{-1}^{1} \int_{-\sqrt{1-x^2}}^{\sqrt{1-x^2}} \sqrt{1 + z_x^2 + z_y^2} \, dy \, dx = \int_{-1}^{1} \int_{-\sqrt{1-x^2}}^{\sqrt{1-x^2}} \sqrt{2} \, dy \, dx = \pi \cdot \sqrt{2}$$

MATLAB berechnet mittels **int** das anfallende zweifache Integral problemlos:

>> **syms** x y ; **int**(**int**(sqrt(2),y,-sqrt(1-x^2),sqrt(1-x^2)),x,-1,1)
ans = pi*2^(1/2)

22 Differentialgleichungen mit MATLAB

22.1 Einführung

Differentialgleichungen (Abkürzung: Dgl) spielen eine grundlegende Rolle in Technik und Naturwissenschaften, da sich zahlreiche technische Prozesse und Naturgesetze wie z.B. Wachstums-, Wellen- und Schwingungsvorgänge, Wärmeleitungs- und Diffusionsprozesse, elektrische und magnetische Felder, Probleme der Hydrodynamik durch sie mathematisch modellieren lassen.

Dgl sind *Gleichungen*, in denen *unbekannte Funktionen* und deren *Ableitungen* vorkommen. Diese unbekannten Funktionen sind so zu bestimmen, dass die Dgl identisch erfüllt ist. Man spricht von *Lösungsfunktionen* und unterscheidet zwischen

allgemeinen Lösungsfunktionen: enthalten alle möglichen Lösungsfunktionen,

speziellen Lösungsfunktionen: erfüllen vorgegebene Bedingungen.

Wie für alle Gleichungen ist auch für Dgl die Frage nach der *Existenz* von *Lösungsfunktionen* eine wichtige Problematik:

Da sie Gleichungen in Funktionenräumen sind, ist die Beantwortung dieser Frage kompliziert.

Unter einer Reihe von Voraussetzungen lassen sich Existenzaussagen für gewisse Dgl-Typen beweisen. Im Folgenden wird die Existenz von Lösungsfunktionen vorausgesetzt.

Für Dgl existiert ebenso wie für algebraische Gleichungen (siehe Kap.17) nur eine aussagekräftige *Lösungstheorie*, wenn sie *linear* sind (siehe Abschn.22.3).

Gewöhnliche und *partielle Dgl* unterscheiden sich dadurch, dass bei gewöhnlichen die Lösungsfunktionen von einer und bei partiellen von mehreren Variablen abhängen.

Zahlreiche Phänomene in Technik und Naturwissenschaften lassen sich nicht befriedigend durch gewöhnliche Dgl beschreiben, während *partielle Dgl* die Problematik wesentlich besser widerspiegeln:

Da die Lösungstheorie sehr umfangreich und vielschichtig ist, muss auf *partielle Dgl verzichtet* werden.

Die Anwendung von MATLAB auf partielle Dgl wird im Buch [1] des Autors *Differentialgleichungen mit MATHCAD und MATLAB* besprochen.

22.2 Gewöhnliche Differentialgleichungen

22.2.1 Einführung

Gewöhnliche Dgl sind dadurch charakterisiert, dass auftretende Funktionen nur von einer Variablen abhängen.

Die *Ordnung* einer gewöhnlichen Dgl wird von der höchsten auftretenden Ableitung bestimmt.

Es wird zwischen einer Dgl und einem System von Dgl (*Dgl-System*) unterschieden, bei dem mehrere Dgl auftreten (siehe Beisp.22.1).

Allgemeine *Dgl n-ter Ordnung* haben die Form $\quad y^{(n)}(x) = f(x, y(x), y'(x), ..., y^{(n-1)}(x))$

mit einer *Lösungsfunktion* y(x), die über einem *Lösungsintervall* [x_0, x_1] gesucht ist.

Dgl n-ter Ordnung lassen sich in ein *Dgl-System 1.Ordnung umformen:*

Durch Setzen von

$y(x) = y_1(x)$, $y'(x) = y_1'(x) = y_2(x)$, $y''(x) = y_1''(x) = y_2'(x) = y_3(x)$, ...

ergibt sich für die Lösungsfunktionen $y_1(x), ..., y_n(x)$ folgendes *Dgl-System 1.Ordnung:*

$$y_1'(x) = y_2(x)$$
$$y_2'(x) = y_3(x)$$
$$\vdots$$
$$y_{n-1}'(x) = y_n(x)$$
$$y_n'(x) = f(x, y_1(x), y_2(x), ..., y_n(x))$$

Diese Umformung von Dgl n-ter Ordnung wird öfters benötigt, da einige vordefinierte MATLAB-Funktionen nur auf Dgl-Systeme 1.Ordnung anwendbar sind.
Eine Illustration dieser Umformung wird im Beisp.22.1b gegeben.

22.2.2 Anfangs- und Randwertprobleme

In *praktischen Anwendungen* werden nicht allgemeine Lösungsfunktionen von Dgl gesucht, sondern *Lösungsfunktionen*, die gegebene *Bedingungen* erfüllen:

- Bei *Anfangswertproblemen* sind *Bedingungen* für Lösungsfunktionen und ihre Ableitungen nur für *einen Wert* der unabhängigen Variablen x im Lösungsintervall $[x_0, x_1]$ vorgegeben, die als *Anfangsbedingungen* bezeichnet werden:

Für *Dgl n-ter Ordnung* $\qquad y^{(n)}(x) = f(x, y(x), y'(x), ..., y^{(n-1)}(x))$

bedeuten *Anfangsbedingungen*, dass n Bedingungen für Lösungsfunktionen und ihre Ableitungen für ein x im Lösungsintervall $[x_0, x_1]$ gegeben sind, wofür häufig der Anfangspunkt x_0 des Lösungsintervalls $[x_0, x_1]$ auftritt, d.h.

$$y(x_0) = y_1^0, \, y'(x_0) = y_2^0, ..., y^{(n-1)}(x_0) = y_n^0$$

mit vorgegebenen *Anfangswerten* $\qquad y_1^0, y_2^0, ..., y_n^0$.

Für allgemeine *Dgl-Systeme 1.Ordnung* mit n Gleichungen

$$y_1'(x) = f_1(x, y_1(x), y_2(x), ..., y_n(x))$$
$$y_2'(x) = f_2(x, y_1(x), y_2(x), ..., y_n(x))$$
$$\vdots$$
$$y_n'(x) = f_n(x, y_1(x), y_2(x), ..., y_n(x))$$

in Matrixschreibweise **y'**(x)=**f**(x,**y**(x))

können *Anfangsbedingungen* die Form

$$y_1(x_0) = y_1^0, \, y_2(x_0) = y_2^0, ..., y_n(x_0) = y_n^0 \qquad \text{in Matrixschreibweise} \quad \mathbf{y}(x_0) = \mathbf{y}^0$$

haben, wobei **y**(x) (Lösungsfunktionen), $\mathbf{y}^0$ (Anfangswerte) und **f**(x,**y**(x)) folgende n-dimensionale *Vektoren* bezeichnen:

$$\mathbf{y}(x) = \begin{pmatrix} y_1(x) \\ y_2(x) \\ \vdots \\ y_n(x) \end{pmatrix} \quad , \quad \mathbf{y}^0 = \begin{pmatrix} y_1^0 \\ y_2^0 \\ \vdots \\ y_n^0 \end{pmatrix} \quad \text{bzw.} \quad \mathbf{f}(x, \mathbf{y}(x)) = \begin{pmatrix} f_1(x, \mathbf{y}(x)) \\ f_2(x, \mathbf{y}(x)) \\ \vdots \\ f_n(x, \mathbf{y}(x)) \end{pmatrix}$$

Anfangswertprobleme besitzen im Unterschied zu Randwertproblemen unter schwachen Voraussetzungen eindeutige Lösungsfunktionen, so dass bei praktischen Problemen mit der Lösbarkeit kaum Schwierigkeiten auftreten.

- *Randwertprobleme* treten auf, wenn *Bedingungen* für Lösungsfunktionen und ihre Ableitungen für *mehrere Werte* von x im Lösungsintervall [x_0, x_1] vorgegeben sind. Diese Bedingungen werden als *Randbedingungen* bezeichnet:
Häufig sind Randbedingungen für zwei x-Werte gegeben, wofür meistens die beiden Endpunkte x_0 und x_1 des Lösungsintervalls [x_0, x_1] auftreten (siehe Beisp.22.1d und 22.3). Derartige Randbedingungen heißen *Zweipunkt-Randbedingungen*, die für allgemeine *Dgl-Systeme 1.Ordnung*
$$\mathbf{y'}(x) = \mathbf{f}(x, \mathbf{y}(x))$$
in Matrixschreibweise die Form
$$\mathbf{g}(\mathbf{y}(x_0), \mathbf{y}(x_1)) = \mathbf{0}$$
haben, in der $\mathbf{g}(\mathbf{y}(x_0), \mathbf{y}(x_1))$ folgenden *Vektor* bezeichnet:
$$\mathbf{g}(\mathbf{y}(x_0), \mathbf{y}(x_1)) = \begin{pmatrix} g_1(\mathbf{y}(x_0), \mathbf{y}(x_1)) \\ g_2(\mathbf{y}(x_0), \mathbf{y}(x_1)) \\ \vdots \\ g_n(\mathbf{y}(x_0), \mathbf{y}(x_1)) \end{pmatrix}$$
Bei Randwertproblemen gestaltet sich der Nachweis für die Existenz von Lösungsfunktionen wesentlich schwieriger als bei Anfangswertproblemen. Hier kann schon für einfache Probleme keine Lösung existieren, wie im Beisp.22.1d illustriert ist.

- Anfangs- und Randwertprobleme können durch Einsetzen der Anfangs- bzw. Randbedingungen in die allgemeine Lösungsfunktion berechnet werden. Da allgemeine Lösungsfunktionen nur für Spezialfälle einfach zu bestimmen sind, werden Anfangs- und Randwertprobleme numerisch direkt berechnet.

22.3 Lineare gewöhnliche Differentialgleichungen

Lineare gewöhnliche Dgl n-ter Ordnung haben die Form
$$a_n(x) \cdot y^{(n)}(x) + a_{n-1}(x) \cdot y^{(n-1)}(x) + \ldots + a_1(x) \cdot y'(x) + a_0(x) \cdot y(x) = f(x)$$
in der die auftretenden Größen folgende Bedeutung haben:
$a_k(x)$ gegebene stetige Koeffizientenfunktionen (k=0,1,...,n).
f(x)   gegebene stetige Funktion der rechten Seite.
y(x)   gesuchte Lösungsfunktion.
Falls f(x) identisch gleich Null ist, so heißen die Dgl *homogen*, ansonsten *inhomogen*.
Für lineare Dgl n-ter Ordnung existiert eine aussagekräftige *Lösungstheorie*, die u.a. folgende Aussagen liefert:

- Allgemeine Lösungsfunktionen hängen von n reellen Konstanten ab.
- Die *allgemeine Lösungsfunktion inhomogener Dgl* ergibt sich als *Summe* aus *allgemeiner Lösungsfunktion* der zugehörigen homogenen und *spezieller Lösungsfunktion* der inhomogenen Dgl.
- Wenn die *Koeffizientenfunktionen* $a_k(x)$ eine der *Bedingungen*

  $a_k(x) = a_k =$ konstant   (*Dgl mit konstanten Koeffizienten*)

  $a_k(x) = b_k \cdot x^k$ (b_k =konstant , *Euler-Cauchysche Dgl*) erfüllen, so führen *Ansatzmethoden* zur Konstruktion von Lösungsfunktionen für die *homogene Dgl* zum Ziel:

* Dgl mit *konstanten Koeffizienten*:
  Der Ansatz $y(x) = e^{\lambda \cdot x}$ mit dem Parameter λ liefert Folgendes:
  Durch Einsetzen in die Dgl ergibt sich die *charakteristische Polynomgleichung* n-ten Grades in λ
  $$a_n \cdot \lambda^n + a_{n-1} \cdot \lambda^{n-1} + \ldots + a_1 \cdot \lambda + a_0 = 0$$
  Der einfachste Fall liegt vor, wenn die charakteristische Polynomgleichung n paarweise verschiedene reelle Lösungen $\lambda_1, \lambda_2, \ldots, \lambda_n$ besitzt:
  Hierfür hat die *allgemeine Lösungsfunktion* der homogenen Dgl die Form
  $$y(x) = c_1 \cdot e^{\lambda_1 \cdot x} + c_2 \cdot e^{\lambda_2 \cdot x} + c_3 \cdot e^{\lambda_3 \cdot x} + \ldots + c_n \cdot e^{\lambda_n \cdot x}$$
  mit reellen Konstanten $c_1, c_2, \ldots, c_n$.
  Zur Lösungskonstruktion bei mehrfachen bzw. komplexen Lösungen der charakteristischen Polynomgleichung wird bzgl. Details auf Lehrbücher verwiesen. MATLAB löst diese Dgl problemlos, wenn die Lösungen der charakteristischen Polynomgleichung exakt bestimmbar sind.

* *Euler-Cauchysche Dgl*:
  Sie lassen sich auf Dgl mit konstanten Koeffizienten zurückführen, so dass der Ansatz $y(x) = x^\lambda$ folgt, der die charakteristische Polynomgleichung n-ten Grades in λ liefert. MATLAB löst Euler-Cauchysche Dgl problemlos, wenn die Lösungen der charakteristischen Polynomgleichung exakt bestimmbar sind.

22.4 Exakte Berechnungen mit MATLAB

MATLAB kann Lösungsfunktionen *gewöhnlicher Dgl* nur *exakt berechnen*, wenn die Toolbox SYMBOLIC MATH installiert ist.

Zur *exakten Berechnung* von Lösungsfunktionen ist die Funktion
>> dsolve('DGL','x')
vordefiniert, die folgendermaßen anzuwenden ist (siehe Beisp.22.1):
Beide *Argumente* 'DGL' , 'x' sind als *Zeichenketten* einzugeben.
Falls 'x' weggelassen wird, berechnet **dsolve** die Lösungsfunktion y als Funktion von t.
Für DGL ist die Dgl einzugeben, wobei Ableitungen der Lösungsfunktion y(x) mittels D , D2 ,... zu kennzeichnen sind, d.h. y'(x)=Dy , y''(x)=D2y ,...
Die *exakte Lösungsberechnung* mittels **dsolve** ist folgendermaßen *charakterisiert*:
Es wird die *allgemeine Lösungsfunktion* der für DGL eingegebenen Dgl berechnet.
Falls in 'DGL' zusätzlich *Anfangs-* oder *Randbedingungen* stehen, wird die zugehörige *spezielle Lösungsfunktion* berechnet. Damit können mit **dsolve** auch *Anfangswert-* und *Randwertprobleme* berechnet werden.

22.4 Exakte Berechnungen mit MATLAB

Da die *exakte Lösungsberechnung* für Dgl eng mit der *Integration* zusammenhängt, dürfen von MATLAB keine Wunder erwartet werden. Exakte Berechnungsergebnisse sind nur für einfache Dgl zu erwarten.

Beim *Scheitern exakter Berechnungen* können numerische Berechnungen angewandt werden, für die in MATLAB effektive *Funktionen* vordefiniert sind (siehe Abschn. 22.5).

Beispiel 22.1:

Illustration der Lösungsproblematik für lineare Dgl 2.Ordnung

$$a_2(x) \cdot y''(x) + a_1(x) \cdot y'(x) + a_0(x) \cdot y(x) = f(x)$$

wobei x durch t ersetzt wird, wenn es sich um die Zeit handelt.

Im Folgenden werden für Spezialfälle mittels **dsolve** allgemeine Lösungsfunktionen (mit zwei frei wählbaren reellen Konstanten) und Anfangs- und Randwertprobleme berechnet:

a) Die Anwendung des *Newtonschen Kraftgesetzes:* Kraft=Masse×Beschleunigung und des *Hookeschen Gesetzes* liefert folgende *Dgl 2.Ordnung* für die *Auslenkung* (Schwingung) y(t) einer *Feder* mit angehängter *Masse* m (*harmonischer Oszillator*):

$$y''(t) = -\frac{k}{m} \cdot y(t) - g \qquad \text{(k - Federkonstante , g - Erdbeschleunigung)}$$

die zur Klasse der *Schwingungsgleichungen*

$$y''(t) + a \cdot y'(t) + b \cdot y(t) = f(t) \qquad \text{(a , b - konstante Koeffizienten)}$$

gehört und folgende mit **dsolve** berechnete allgemeine Lösungsfunktion y(t) besitzt:

>> **dsolve**('D2y=-k*y/m-g')

ans = C2***exp**((t*(-k*m)^(1/2))/m)+C3***exp**((t*(-k*m)^(1/2))/m)-(g*m)/k

in der MATLAB die zwei frei wählbaren Konstanten mit C2 und C3 bezeichnet.

Analoge Dgl werden bei analytischen Untersuchungen für *elektrische RLC-Schwingkreise* erhalten.

Für *homogene Schwingungsgleichungen* (d.h. f(t)≡0) liegen in Abhängigkeit von den Koeffizienten a und b drei verschiedene Fälle vor:

$a^2 = 4 \cdot b$ *aperiodischer Grenzfall*

$a^2 < 4 \cdot b$ *Schwingfall* (schwache Dämpfung)

$a^2 > 4 \cdot b$ *Kriechfall* (starke Dämpfung)

Wenn *Auslenkung* y(0) und *Geschwindigkeit* y'(0) zum Zeitpunkt t=0 bekannt sind, ist für Schwingungsgleichungen ein *Anfangswertproblem* zu lösen.

Konkrete Anfangswertprobleme mit Anfangsbedingungen y(0)=2 und y'(0)=1 werden im Folgenden mit **dsolve** berechnet:

* y''(t)+2·y'(t)+y(t)=0   *aperiodischer Grenzfall* (a=2, b=1)
  >> **dsolve**('D2y+2*Dy+y=0,y(0)=2,Dy(0)=1')
  ans =
  2/**exp**(t)+(3*t)/**exp**(t)   (=**exp**(-t)*(2+3*t))

* y''(t)+y'(t)+2·y(t)=0   *Schwingfall* (a=1, b=2)
  >> **dsolve**('D2y+Dy+2*y=0,y(0)=2,Dy(0)=1')
  ans =
  (2***cos**((7^(1/2)*t)/2))/**exp**(t/2)+(4*7^(1/2)***sin**((7^(1/2)*t)/2))/(7***exp**(t/2))

* $y''(t)+3\cdot y'(t)+y(t)=0$ *Kriechfall* (a=3, b=1)

```
>> dsolve('D2y+3*Dy+y=0,y(0)=2,Dy(0)=1')
ans =
(5^(1/2)*exp(t*(5^(1/2)/2-3/2))*(5^(1/2)+4))/5+(5^(1/2)*(5^(1/2)-4))/
(5*exp(t*(5^(1/2)/2+3/2)))
```

Die *grafische Darstellung* der drei berechneten Lösungsfunktionen ist in folgender Abbildung zu sehen:

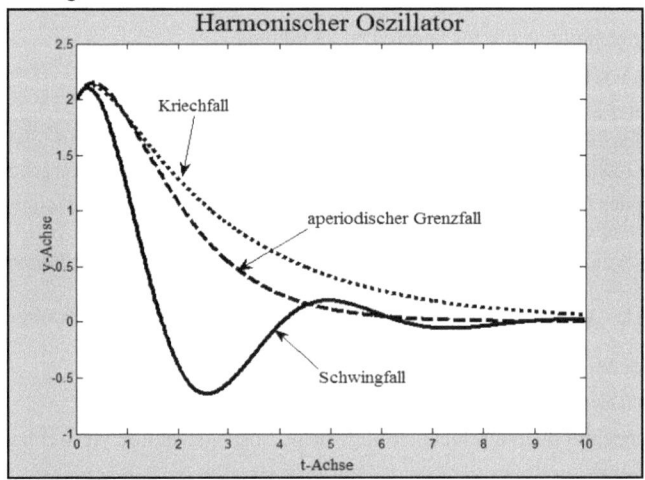

b) Umformung des *Anfangswertproblems* $y''+2\cdot y'+y=0$, $y(0)=2$, $y'(0)=1$
   für eine lineare Dgl 2.Ordnung mit konstanten Koeffizienten aus Beisp.a durch Setzen
   von $y(t)=y_1(t)$, $y'(t)=y_1'(t)=y_2(t)$ in folgendes Anfangswertproblem

   $y_1' = y_2$, $y_1(0)=2$
   $y_2' = -y_1 - 2\cdot y_2$, $y_2(0)=1$

   für ein lineares Dgl-System 1.Ordnung mit konstanten Koeffizienten:
   Die Berechnung der beiden Lösungsfunktionen y1(t) und y2(t) mittels **dsolve** ergibt:
   ```
   >> [y1,y2]=dsolve('Dy1=y2,Dy2=-y1-2*y2,y1(0)=2,y2(0)=1')
   y1=2/exp(t)+(3*t)/exp(t)
   y2=1/exp(t)-(3*t)/exp(t)
   ```
   Aufgrund der durchgeführten Umformung liefert die Funktion y1(t) die Lösungsfunktion y(t) der Dgl 2.Ordnung, während y2(t) die Ableitung y'(t) darstellt.

c) Die *allgemeine Lösungsfunktion* mit zwei frei wählbaren reellen Konstanten C2 und C3
   für die inhomogene *Euler-Cauchysche Dgl 2.Ordnung*
   $x^2 \cdot y''(x) + 3\cdot x\cdot y'(x) + y(x) = x^3 + x + 1$ berechnet **dsolve** mittels
   ```
   >> dsolve('x^2*D2y+3*x*Dy+y=x^3+x+1','x')
   ans = (x-C2*log(x)+x^2/4+x^4/16)/x+C3/x
   ```

d) Für die lineare Dgl mit konstanten Koeffizienten y''(x)+y(x)=0 berechnet **dsolve** mittels
>> **dsolve**('D2y+y=0','x')
ans = C2∗**cos**(x)+C3∗**sin**(x)
die *allgemeine Lösungsfunktion* mit zwei frei wählbaren reellen Konstanten C2 und C3:
Randbedingungen liefern zur Bestimmung der Konstanten C2 und C3 ein lineares Gleichungssystem, indem sie in die allgemeine Lösungsfunktion eingesetzt werden.

Im Folgenden werden durch Vorgabe verschiedener *Zweipunkt-Randbedingungen* die drei Möglichkeiten aufgezeigt, die bei *Randwertproblemen* auftreten können. Die einzelnen Berechnungen werden mittels **dsolve** durchgeführt:

Für die *Randbedingungen*   y(0)=y(π)=0
existieren neben der *trivialen Lösungsfunktion*   y(x)≡0
weitere *Lösungsfunktionen*, die **dsolve** folgendermaßen berechnet:
>> **dsolve**('D2y+y=0,y(0)=0,y(**pi**)=0','x')
ans = C4∗**sin**(x)   (C4 – frei wählbare reelle Konstante)

Für die *Randbedingungen*   y(0)=2 , y(π/2)=3
existiert eine *eindeutige Lösungsfunktion*, die **dsolve** folgendermaßen berechnet:
>> **dsolve**('D2y+y=0,y(0)=2,y(**pi**/2)=3','x')
ans = 2∗**cos**(x)+3∗**sin**(x)

Für die *Randbedingungen*   y(0)=0 , y(π)=-1
existiert *keine Lösung*, wie **dsolve** durch Ausgabe von *empty* (leer) erkennt:
>> **dsolve**('D2y+y=0,y(0)=0,y(**pi**)=-1','x')
ans = [*empty sym*]

22.5 Numerische Berechnungen mit MATLAB

Numerisch kann MATLAB nur Lösungsfunktionen für Dgl-Systeme 1.Ordnung berechnen, so dass Dgl höherer Ordnung hierauf zurückzuführen sind (siehe Abschn.22.2).

22.5.1 Anfangswertprobleme

MATLAB kann *Anfangswertprobleme*   **y'**(x)=**f**(x,**y**(x)) , **y**(x_0)=**y**^{0}
für Dgl-Systeme 1.Ordnung im Lösungsintervall [x_0, x_1] numerisch berechnen.

Zur *numerischen Berechnung* sind *Numerikfunktionen* vordefiniert, von denen im Folgenden wichtige vorgestellt und die verwendeten numerischen Methoden angegeben werden:
>> [**x,Y**]=**ode23**('f ',[x0,...,x1],AB)   und   >>[**x,Y**]=**ode45**('f ',[x0,...,x1],AB)
verwenden Runge-Kutta-Methoden für nichtsteife Dgl.
>> [**x,Y**]=**ode113**('f ', [x0,...,x1],AB)
verwendet Adams-Bashford-Moulton-Prediktor-Korrektor-Methoden zur Lösung nichtsteifer Dgl.
>> [**x,Y**]=**ode15S**('f ', [x0,...,x1],AB)   ,   >> [**x,Y**]=**ode23S**('f ', [x0,...,x1],AB),
>> [**x,Y**]=**ode23T**('f ',[x0,...,x1],AB)   und   >> [**x,Y**]=**ode23TB**('f ', [x0,...,x1],AB)
verwenden Rosenbrock-, implizite Runge-Kutta-, BDF- und NDF-Methoden zur Lösung steifer Dgl.
Die *Argumente* der Numerikfunktionen haben folgende Bedeutung (siehe Beisp.22.2):

* **'f'**

    ist als Zeichenkette einzugeben und bedeutet die *rechte Seite* **f**(x,y) des Dgl-Systems, die als *Funktionsdatei* f.m zu schreiben und im aktuellen Verzeichnis (Current Directory /Folder) von MATLAB zu speichern ist:

    function dy_dx=f(x,y)

    dy_dx=[...;...;...;...;] ;

    In dieser Funktionsdatei ist die rechte Seite als Spaltenvektor zu schreiben und die Lösungsfunktionen in der Form y(1), y(2), ..., y(n).

* **[x0,...,x1]**

    bezeichnet das *Lösungsintervall*, wobei statt der Punkte ... x-Werte des Lösungsintervalls einzugeben sind, in denen Funktionswerte der Lösungsfunktion gesucht sind. Wird nur das Lösungsintervall [x0,x1] eingetragen, so wählt MATLAB die x-Werte zwischen x0 und x1.

* **AB**

    enthält die Werte der *Anfangsbedingungen*, die als Spaltenvektor einzugeben sind.

Die berechneten *Näherungswerte* der Lösungsfunktionen (y-Werte) für die x-Werte des Vektors **x** stehen in der Matrix **Y**.

Da im Voraus wenig über die Eigenschaften der gesuchten Lösungsfunktionen einer Dgl bekannt ist, empfiehlt sich die Anwendung verschiedener Numerikfunktionen. Dies betrifft vor allem *steife Dgl*, die dadurch gekennzeichnet sind, dass ihre Lösungsfunktionen ein stark unterschiedliches Wachstumsverhalten zeigen.

Alle Funktionen können *Optionen* als weitere Argumente erhalten. Ausführliche Informationen hierüber liefert die MATLAB-Hilfe, wenn in den HelpNavigator *Initial Value Problems* eingegeben wird.

Beispiel 22.2:

Illustration zur Anwendung der Numerikfunktion **ode23** für die Berechnung von Anfangswertproblemen:

Das *Anfangswertproblem* für das Dgl-System 1.Ordnung

$y_1' = y_2$, $y_2' = -y_1 - y_2$, $y_1(0) = 2$, $y_2(0) = 1$

wird im Lösungsintervall [0,2] folgendermaßen *numerisch berechnet:*

f enthält die rechten Seiten des Dgl-Systems als Spaltenvektor und ist als *Funktionsdatei* f.m in folgender Form zu schreiben

function dy_dx=f(x,y)

dy_dx=[y(2);-y(1)-y(2)] ;

und im aktuellen Verzeichnis (Current Directory/Folder) von MATLAB zu speichern.

Der Aufruf von **ode23** liefert Folgendes:

Wenn keine x-Werte sondern *nur* das *Lösungsintervall* [0,2] *vorgegeben* werden:

>> [x,Y]=ode23('f ',[0,2],[2;1])

22.5 Numerische Berechnungen mit MATLAB

x =	Y =
0	2.0000 1.0000
0.0267	2.0256 0.9207
0.1600	2.1230 0.5462
0.3600	2.1817 0.0556
0.5600	2.1510 -0.3482
0.7600	2.0481 -0.6662
0.9600	1.8900 -0.9025
1.1600	1.6923 -1.0634
1.3600	1.4693 -1.1567
1.5600	1.2336 -1.1914
1.7600	0.9961 -1.1768
1.9600	0.7657 -1.1223
2.0000	0.7211 -1.1074

Die in den von MATLAB gewählten *x-Werten* (Vektor **x**) berechneten *y-Werte* stehen in der Matrix **Y**.

Wenn *x-Werte* im *Lösungsintervall* als Vektor **x**=[0,0.2,1.1,1.76,2] *vorgegeben* werden:
>> **[x,Y]=ode23('f ',[0,0.2,1.1,1.76,2],[2;1])**

x =	Y =
0	2.0000 1.0000
0.2000	2.1427 0.4412
1.1000	1.7549 -1.0226
1.7600	0.9961 -1.1768
2.0000	0.7211 -1.1074

Da das berechnete Anfangswertproblem für das Dgl-System äquivalent zum folgenden *Anfangswertproblem*   y''+y'+y=0   ,   y(0)=2 , y'(0)=1
für eine Dgl 2.Ordnung ist, wird nur die erste Spalte der Matrix **Y** benötigt, die die Werte der *Lösungsfunktion* y(x) enthält, während in der zweiten Spalte die Werte der Ableitung y'(x) der Lösungsfunktion zu finden sind.

22.5.2 Randwertprobleme

MATLAB kann *Randwertprobleme* für Dgl-Systeme 1.Ordnung   **y'**(x)=**f**(x,**y**(x))

mit *Zweipunkt-Randbedingungen* (siehe Abschn.22.2.2)   **g**(**y**(x_0),**y**(x_1))=**0**

im *Lösungsintervall* [x_0, x_1] numerisch berechnen.

Es ist die Numerikfunktion **bvp4c** vordefiniert, die eine Kollokationsmethode mit kubischen Splines als Ansatzfunktionen einsetzt und in der Form
>> **sol=bvp4c('f ','g',ANFSCH)**

anzuwenden ist. Sie berechnet Werte der Lösungsfunktionen in vorzugebenden x-Werten (*Gitterpunkten*) numerisch, wie im Beisp.22.3 illustriert ist.

Für die Argumente von **bvp4c** gilt Folgendes:
* '**f** '
  ist als Zeichenkette einzugeben und bedeutet die rechte Seite **f**(x,**y**(x)) des Dgl-Systems, die als *Funktionsdatei* f.m zu schreiben und im aktuellen Verzeichnis (Current Directory /Folder) von MATLAB zu speichern ist. Die Vorgehensweise ist hier analog zu Anfangswertproblemen.

* 'g'
  ist als Zeichenkette einzugeben und bedeutet die linke Seite $g(y(x_0),y(x_1))$ der Randbedingungen als Spaltenvektor, die als *Funktionsdatei* g.m zu schreiben und im aktuellen Verzeichnis (Current Directory/Folder) von MATLAB zu speichern ist.
* ANFSCH
  Hier werden Anzahl der Gitterpunkte im Lösungsintervall [x0,x1] und eine Anfangsschätzung SCH für die Lösungsfunktionen vorgegeben. Dies geschieht mittels der vordefinierten Funktionen **bvpinit** und **linspace** in der Form
  >> ANFSCH=**bvpinit**(**linspace**(x0,x1,n),'SCH')
  wobei **linspace** mit den Argumenten (x0,x1,n) bzw. (x0,x1) n bzw. 100 Gitterpunkte festlegt und SCH.m eine *Funktionsdatei* ist, die Anfangsschätzungen für die Lösungsfunktionen als Spaltenvektor enthält.
  'SCH' ist im Argument von **bvpinit** als Zeichenkette einzugeben.

Eine Beschreibung aller Anwendungsmöglichkeiten von **bvp4c** liefert die MATLAB-Hilfe, wenn *Boundary Value Problems* in den HelpNavigator eingegeben wird.

Beispiel 22.3:
Berechnung des Problems aus Beisp.22.1d mittels **bvp4c**, die als Vorlage zur Berechnung von Zweipunkt-Randwertaufgaben dienen kann:

Da die Möglichkeiten von **bvp4c** sehr umfangreich sind, sollte mit verschiedenen Gitterpunkten und Anfangsschätzungen für die Lösungsfunktionen experimentiert werden.

Im Folgenden wird die numerische Berechnung der *Lösungsfunktion*

y(x)=2·cos x+3·sin x   für das *Randwertproblem*   y''(x)+y(x)=0 , y(0)=2 , y(π/2)=3

im Lösungsintervall [0,π/2] durchgeführt.

Zur *Anwendung* von **bvp4c** ist das gegebene Randwertproblem auf das Randwertproblem
$$y_1'(x) = y_2(x)$$
$$y_2'(x) = -y_1(x)$$
, $y_1(0)-2 = 0$, $y_1(\pi/2)-3 = 0$

für Dgl-Systeme erster Ordnung zurückzuführen, in dem $y_1(x)$ die Lösungsfunktion y(x) des gegebenen Randwertproblems bezeichnet.

Für den Einsatz von **bvp4c** sind folgende drei *Funktionsdateien* zu schreiben und im aktuellen Verzeichnis (Current Directory/Folder) von MATLAB zu speichern:
* f.m
  Diese Funktionsdatei enthält die rechte Seite des Dgl-Systems als Spaltenvektor, wobei die Lösungsfunktionen in der Form y(1) und y(2) zu schreiben sind:
  function dy_dx=f(x,y)
  dy_dx=[y(2);-y(1)] ;
* g.m
  Diese Funktionsdatei enthält die linken Seiten $y_1(0)-2 = 0, y_1(\pi/2)-3 = 0$ der Randbedingungen als Spaltenvektor, wobei die Funktionswerte $y_1(0)$, $y_1(\pi/2)$ im Anfangs-

punkt 0 und Endpunkt $\pi/2$ des Lösungsintervalls $[0,\pi/2]$ in der Form ya(1) bzw. yb(1) zu schreiben sind:
function v=g(ya,yb)
v=[ya(1)-2;yb(1)-3] ;

* SCH.m
Diese Funktionsdatei enthält eine Anfangsschätzung für die Lösungsfunktionen $y_1(x)$ und $y_2(x)$. Wir verwenden die Schätzung $y_1(x)=2+2\cdot x/\pi$, die die Randbedingungen erfüllt und für die $y_2(x)=y_1'(x)=2/\pi$ folgt:
function v=SCH(x)
v=[2+2*x/**pi**;2/**pi**] ;

bvp4c lässt sich jetzt folgendermaßen anwenden:
* Zuerst werden z.B. 8 Gitterpunkte (x-Werte) im Lösungsintervall $[0,\pi/2]$ unter Verwendung von **linspace** erzeugt und die gewählten Anfangsschätzungen der Funktionsdatei SCH.m mittels **bvpinit** in der Form
    >> ANFSCH=**bvpinit**(**linspac**e(0,**pi/2**,8),'SCH') ;
    für das Argument ANFSCH von **bvp4c** berechnet.
* Abschließend kann **bvp4c** aufgerufen werden:
    >> sol=**bvp4c**('f ','g',ANFSCH) ;
* Aus **sol** lassen sich mittels **sol.x** die 8 erzeugten x-Werte
    >> sol.x
    ans = 0 0.2244 0.4488 0.6732 0.8976 1.1220 1.3464 1.5708
    anzeigen und mittels **sol.y** die Matrix der für diese x-Werte von **bvp4c** berechneten Näherungswerte für die Lösungsfunktionen $y_1(x)$ (Zeile 1) und $y_2(x)$ (Zeile 2):
    >> sol.y
    ans =
    2.0000 2.6174 3.1036 3.4341 3.5925 3.5707 3.3698 3.0000
    3.0000 2.4797 1.8351 1.0985 0.3068 -0.5003 -1.2823 -2.0000

Sollen Näherungswerte für die Lösungsfunktionen für x-Werte berechnet werden, die keine Gitterpunkte sind, so ist hierfür die vordefinierte Funktion **deval** einzusetzen, wenn z.B. Werte der Lösungsfunktionen $y_1(x)$ und $y_2(x)$ für x=0.9 benötigt werden:
>> **deval**(sol,0.9)
ans =
3.5932   (Näherungswert $y_1(0.9)$)
0.2982   (Näherungswert $y_2(0.9)$)

Zur *grafischen Darstellung* der berechneten Näherungslösung $y_1(x)$ kann die MATLAB-Grafikfunktion **plot** eingesetzt werden:

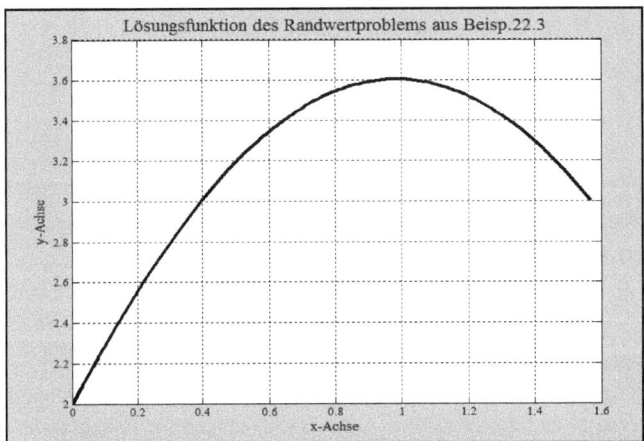

Um die obige Abbildung zu erhalten, werden Näherungswerte der Lösungsfunktion $y_1(x)$ mittels **deval** im Lösungsintervall [0,π/2] in 100 mittels **linspace** erzeugten gleichabständigen Gitterpunkten (x-Werten) berechnet und die berechneten Punktepaare $(x, y_1(x))$ mittels **plot** gezeichnet:

>> **x=linspace(0,pi/2) ; y=deval(sol,x) ; plot(x,y(1,:))**

22.6 Toolbox PARTIAL DIFFERENTIAL EQUATION

Für MATLAB gibt es die Toolbox PARTIAL DFFERENTIAL EQUATION, mit deren Hilfe sich Lösungsfunktionen für gewisse *lineare partielle Dgl* berechnen lassen:

Diese Toolbox wird im Buch [1] *Differentialgleichungen mit MATHCAD und MATLAB* des Autors beschrieben.

Ausführliche Informationen zu dieser Toolbox liefert die MATLAB-Hilfe, indem *Partial Differential Equation Toolbox* im HelpNavigator angeklickt wird:

Sämtliche vordefinierten Funktionen lassen sich anzeigen: alphabetisch oder nach Kategorien geordnet.

Das Benutzerhandbuch in englischer Sprache kann angesehen und als PDF-Datei ausgedruckt werden.

Zahlreiche Beispiele (Examples) und Demos (Illustrationen und Videos) lassen sich ansehen.

23 Transformationen mit MATLAB
23.1 Einführung

Es werden *z-Transformation*, *Laplace-* und *Fouriertransformation* vorgestellt, die in der *Ingenieurmathematik* benötigt werden.

Sie lassen sich zur *Lösung* von Differenzen- bzw. Differentialgleichungen einsetzen, wie im Folgenden illustriert ist.

Es ist zu beachten, dass alle drei *Transformationen* mit MATLAB nur *möglich* sind, wenn die Toolbox SYMBOLIC MATH installiert ist.

23.2 Anwendung auf Differenzen- und Differentialgleichungen

Lösungsberechnung für *Differenzengleichungen*, *gewöhnliche* und *partielle Differentialgleichungen* bildet ein Haupteinsatzgebiet der *Transformationen*, wobei die Vorgehensweise für alle analog ist und aus folgenden drei Schritten besteht:

I. Zuerst wird die gegebene *Gleichung* (*Originalgleichung*) durch die *Transformation* in eine *Gleichung* (*Bildgleichung*) für die *Bildfunktion* überführt.
II. Danach wird die erhaltene *Bildgleichung* nach der *Bildfunktion aufgelöst*.
III. Abschließend wird durch Anwendung der *inversen Transformation* (*Rücktransformation*) auf die *Bildfunktion* die *Lösung* (Originalfunktion) der gegebenen *Gleichung* erhalten.

Diese Vorgehensweise ist jedoch nur für Gleichungen erfolgreich, für die die erhaltene *Bildgleichung* eine *einfachere Struktur* besitzt und sich problemlos nach der Bildfunktion auflösen lässt. Dies trifft z.B. auf lineare Differenzen- und Differentialgleichungen mit konstanten Koeffizienten zu, wie in den folgenden Abschn.23.3.3 und 23.4.3 zu sehen ist.

☞

Da MATLAB nur Ausdrücke transformieren kann, sind zu lösende Gleichungen auf eine Form zu bringen, in der Null auf der rechten Seite steht. Die Transformation ist dann auf den Ausdruck der linken Seite der Gleichung anzuwenden (siehe Beisp.23.2 und 23.4).

23.3 z-Transformation
23.3.1 Einführung

Bei einer Reihe praktischer Probleme ist von einer Funktion f(t), in der t meistens die Zeit darstellt, nicht der gesamte Verlauf bekannt oder interessant, sondern nur *Werte* in einzelnen *Punkten* t_n (n=0,1,2,3,...). Damit ist folgende Problematik gegeben, auf die *z-Transformationen* anwendbar sind:

- Eine Funktion f(t) liegt in Form einer *Zahlenfolge* $\{f_n\} = \{f(t_n)\}$ vor (n=0,1,2,...).

  Derartige Zahlenfolgen werden z.B. durch Messungen in verschiedenen Zeitpunkten erhalten oder durch diskrete Abtastung stetiger Signale.

- Bei ganzzahligen Werten von t_n (z.B. t_n=n) werden *Zahlenfolgen* als Funktion f des Index n geschrieben, d.h. $\{f_n\} = \{f(n)\}$

- Mittels *z-Transformation* wird diesen *Zahlenfolgen* (*Originalfolgen*) $\{f_n\}$

  eine unendliche Reihe $$Z[f_n] = F(z) = \sum_{n=0}^{\infty} f_n \cdot \left(\frac{1}{z}\right)^n$$

  zugeordnet, die im Falle der Konvergenz *z-Transformierte* (*Bildfunktion* F(z)) heißt.

- Die Transformation der Bildfunktion F(z) in die Originalfolge $\{f_n\}$ wird als *inverse z-Transformation* (Rücktransformation) bezeichnet und u.a. bei Anwendungen auf Differenzengleichungen benötigt (siehe Beisp.23.2).

23.3.2 z-Transformation mit MATLAB

Zur *Berechnung* der *z-Transformierten* und *inversen z-Transformierten* existieren keine endlichen Algorithmen. Deshalb ist nicht zu erwarten, dass MATLAB die Transformierten immer berechnen kann.

In MATLAB sind für *z-Transformation* und *inverse z-Transformation* (*Rücktransformation*) die Funktionen **ztrans** bzw. **iztrans** vordefiniert, die folgendermaßen einzusetzen sind:

z-Transformation: >> **ztrans(sym('f(n)')**   o d e r   >> **syms** n ; **ztrans**(f(n))

Inverse z-Transformation: >> **iztrans(sym('F(z)'))**   o d e r   >> **syms** z ; **iztrans**(F(z))

Es ist zu beachten, dass MATLAB die *Bildfunktion* (z-Transformierte) F(z) als Funktion von z und die *Originalfolge* f(n) als Funktion von n darstellt.

Beispiel 23.1:

Illustration der Anwendung von **ztrans** bzw. **iztrans**:

a) Berechnung der *z-Transformation* und *inversen z-Transformation* für einige Zahlenfolgen:

z-Transformation	*inverse z-Transformation*
>> **ztrans(sym('1'))**	>> **iztrans(sym('z/(z-1)'))**
ans = z/(z-1)	**ans** = 1
>> **ztrans(sym('n'))**	>> **iztrans(sym('z/(z-1)^2'))**
ans = z/(z-1)^2	**ans** = n
>> **ztrans(sym('n^2'))**	>> **iztrans(sym('(z^2+z)/(z-1)^3'))**
ans = (z^2+z)/(z-1)^3	**ans** = 3*n+2*binomial(n-1,2)-2
	>> **simplify(ans)**
	ans = n^2

b) Zur Lösungsberechnung für *Differenzengleichungen* werden *z-Transformierte* von y(n+1), y(n+2),... benötigt, die sich folgendermaßen durch die z-Transformierte von y(n) darstellen, wie die Anwendung der MATLAB-Funktion **ztrans** zeigt:

z-Transformierte von y(n+1)	*z-Transformierte* von y(n+2)
>> **ztrans(sym('y(n+1)'))**	>> **ztrans(sym('y(n+2)'))**
ans = z***ztrans**(y(n),n,z)-z*y(0)	**ans** = z^2***ztrans**(y(n),n,z)-z*y(1)-z^2*y(0)

Die von MATLAB benutzte Bezeichnung **ztrans**(y(n),n,z) für die *z-Transformierte* von y(n) ist für Lösungsberechnungen unhandlich, so dass sich hierfür eine einfachere Bezeichnung empfiehlt (siehe Beisp.23.2).

23.3.3 Lösung von Differenzengleichungen

z-Transformationen lassen sich zur exakten *Lösungsberechnung* für lineare *Differenzengleichungen* mit *konstanten Koeffizienten* anwenden, die bei einer Reihe von Problemen in Technik- und Naturwissenschaften auftreten.

Zuerst werden wichtige Eigenschaften *linearer Differenzengleichungen m-ter Ordnung* zum besseren Verständnis der Problematik vorgestellt:

- Differenzengleichungen mit *konstanten Koeffizienten* haben die Form (n=0,1,2,...):

  $y(n+m) + a_1 \cdot y(n+m-1) + a_2 \cdot y(n+m-2) + \ldots + a_m \cdot y(n) = b(n)$

  bzw. in Indexschreibweise (n=0,1,2,... ; m gegebene ganze Zahl ≥ 1)

  $y_{n+m} + a_1 \cdot y_{n+m-1} + a_2 \cdot y_{n+m-2} + \ldots + a_m \cdot y_n = b_n$

  wobei auftretende Größen folgende Bedeutung haben:

  $a_1, a_2, \ldots, a_m$ gegebene konstante reelle *Koeffizienten*.

  $\{b(n)\}$ bzw. $\{b_n\}$ Folge der gegebenen *rechten Seiten*. Sind alle Glieder $b(n)$ bzw. b_n der Folge gleich Null, so heißt die Differenzengleichung *homogen*.

  $\{y(n)\}$ bzw. $\{y_n\}$ Folge der gesuchten *Lösungen* (*Lösungsfolge*).

- Statt des *Index* n wird in Differenzengleichungen der *Index* t verwendet, wenn es sich um die *Zeit* handelt.
- *Lineare Differenzengleichungen m-ter Ordnung* haben analoge Eigenschaften wie lineare algebraische Gleichungen und Differentialgleichungen:
  * Die *allgemeine Lösung* hängt von m frei wählbaren reellen Konstanten ab.
  * Wenn *Anfangswerte* y(0), y(1),...,y(m-1) gegeben sind, ist die *Lösungsfolge* $\{y(n)\}$ eindeutig *bestimmt*.
  * Die *allgemeine Lösung inhomogener Differenzengleichungen* ergibt sich als Summe aus allgemeiner Lösung der homogenen und spezieller Lösung der inhomogenen.

Die Vorgehensweise bei der Anwendung der *z-Transformation* zur *Lösungsberechnung* für lineare *Differenzengleichungen* ergibt sich aus Abschn.23.2 und wird im folgenden Beispiel illustriert.

Beispiel 23.2:

Lösungsberechnung für Differenzengleichungen mittels *z-Transformation* für ein praktisches Beispiel mittels der MATLAB-Funktionen **ztrans**, **iztrans** und **solve**:

Ein einfaches elektrisches Netzwerk aus T-Vierpolen wird durch eine homogene lineare *Differenzengleichung zweiter Ordnung* der Form $u(n+2) - 10 \cdot u(n+1) + 24 \cdot u(n) = 0$
für die auftretenden *Spannungen* u beschrieben, wobei folgende *Anfangsbedingungen* gegeben sind: u(0)=1 , u(1)=8

Die *Lösungsberechnung* mittels *z-Transformation* geschieht nach der im Abschn.23.2 gegebenen Vorgehensweise unter Anwendung von **ztrans** und **iztrans** folgendermaßen:

* **ztrans** ist auf den Ausdruck der linken Seite der *Differenzengleichung* anzuwenden und liefert folgenden Ausdruck für die *Bildgleichung:*

  \>\> **ztrans**(**sym**('u(n+2)-10*u(n+1)+24*u(n)'))

  ans =10*z*u(0)-10*z***ztrans**(u(n),n,z)-z*u(1)+z^2***ztrans**(u(n),n,z)
  -z^2*u(0)+24***ztrans**(u(n),n,z)

* Im Ausdruck für die *Bildgleichung* werden die z-Transformierte **ztrans**(u(n),n,z) durch die Bezeichnung U ersetzt und die Anfangsbedingungen eingesetzt.

* Die so erhaltene lineare *Bildgleichung* in U ist eine algebraische Gleichung und hat die Form
  10*z-10*z*U-8*z+z^2*U-z^2+24*U=0
* Diese *Bildgleichung* lässt sich mittels **solve** einfach nach der *Bildfunktion* U auflösen:
  >> U=solve('10*z-10*z*U-8*z+z^2*U-z^2+24*U=0','U')
  U =-(2*z-z^2)/(z^2-10*z+24)
* Die *Rücktransformation* (inverse z-Transformation) der Bildfunktion U mittels **iztrans** liefert die *Lösung*
  $u(n) = 2 \cdot 6^n - 4^n$
  der *Differenzengleichung:*
  >> **iztrans(sym**('-(2*z-z^2)/(z^2-10*z+24)'))
  ans = 2*6^n-4^n

23.4 Laplacetransformation

Schwingungsvorgänge in *Technik* und *Naturwissenschaften* lassen sich häufig durch *lineare Differentialgleichungen* mit *konstanten Koeffizienten* beschreiben. Für diese Probleme liefert die *Laplacetransformation* eine effektive Lösungsmethode, die in der Elektrotechnik als Standardmethode eingesetzt wird.

23.4.1 Einführung

Die *Laplacetransformation* ist folgendermaßen *charakterisiert:*

Die *Laplacetransformierte* (*Bildfunktion*) L[f]=F(s) einer Funktion (*Originalfunktion*) f(t) berechnet sich aus

$$L[f] = F(s) = \int_0^\infty f(t) \cdot e^{-s \cdot t}\, dt$$

Eine wesentliche Problematik besteht darin, aus einer vorliegenden *Bildfunktion* F(s) die *Originalfunktion* f(t) zu berechnen. Dies wird als *inverse Laplacetransformation* oder *Rücktransformation* bezeichnet und u.a. bei der Lösung von Differentialgleichungen benötigt.

Laplacetransformation und *inverse Laplacetransformation* berechnen sich aus uneigentlichen Integralen, deren Konvergenz unter gewissen Voraussetzungen beweisbar ist.

Im Folgenden kann nicht weiter auf die umfangreiche Theorie der Laplacetransformation eingegangen, sondern nur die Anwendung von MATLAB illustriert werden.

23.4.2 Laplacetransformation mit MATLAB

Zur *Berechnung* der *uneigentlichen Integrale* für *Laplacetransformation* und *inverse Laplacetransformation* existieren keine endlichen Algorithmen. Deshalb ist nicht zu erwarten, dass MATLAB die Transformierten immer berechnen kann.

In MATLAB sind für *Laplacetransformation* und *inverse Laplacetransformation* die Funktionen **laplace** bzw. **ilaplace** vordefiniert, die folgendermaßen einzusetzen sind:

Laplacetransformation: >>**laplace(sym**('f(t)'))   oder >> **syms** t ; **laplace**(f(t))

Inverse Laplacetransformation: >>ilaplace(sym('F(s)')) oder >> syms s ; ilaplace(F(s))

Es ist zu beachten, dass MATLAB die *Bildfunktion* (Laplacetransformierte) F(s) als Funktion von s und die *Originalfunktion* f(t) als Funktion von t darstellt.

Beispiel 23.3:

a) Berechnung der *Laplacetransformation* und *inversen Laplacetransformation* für einige elementare mathematische Funktionen:

Laplacetransformation	*inverse Laplacetransformation*
>> laplace(sym('cos(t)'))	>> ilaplace(sym('s/(s^2+1)'))
ans = s/(s^2+1)	ans = cos(t)
>> laplace(sym('sin(t)'))	>> ilaplace(sym('1/(s^2+1)'))
ans = 1/(s^2+1)	ans = sin(t)
>> laplace(sym('t'))	>> ilaplace(sym('1/s^2'))
ans = 1/s^2	ans = t
>> laplace(sym('exp(a*t)'))	>> ilaplace(sym('-1/(a-s)'))
ans = -1/(a-s)	ans = exp(a*t)

b) Zur Lösungsberechnung für Differentialgleichungen werden *Laplacetransformierte* von *Ableitungen* y'(t), y''(t),... einer Funktion y(t) benötigt, die sich folgendermaßen durch die Laplacetransformierte von y(t) darstellen, wie die Anwendung der MATLAB-Funktion **laplace** zeigt:

Laplacetransformierte von y'(t)	*Laplacetransformierte* von y''(t)
>> laplace(sym(diff('y(t)','t',1)))	>> laplace(sym(diff('y(t)','t',2)))
ans = s*laplace(y(t),t,s)-y(0)	ans= s^2*laplace(y(t),t,s)-s*y(0)-D(y)(0)

Die von MATLAB benutzten Bezeichnungen haben folgende Bedeutung:
laplace(y(t),t,s) bezeichnet die *Laplacetransformierte* von y(t). Sie ist für Lösungsberechnungen unhandlich, so dass sich das Ersetzen durch eine einfachere Bezeichnung empfiehlt (siehe Beisp.23.4).
D(y)(0) bezeichnet die erste Ableitung im Nullpunkt, d.h. y'(0).

23.4.3 Lösung von Differentialgleichungen

Laplacetransformationen liefern zur Berechnung von Lösungsfunktionen für lineare Differentialgleichungen mit konstanten Koeffizienten ein wirksames Hilfsmittel:

- *Anfangswertprobleme* lassen sich berechnen:
  Sie bilden das Haupteinsatzgebiet für Laplacetransformationen, da alle benötigten Anfangswerte gegeben sind (siehe Beisp.23.4b).
  Falls die *Anfangswerte* nicht im Punkt t=0 gegeben sind, muss das Problem durch eine *Transformation* in diese Form gebracht werden. Bei *zeitabhängigen Problemen* (z.B. in der *Elektrotechnik*) sind meistens Anfangswerte für t=0 gegeben.

- *Allgemeine Lösungsfunktionen* lassen sich ebenfalls berechnen, indem Konstanten A, B,... für die fehlenden Anfangswerte eingesetzt werden, die im Ergebnis die Konstanten der allgemeinen Lösungsfunktion bilden (siehe Beisp.23.4a).

- *Einfache Randwertprobleme* lassen sich berechnen:
  Das Randwertproblem wird als Anfangswertproblem mit unbekannten Anfangswerten berechnet, indem Konstanten A, B,... für die fehlenden Anfangswerte eingesetzt wer-

den. Anschließend lassen sich durch Einsetzen der Randbedingungen in die Lösungsfunktion die Konstanten A, B,... bestimmen (siehe Beisp.23.4c).

Beispiel 23.4:

Berechnung der allgemeinen Lösungsfunktion und je eines Anfangs- und Randwertproblems für lineare Differentialgleichungen 2.Ordnung mit konstanten Koeffizienten der Form

y''(t)+y(t)=t bzw. y''(t)+y(t)=0 (harmonischer Oszillator - siehe Beisp.22.1a)

mittels *Laplacetransformation*, wobei die MATLAB-Funktionen **laplace**, **ilaplace** und **solve** nach der Vorgehensweise von Abschn.23.2 folgendermaßen anzuwenden sind:

a) Berechnung der *allgemeinen Lösungsfunktion*   y(t)=C·cos t+D·sin t+t
   der Differentialgleichung   y''(t)+y(t)=t :

   * Da keine Gleichungen transformiert werden können, wird die Differentialgleichung in der Form y''(t)+y(t)-t=0 geschrieben und **laplace** auf die linke Seite angewandt.
   * Die Anwendung von **laplace** liefert folgenden Ausdruck für die *Bildgleichung:*
      \>\> **laplace**(sym(**diff**('y(t)','t',2)+'y(t)'-'t'))
      ans = s^2***laplace**(y(t),t,s)-s*y(0)-D(y)(0)-1/s^2+**laplace**(y(t),t,s)
   * Ersetzen der Laplacetransformierten (Bildfunktion) **laplace**(y(t),t,s) durch die Bezeichnung Y und Einsetzen der Konstanten A bzw. B für die fehlenden Anfangsbedingungen, d.h.   y(0)=A , D(y)(0)=y'(0)=B
   * Die so entstandene *Bildgleichung* s^2*Y-s*A-B-1/s^2+Y=0 ist eine lineare algebraische Gleichung in Y und lässt sich mittels **solve** einfach nach der *Bildfunktion* Y auflösen:
      \>\> **Y=solve**('s^2*Y-s*A-B-1/s^2+Y=0','Y')
      Y = (B+A*s+1/s^2)/(s^2+1)
   * Die inverse Laplacetransformation (*Rücktransformation*) **ilaplace** von Y liefert:
      \>\> **ilaplace**(sym('(B+A*s+1/s^2)/(s^2+1)'))
      ans = t-(**i***(**cos**(t)+**i*****sin**(t))*(B+A***i**-1))/2-(**i***(**cos**(t)-**i*****sin**(t))*(A***i**-B+1))/2
      Das in komplexer Form berechnete Ergebnis lässt sich mit **simplify** vereinfachen:
      \>\> **simplify**(ans)
      ans = t-**sin**(t)+A***cos**(t)+B***sin**(t)
      Die zu Beginn gegebene allgemeine Lösungsfunktion wird hieraus erhalten, wenn C=A und D=(B-1) gesetzt werden.

b) Berechnung der *Lösungsfunktion*   y(t)=cos t-sin t+t
   für das *Anfangswertproblem*   y''(t)+y(t)-t=0 , y(0)=1 , y'(0)=0:

   Die Vorgehensweise ist analog wie im Beisp.a. Es sind nur für y(0) und D(y)(0) statt A bzw. B die gegebenen Anfangswerte 1 bzw. 0 in die Bildgleichung einzusetzen, so dass folgende lineare algebraische Bildgleichung in Y zu lösen ist:
   \>\> **Y=solve**('s^2*Y-s-1/s^2+Y=0','Y')
   Y = (s+1/s^2)/(s^2+1)

Die inverse Laplacetransformation (*Rücktransformation*) **ilaplace** von Y liefert die Lösungsfunktion:

>> **ilaplace(sym('(s+1/s^2)/(s^2+1)'))**
ans = t+**cos**(t)-**sin**(t)

c) Berechnung der *Lösungsfunktion*   y(t)=2·cos t+3·sin t

für das *Randwertproblem* y''(t)+y(t)=0 , y(0)=2 , y(π/2)=3 (siehe auch Beisp.22.1d):

Die Vorgehensweise ist analog wie im Beisp.a und b. Das gegebene Randwertproblem wird als Anfangswertproblem mit einem unbekannten Anfangswert berechnet. Für den fehlenden Anfangswert D(y)(0)=y'(0) wird die Konstante B in die Bildgleichung eingesetzt, so dass folgende lineare Bildgleichung in Y zu lösen ist:

>> **Y=solve('s^2*Y-s*2-B+Y=0','Y')**
Y = (B+2*s)/(s^2+1)

Die inverse Laplacetransformation (*Rücktransformation*) **ilaplace** von Y liefert:

>> **ilaplace(sym('(B+2*s)/(s^2+1)'))**
ans = (**i**∗(B-2∗**i**)∗(**cos**(t)-**i**∗**sin**(t)))/2-(**i**∗(B+2∗**i**)∗(**cos**(t)+**i**∗**sin**(t)))/2

Das in komplexer Form berechnete Ergebnis lässt sich mit **simplify** vereinfachen:

>> **simplify(ans)**
ans = 2∗**cos**(t)+B∗**sin**(t)

Die zu Beginn gegebene Lösungsfunktion wird hieraus erhalten, wenn die Konstante B durch Einsetzen der Randbedingung y(π/2)=3 z.B. mittels **solve** berechnet wird:

>> **solve('2*cos(pi/2)+B*sin(pi/2)=3','B')**
ans = 3

23.5 Fouriertransformation

Die *Fouriertransformation* hängt eng mit der Laplacetransformation zusammen und wird ebenfalls zur *Lösung* von *Differentialgleichungen* herangezogen. Des Weiteren dient sie zur *Analyse periodischer Vorgänge:*

Die Anwendung gestaltet sich analog zur Laplacetransformation.

MATLAB kann Fouriertransformationen durchführen. Ausführliche Informationen hierüber liefert die MATLAB-Hilfe, wenn *fourier* in den HelpNavigator eingegeben wird.

Da Fouriertransformationen im Buch nicht eingesetzt werden, wird nicht näher darauf eingegangen.

24 Optimierung mit MATLAB
24.1 Einführung
Bei zahlreichen Problemen in Technik und Naturwissenschaften sind maximale Ergebnisse und minimaler Aufwand gesucht. Dies sind typische Problemstellungen der *Optimierung*, die für Ingenieure und Naturwissenschaftler zunehmend an Bedeutung gewinnt, so dass in diesem Kapitel ein kurzer *Einblick* in die Problematik gegeben wird:

Es werden häufig auftretende Probleme vorgestellt, d.h. Extremwertprobleme, lineare und nichtlineare Optimierungsprobleme.

Der Einsatz von MATLAB-Funktionen aus der Toolbox OPTIMIZATION zur Lösung von Optimierungsproblemen wird beschrieben.

Da die Optimierung eine sehr umfangreiche Theorie ist, kann nicht auf Details eingegangen werden. Für eine ausführliche Behandlung wird auf das Buch [39] *Mathematische Optimierung mit Computeralgebrasystemen* des Autors verwiesen.

24.2 Probleme der Optimierung

Praktische Optimierungsprobleme sind folgendermaßen charakterisiert:

Für ein Kriterium (*Optimierungskriterium*) ist ein kleinster (minimaler) bzw. größter (maximaler) Wert gesucht, so dass konkret von *Minimierungs-* bzw. *Maximierungsproblemen* gesprochen wird.

Meistens sind zusätzliche *Beschränkungen* zu berücksichtigen.

Die *mathematische Optimierung* (kurz: Optimierung) modelliert praktische Optimierungsprobleme unter Verwendung von Funktionen und ist folgendermaßen *charakterisiert:*

- Das *Optimierungskriterium* wird als *Zielfunktion* bezeichnet und durch reelle Funktionen reeller Variablen gebildet.
- Zielfunktionen sind zu *minimieren* oder *maximieren*, d.h. es sind kleinste oder größte Werte (d.h. *Minima* oder *Maxima*) zu berechnen, die allgemein als *Optima* bezeichnet werden.
- Werte der Variablen, für die die Zielfunktion ein Optimum (Minimum/Maximum) annimmt, heißen *Optimalpunkte* (*Minimal-* bzw. *Maximalpunkte*).
- Vorliegende *Beschränkungen* liefern Bedingungen für auftretende Variablen, die als *Nebenbedingungen* bezeichnet und durch Gleichungen und Ungleichungen beschrieben werden.
- Je nach Form der Zielfunktion und Nebenbedingungen ergeben sich verschiedene Theorien und Berechnungsmethoden. Deshalb unterteilt sich die mathematische Optimierung in eine Reihe von Gebieten, von denen drei wichtige vorgestellt werden.

Die *Berechnung* praktischer *Optimierungsprobleme* vollzieht sich in *zwei Schritten:*

I. Zuerst muss ein *mathematisches Optimierungsmodell* aufgestellt werden. Dies ist Aufgabe der Spezialisten des betreffenden Fachgebiets, die Variablen und Zielfunktion festlegen und vorliegende Beschränkungen in Form von Gleichungen und Ungleichungen beschreiben.

II. Wenn ein mathematisches Optimierungsmodell vorliegt, tritt die *mathematische Optimierung* in Aktion, um Lösungen zu berechnen, wofür i.Allg. der Einsatz von Computern erforderlich ist, auf denen Programmsysteme wie MATLAB installiert sind.

Da in der Optimierung *lokale* (relative) bzw. *globale* (absolute) Minima/Maxima einer Funktion $f(\mathbf{x}) = f(x_1, x_2, ..., x_n)$ eine fundamentale Rolle spielen und auch für die Anwendung von MATLAB wichtig sind, wird diese Problematik im Folgenden erläutert:

Eine Funktion f($\mathbf{x}$) hat über einem abgeschlossenen Bereich $B \subset R^n$ im Punkt $\mathbf{x}^0$

ein *lokales Minimum*, wenn $\quad$ f($\mathbf{x}$) $\geq$ f($\mathbf{x}^0$)

ein *lokales Maximum*, wenn $\quad$ f($\mathbf{x}$) $\leq$ f($\mathbf{x}^0$)

für alle Punkte $\mathbf{x}$ in einer Umgebung

$U(\mathbf{x}^0) = U_\varepsilon(\mathbf{x}^0) \cap B$ des Punktes $\mathbf{x}^0$ gilt ($U_\varepsilon(\mathbf{x}^0)$: ε-Umgebung von $\mathbf{x}^0$).

Eine Funktion f($\mathbf{x}$) hat über einem abgeschlossenen Bereich $B \subset R^n$ im Punkt $\mathbf{x}^0$

ein *globales Minimum*, wenn $\quad$ f($\mathbf{x}$) $\geq$ f($\mathbf{x}^0$)

ein *globales Maximum*, wenn $\quad$ f($\mathbf{x}$) $\leq$ f($\mathbf{x}^0$)

für alle Punkte $\mathbf{x} \in B$ gilt, d.h. für alle Punkte des Bereichs B.

Ein Punkt $\mathbf{x}^0$, in dem die Funktion f($\mathbf{x}$) ein (lokales oder globales) Minimum oder Maximum annimmt, wird als (lokaler oder globaler) *Minimal-* oder *Maximalpunkt* bezeichnet und der Funktionswert $\mathbf{f}(\mathbf{x}^0)$ als (lokaler oder globaler) *Minimal-* oder *Maximalwert*.

☞

Der *Unterschied* zwischen einem *lokalen* und *globalen Minimum/Maximum* einer Funktion f($\mathbf{x}$) im Punkt $\mathbf{x}^0$ besteht im Folgenden:

Wenn nur eine Umgebung $U(\mathbf{x}^0) = U_\varepsilon(\mathbf{x}^0) \cap B$ von $\mathbf{x}^0$ betrachtet wird, so ist es *lokal*.

Wenn der gesamte Bereich B betrachtet wird, so ist es *global*.

Dabei wird unter der ε-Umgebung $U_\varepsilon(\mathbf{x}^0)$ in Euklidischer Norm $\|..\|$ die offene Kugel $U_\varepsilon(\mathbf{x}^0) = \left\{ x \in R^n : \|x-x^0\| < \varepsilon \right\}$ mit Radius $\varepsilon > 0$ verstanden, wobei ε beliebig klein sein kann.

Beispiel 24.1:

Illustration der Begriffe *lokales* und *globales Minimum/Maximum* durch grafische Darstellung einer Polynomfunktion einer Variablen x über dem Intervall [-2,2] mittels **ezplot**:

>> **syms** x ; **ezplot**(-x^4+4*x^2+x+3,[-2,2])

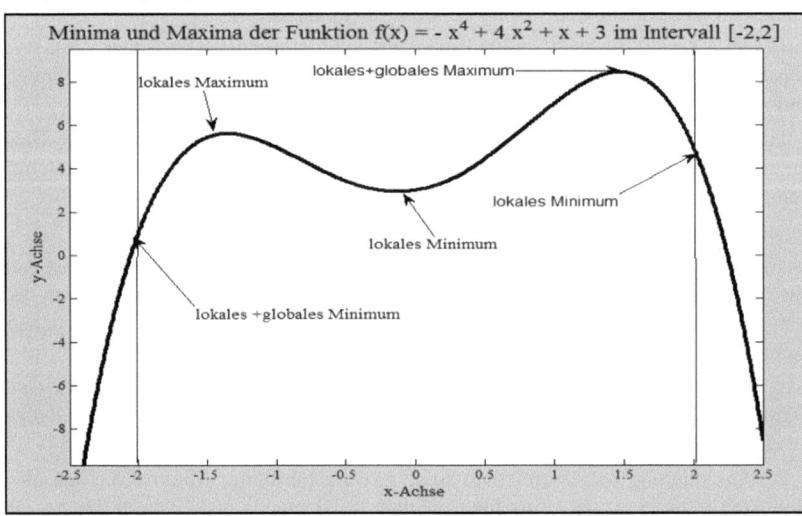

24.2 Probleme der Optimierung

Offensichtlich ist nach der gegebenen Definition ein globaler Optimalpunkt auch gleichzeitig ein lokaler, während die Umkehrung nicht gelten muss, wie bereits aus der Abbildung ersichtlich ist.

Nach der gegebenen Definition können lokale Minima/Maxima $\mathbf{x}^0$ auch auf dem Rand eines abgeschlossenen Bereichs B liegen, da der Durchschnitt $U_\varepsilon(\mathbf{x}^0) \cap B$ als Umgebung $U(\mathbf{x}^0)$ genommen wird.

Falls als Umgebung $U(\mathbf{x}^0)$ nur die ε-Umgebung $U_\varepsilon(\mathbf{x}^0)$ verwendet wird, können lokale Minima/Maxima nicht auf dem Rand von B auftreten.

Eine über einem abgeschlossenen und beschränkten Bereich B stetige Funktion besitzt nach dem *Satz von Weierstrass* mindestens einen globalen Minimal- und Maximalpunkt. Dies ist jedoch nur eine Existenzaussage, die keinen Berechnungsalgorithmus liefert.

24.2.1 Extremwerte

Als *Extremwerte* werden lokale Minima oder Maxima einer Funktion f(**x**) von n reellen Variablen $\mathbf{x}=(x_1, x_2, ..., x_n)$ bezeichnet, die über dem gesamten Raum betrachtet wird.

Extremwertprobleme $\quad f(\mathbf{x}) = f(x_1, x_2, ..., x_n) = \underset{x_1, x_2, ..., x_n}{\text{Minimum/Maximum}}$

lassen sich folgendermaßen *charakterisieren:*

- Sie sind *spezielle Optimierungsprobleme* (Minimierungs- bzw. Maximierungsprobleme), die *lokale Minima* bzw. *Maxima* einer Funktion f(**x**) von n Variablen berechnen. Sie gehören zu *klassischen Optimierungsproblemen*, die bereits seit der Entwicklung der Differentialrechnung untersucht werden.
- Es können zusätzlich *Nebenbedingungen* in Form von *m Gleichungen* (siehe Kap.17)
  $h_i(\mathbf{x}) = h_i(x_1, x_2, ..., x_n) = 0$ (vektoriell $\mathbf{h}(\mathbf{x})=\mathbf{0}$ mit $\mathbf{h}=(h_1, h_2, ..., h_m)$)
  mit beliebigen Funktionen $h_i(\mathbf{x})$ auftreten.
  Sie werden als *Gleichungsnebenbedingungen* bezeichnet.
  Die Anzahl m der Gleichungen wird <n vorausgesetzt.
  Für m≥n muss kein Optimierungsproblem mehr vorliegen, da ein Gleichungssystem mit n Unbekannten und n unabhängigen Gleichungen häufig nur endlich viele Lösungen besitzt.

Die *exakte Berechnung* von *Extremwertproblemen* mittels Differentialrechnung gelingt nur für einfache Problemstellungen (siehe Beisp.24.2).

Praktische Probleme lassen sich i.Allg. nur *näherungsweise* mittels numerischer Methoden unter Verwendung von Computern *berechnen*. MATLAB liefert hierfür wirksame Hilfsmittel, wie im Abschn.24.3 zu sehen ist.

Beispiel 24.2:

Betrachtung eines Problems der Materialeinsparung, das auf ein *Extremwertproblem* (*Minimierungsproblem*) mit einer *Gleichungsnebenbedingung* führt:

Zylindrische Konservendosen mit Deckel und einem Inhalt von 1000 cm³ sollen aus Blech produziert werden, wofür ein *minimaler Materialverbrauch* gewünscht ist.

Für dieses Problem ist die zu minimierende Zielfunktion durch die Oberfläche O der Dose gegeben, die sich aus zwei Kreisflächen (Boden+Deckel) mit Radius r und Mantelfläche mit Höhe h zusammensetzt, d.h. es ist bzgl. der Variablen r>0 und h>0 das

Minimierungsproblem $O(r,h) = 2 \cdot \pi \cdot r^2 + 2 \cdot \pi \cdot r \cdot h \to \underset{r,h}{\text{Minimum}}$ zu berechnen.

Aufgrund der Beschränkung, dass die Dose ein vorgegebenes Volumen haben muss, ist folgende Gleichungsnebenbedingung zu berücksichtigen: $V(r,h) = \pi \cdot r^2 \cdot h = 1000$

Damit ist ein Minimum der Zielfunktion O(r,h) zweier Variablen mit einer Gleichungsnebenbedingung zu berechnen, wenn von *Nicht-Negativitätsbedingungen* ≥ 0 für die Variablen r und h abgesehen wird.

Da sich die Gleichungsnebenbedingung einfach nach einer Variablen auflösen lässt, z.B. $h = 1000/(\pi \cdot r^2)$, wird durch Einsetzen das *Minimierungsproblem ohne Nebenbedingungen*

$O(r) = 2 \cdot \pi \cdot r^2 + 2 \cdot 1000/r \to \underset{r}{\text{Minimum}}$ erhalten:

Offensichtlich hängt jetzt die Oberfläche O(r) nur noch von der Variablen r ab.

Dieses Problem lässt sich mittels Differentialrechnung durch Nullsetzen der 1.Ableitung von O(r) berechnen, d.h. $O'(r) = 4 \cdot \pi \cdot r - 2000/r^2 = 0$.

Die erhaltene Gleichung kann per Hand bzgl. r gelöst werden: $r = (500/\pi)^{1/3} = 5.4193$

Damit folgt für h das Ergebnis $h = 1000/(\pi \cdot r^2) = 1000/(\pi^{1/3} \cdot 500^{2/3}) = 10.8385$

Die Gleichung wird auch von MATLAB mittels **solve** problemlos bzgl. r gelöst, wobei die beiden angezeigten komplexen Lösungen (mit **i**) nicht gefragt sind:

\>\> solve('4***pi***r-2000/r^2=0','r')

ans =

(500/**pi**)^(1/3)

(3^(1/2)***i***(500/**pi**)^(1/3))/2-(500/**pi**)^(1/3)/2

-(500/**pi**)^(1/3)/2-(3^(1/2)***i***(500/**pi**)^(1/3))/2

Dieses Minimierungsproblem wird numerisch mit den MATLAB-Funktionen **fminunc** und **fminsearch** im Beisp.24.5a und **fmincon** im Beisp.24.6 berechnet.

24.2.2 Lineare Optimierung

Lineare Optimierung gehört zur Klasse der nichtlinearen Optimierung (siehe Abschn. 24.2.3) für die Nebenbedingungen in Ungleichungsform (*Ungleichungsnebenbedingungen*) vorliegen und globale Minima und Maxima gesucht sind.

In der *englischsprachigen Literatur* wird lineare Optimierung als *linear programming* bezeichnet, so dass in deutschsprachigen Büchern auch die Bezeichnung *lineare Programmierung* zu finden ist.

Lineare Optimierungsprobleme haben folgende einfache *Struktur*, da Zielfunktion und Funktionen der Nebenbedingungen *linear* sind:

- Eine *lineare Zielfunktion*

  $f(x_1, x_2, \ldots, x_n) = c_1 \cdot x_1 + c_2 \cdot x_2 + \ldots + c_n \cdot x_n$ ($c_1, c_2, \ldots, c_n$ - gegebene Konstanten)

  ist bezüglich der Variablen (Unbekannten) $x_1, x_2, \ldots, x_n$ zu *minimieren/maximieren*.

- Die Variablen $x_1, x_2, \ldots, x_n$ müssen zusätzlich *Nebenbedingungen* in Form m *linearer Ungleichungen* (*Ungleichungsnebenbedingungen*) mit gegebenen Koeffizienten a_{ik}

  und rechten Seiten b_i der Form   (i=1,2,...,m ; k=1,2,...,n)

$$a_{11} \cdot x_1 + a_{12} \cdot x_2 + \ldots + a_{1n} \cdot x_n \leq b_1$$
$$a_{21} \cdot x_1 + a_{22} \cdot x_2 + \ldots + a_{2n} \cdot x_n \leq b_2$$
$$\vdots \qquad \vdots \qquad \vdots \qquad \vdots$$
$$a_{m1} \cdot x_1 + a_{m2} \cdot x_2 + \ldots + a_{mn} \cdot x_n \leq b_m$$

erfüllen, wobei die Ungleichungen hinreichend allgemein sind, da sie alle auftretenden Fälle enthalten:

Falls lineare *Gleichungen* vorkommen, so können diese durch zwei lineare Ungleichungen ersetzt werden.

Falls lineare *Ungleichungen* mit $\geq$ vorkommen, so können diese durch Multiplikation mit -1 in die Form mit $\leq$ transformiert werden.

- Meistens müssen die Variablen *Nicht-Negativitätsbedingungen* (*Vorzeichenbedingungen*) der Form $x_j \geq 0$ (j=1,2,...,n) genügen, da bei vielen praktischen Problemen nur positive Werte möglich sind.

- In *Matrixschreibweise* haben lineare Optimierungsprobleme die Form

$$f(\mathbf{x}) = \mathbf{c}^T \cdot \mathbf{x} \to \underset{\mathbf{x}}{\text{Minimum/Maximum}}, \quad \mathbf{A} \cdot \mathbf{x} \leq \mathbf{b}, \quad \mathbf{x} \geq \mathbf{0} \qquad \text{mit}$$

$$\mathbf{c} = \begin{pmatrix} c_1 \\ c_2 \\ \vdots \\ c_n \end{pmatrix} \quad \mathbf{x} = \begin{pmatrix} x_1 \\ x_2 \\ \vdots \\ x_n \end{pmatrix} \quad \mathbf{b} = \begin{pmatrix} b_1 \\ b_2 \\ \vdots \\ b_m \end{pmatrix} \quad \mathbf{A} = \begin{pmatrix} a_{11} & a_{12} & \ldots & a_{1n} \\ a_{21} & a_{22} & \ldots & a_{2n} \\ \vdots & \vdots & \ldots & \vdots \\ a_{m1} & a_{m2} & \ldots & a_{mn} \end{pmatrix}$$

wobei die Vektoren **b** und **c** und die Koeffizientenmatrix **A** gegeben sind und der Vektor **x** der Variablen (Unbekannten) zu berechnen ist.

Lineare Optimierungsprobleme sind folgendermaßen *charakterisiert*:

- Im Gegensatz zu Extremwertproblemen existieren bei linearen Optimierungsproblemen nur *globale Minima/Maxima*, die auf dem Rand des durch die Nebenbedingungen bestimmten abgeschlossenen Bereichs liegen, der die Form eines Polyeders besitzt.

- Für lineare Optimierungsprobleme existieren *spezielle Lösungsalgorithmen*, die hauptsächlich auf linearer Algebra beruhen:
Der bekannteste ist der *Simplexalgorithmus*, der vom amerikanischen Mathematiker *Dantzig* in den vierziger Jahren des 20. Jahrhunderts entwickelt wurde.
Der Simplexalgorithmus liefert eine Lösung in endlich vielen Schritten (mit Ausnahme von Entartungsfällen).

- Lineare Optimierungsprobleme treten häufig bei Fragestellungen auf, in denen Kosten und Verbrauch (von Rohstoffen, Materialien) minimiert bzw. Gewinn und Produktionsmenge maximiert werden sollen.
Hierzu zählen Aufgaben der *Transportoptimierung, Produktionsoptimierung, Mischungsoptimierung, Gewinnmaximierung, Kostenminimierung*.

Beispiel 24.3:

Betrachtung einer typischen Problemstellung der *linearen Optimierung*, die im Beisp.24.7 mittels MATLAB berechnet wird:

Ein einfaches *Mischungsproblem* ergibt sich aus folgender Problematik:

Es stehen drei verschiedene Getreidesorten
G1, G2 und G3
zur Verfügung, um hieraus ein Futtermittel zu mischen.

Jede dieser Getreidesorten hat einen unterschiedlichen Gehalt an erforderlichen Nährstoffen A und B, von denen das Futtermittel mindestens 42 bzw. 21 Mengeneinheiten enthalten muss.

Die folgende Tabelle liefert die Anteile der Nährstoffe in den einzelnen Getreidesorten und die Preise/Mengeneinheit:

	G1	G2	G3
Nährstoff A	6	7	1
Nährstoff B	1	4	5
Preis/Einheit	6	8	18

Die *Kosten* für das Futtermittel sollen *minimal* werden. Dies ergibt folgendes *lineare Optimierungsproblem*, wenn für die verwendeten Mengen der Getreidesorten G1, G2, G3 die Variablen x_1, x_2, x_3 benutzt werden:

$$6 \cdot x_1 + 8 \cdot x_2 + 18 \cdot x_3 \underset{x_1, x_2, x_3}{\to} \text{Minimum}$$

$$6 \cdot x_1 + 7 \cdot x_2 + x_3 \geq 42$$

$$x_1 + 4 \cdot x_2 + 5 \cdot x_3 \geq 21 \quad , \quad x_1 \geq 0, \ x_2 \geq 0, \ x_3 \geq 0$$

24.2.3 Nichtlineare Optimierung

Eine Reihe von Optimierungsproblemen in Technik und Naturwissenschaften lässt sich nicht zufriedenstellend durch lineare Modelle beschreiben, d.h. mittels linearer Optimierung.

Sobald eine Funktion der Nebenbedingungen oder die Zielfunktion nichtlinear ist, lässt sich lineare Optimierung nicht mehr anwenden, so dass Methoden der *nichtlinearen Optimierung* erforderlich sind.

In der englischsprachigen Literatur wird die Bezeichnung *nonlinear programming* verwendet, so dass in deutschsprachigen Büchern auch die Bezeichnung *nichtlineare Programmierung* zu finden ist.

Nichtlineare Optimierungsprobleme haben folgende *Struktur*:

- Eine *Zielfunktion* f(**x**) ist bezüglich der n Variablen **x**=$(x_1, x_2,...,x_n)$

  zu *minimieren/maximieren*, d.h. $\quad$ f(**x**)= f $(x_1, x_2,...,x_n)$ $\underset{x_1, x_2,...,x_n}{\to}$ Minimum/Maximum

- Die Variablen müssen zusätzlich *Nebenbedingungen* in Form von m *Ungleichungen* (*Ungleichungsnebenbedingungen*) mit beliebigen Funktionen g_i erfüllen, d.h.

  $g_i(\mathbf{x}) = g_i(x_1, x_2,...,x_n) \leq 0 \qquad$ (i=1,2,...,m)

Die gegebenen Ungleichungsnebenbedingungen sind hinreichend allgemein, da sie alle auftretenden Fälle enthalten:

Falls *Gleichungsnebenbedingungen* vorkommen, so können diese durch zwei Ungleichungsnebenbedingungen ersetzt werden.

Falls *Ungleichungsnebenbedingungen* mit $\geq$ vorkommen, so können diese durch Multiplikation mit -1 in die Form mit $\leq$ transformiert werden.

Nichtlineare Optimierungsprobleme sind folgendermaßen *charakterisiert*:

- Im Gegensatz zu Extremwertproblemen aus Abschn.24.2.1 sind globale Minima/Maxima gesucht.

- Während bei der linearen Optimierung lokale und globale Minima/Maxima zusammenfallen, können bei der nichtlinearen Optimierung neben globalen auch lokale Minima/Maxima auftreten.

Beispiel 24.4:

Betrachtung einer *Problemstellung* der *nichtlinearen Optimierung*:

Bei einem *Transport* für eine Firma sind nicht nur *Transportkosten* wie bei der linearen Optimierung zu minimieren, sondern auch gleichzeitig *Verpackungskosten*:

Es werden A m^3 eines *Rohstoffs* für einen gegebenen Zeitraum benötigt, der von einem Erzeuger in zylindrischen *Fässern* (mit Deckel) mit Radius x_1 und Höhe x_2 geliefert wird.

Die *Anzahl* N der benötigten Fässer beträgt damit

$$N = \frac{A}{\pi \cdot x_1^2 \cdot x_2}$$

wobei auf die nächst größere ganze Zahl aufzurunden ist.

Die *Transportkosten* pro Fass (unabhängig von der Größe) ergeben sich zu B Euro. Diese und die Kosten der Fässer müssen von der Firma getragen werden.

Die *Kosten* (Herstellungs- und Materialkosten) für die Fässer belaufen sich auf C Euro pro m^2, wobei das *Volumen* eines Fasses D m^3 nicht überschreiten darf.

Für die Firma entsteht das Problem der *Minimierung* der *Gesamtkosten* (Transportkosten+ Kosten für die Fässer), d.h.

$$B \cdot N + N \cdot C \cdot (2 \cdot \pi \cdot x_1^2 + 2 \cdot \pi \cdot x_1 \cdot x_2) = \frac{A \cdot B}{\pi \cdot x_1^2 \cdot x_2} + 2 \cdot A \cdot C \cdot \left(\frac{1}{x_1} + \frac{1}{x_2}\right) \to \underset{x_1, x_2}{\text{Minimum}}$$

unter den *Ungleichungsnebenbedingungen* $\pi \cdot x_1^2 \cdot x_2 \leq D$, $x_1 \geq 0$, $x_2 \geq 0$.

Damit liegt ein *nichtlineares Optimierungsproblem* vor, das im Beisp.24.8 mittels MATLAB berechnet wird.

24.3 Anwendung der Toolbox OPTIMIZATION

Da sich praktische Optimierungsprobleme meistens nicht exakt berechnen lassen, wird nur die numerische Berechnung betrachtet.

Die im Folgenden vorgestellten MATLAB-Funktionen zur numerischen Berechnung von Optimierungsproblemen sind nur anwendbar, wenn die Toolbox OPTIMIZATION installiert ist.

Es können nicht alle in der Toolbox OPTIMIZATION vordefinierten Funktionen vorgestellt werden, sondern nur häufig benötigte.

Ausführliche Informationen zur Toolbox OPTIMIZATION wird aus der MATLAB-Hilfe durch Anklicken von *Optimization Toolbox* im HelpNavigator erhalten:

Sämtliche vordefinierten Funktionen lassen sich anzeigen: alphabetisch oder nach Kategorien geordnet.

Das Benutzerhandbuch in englischer Sprache kann angesehen und als PDF-Datei ausgedruckt werden.

Zahlreiche Beispiele (Examples) und Demos (Illustrationen und Videos) lassen sich ansehen.

Die in der Toolbox OPTIMIZATION verwendeten numerischen Algorithmen konvergieren nicht immer, so dass sich eine Überprüfung der gelieferten Resultate empfiehlt.

24.3.1 Berechnung von Extremwertproblemen ohne Nebenbedingungen

MATLAB kann nur *lokale Minima* einer Funktion f(x) von n Variablen berechnen. Dies ist jedoch keine Einschränkung, da diese für die negative Funktion -f(x) *lokale Maxima* sind.

Zur numerischen Berechnung lokaler Minima sind folgende Funktionen vordefiniert (siehe Beisp.24.5):

fminunc ist folgendermaßen *charakterisiert:*
- Als numerischer Algorithmus wird ein BFGS Quasi-Newton-Algorithmus verwendet, für den Differenzierbarkeit der Zielfunktion f(x) erforderlich ist.
- Es ist folgendermaßen in das Kommandofenster einzugeben:
  >> [x,f]=**fminunc**('f(x)',SW,*Optionen*)
- Das *Ergebnis* wird im Vektor [x,f] angezeigt, in dem **x** den berechneten Minimalpunkt und f den zugehörigen Zielfunktionswert bezeichnen.
- Die Argumente haben folgende Bedeutung:
  'f(**x**)'
  ist als Zeichenkette einzugeben. Hier ist die zu minimierende Zielfunktion f(**x**) einzutragen, wobei ab zwei Variablen diese in der Form x(1), x(2),...,x(n) zu schreiben sind. f(**x**) kann durch Funktionsausdruck oder Funktionsdatei gegeben sein.
  SW
  Hier sind die *Startwerte* (Näherungswerte) für die Minimumsuche einzutragen:
  Ab zwei Variablen sind diese als Spaltenvektor [...;...;...;...] zu schreiben.
  Falls keine Näherungswerte bekannt sind, empfiehlt sich die Durchführung der Rechnung für verschiedene Startwerte.

fminsearch ist folgendermaßen *charakterisiert:*
- Als numerischer Algorithmus wird der Nelder-Mead-Simplex (direkten Such-) Algorithmus verwendet, für den Differenzierbarkeit der Zielfunktion nicht erforderlich ist.
- Es ist folgendermaßen in das Kommandofenster einzugeben:
  >> [x,f]=**fminsearch**('f(x)',SW,*Optionen*)
- Das *Ergebnis* wird im Vektor [x,f] angezeigt, in dem **x** den berechneten Minimalpunkt und f den zugehörigen Zielfunktionswert bezeichnen.
- Die Argumente haben die gleiche Bedeutung wie bei **fminunc**.

Weitere Informationen und mögliche *Optionen* liefert die MATLAB-Hilfe durch Eingabe von **fminunc** bzw. **fminsearch** in den HelpNavigator.

Beispiel 24.5:
Anwendung der MATLAB-Funktionen **fminunc** und **fminsearch**:

a) Berechnung des Minimierungsproblems
$$O(r) = 2 \cdot \pi \cdot r^2 + 2 \cdot 1000 / r \to \underset{r}{\text{Minimum}}$$
aus Beisp.24.2, wobei die Variable r durch x zu ersetzen ist:
Mittels **fminunc** für Startwert x=1:
>> [x,f]=**fminunc**('2***pi***x^2+2*1000/x',1)
x = 5.4193
f = 553.5810

Mittels **fminsearch** für Startwert x=1:
>> [x,f]=**fminsearch**('2*pi*x^2+2*1000/x',1)
x = 5.4193
f = 553.5810

b) Berechnung des *Minimalpunktes* $x_1 = x_2 = 1$, für den die sogenannte *Bananenfunktion*

$f(x_1, x_2) = 100 \cdot (x_1^2 - x_2)^2 + (1 - x_1)^2$ den minimalen Wert 0 annimmt:

Mittels **fminunc** für die Startwerte x_1=x(1)=0, x_2=x(2)=0:
>> [x,f]=**fminunc**('100*(x(1)^2-x(2))^2+(1-x(1))^2',[0;0])
x = 1.0000 1.0000
f = 1.9474e-011

Mittels **fminsearch** für die Startwerte x_1=x(1)=0, x_2=x(2)=0:
>> [x,f]=**fminsearch**('f(x)',[0;0])
x = 1.0000 1.0000
f = 3.6862e-010

Hier wird die Funktion f(**x**) nicht direkt in das Argument von **fminsearch** eingegeben, sondern als folgende *Funktionsdatei* f.m geschrieben und im aktuellen Verzeichnis (Current Directory/Folder) von MATLAB gespeichert:

function z=f(**x**)
z=100*(x(1)^2-x(2))^2+(1-x(1))^2 ;

Die MATLAB-Hilfe liefert Illustrationen zur numerischen Minimierung der Bananenfunktion, indem im HelpNavigator bei **Optimization Toolbox** ⇒ **Demos** der Eintrag *Minimization of the Banana Function* angeklickt wird.

24.3.2 Berechnung von Extremwertproblemen mit Nebenbedingungen

MATLAB kann für *Extremwertprobleme* $\quad f(\mathbf{x}) = f(x_1, x_2, ..., x_n) = \underset{x_1, x_2, ..., x_n}{\text{Minimum/Maximum}}$

mit *Gleichungsnebenbedingungen* $\quad$ **h(x)**=**0** mit **h(x)**=($h_1(\mathbf{x}), h_2(\mathbf{x}), ..., h_m(\mathbf{x})$)

nur *lokale Minima* berechnen. Dies ist jedoch keine Einschränkung, da diese für die negative Funktion -f(**x**) *lokale Maxima* sind.

Zur numerischen Berechnung lokaler Minima bei Gleichheitsnebenbedingungen ist die Funktion **fmincon** vordefiniert, die folgendermaßen charakterisiert ist:

fmincon kann allgemeine nichtlineare Optimierungsprobleme berechnen und wird im Abschn.24.3.4 ausführlicher beschrieben.

fmincon ist folgendermaßen in das Kommandofenster einzugeben:
>> **fmincon**('f(x)',SW,[],[],[],[],[],[],'NB')

Die Argumente von **fmincon** haben folgende Bedeutung:

'f(**x**)'
ist als Zeichenkette einzugeben. Hier ist die zu minimierende Zielfunktion f(**x**) einzutragen, wobei ab zwei Variablen diese in der Form x(1),x(2),...,x(n) zu schreiben sind. f(**x**) kann durch Funktionsausdruck oder Funktionsdatei f.m gegeben sein.

SW
Hier sind die *Startwerte* (Näherungswerte) für die Minimumsuche einzutragen:
Ab zwei Variablen sind diese als Spaltenvektor [...;...;...;...] zu schreiben.

Falls keine Näherungswerte bekannt sind, empfiehlt sich die Durchführung der Rechnung für verschiedene Startwerte.

[] (eckige Klammern)
stehen für *Leerstellen*, falls ein Argument nicht vorkommt. Hier sind Eingaben bei Anwendung auf nichtlineare Optimierungsprobleme erforderlich (siehe Abschn.24.3.4).

'NB'
ist als Zeichenkette einzugeben. Hier ist der Name NB der *Funktionsdatei* NB.m einzutragen, die die Funktionen der Gleichungsnebenbedingungen **h(x)** als Spaltenvektor enthält, im aktuellen Verzeichnis (Current Directory/Folder) von MATLAB gespeichert ist und folgende Form hat:

function [iq,eq]=NB(**x**)
iq=[] ; eq=[h1(**x**);h2(**x**);...;hm(**x**)] ;

Beispiel 24.6:
Berechnung des *Minimierungsproblems*
$$2\cdot\pi\cdot r^2 + 2\cdot\pi\cdot r\cdot h \underset{r,h}{\to} \text{Minimum} \quad \text{mit } \textit{Gleichungsnebenbedingung} \quad \pi\cdot r^2\cdot h = 1000$$
aus Beisp.24.2 mittels **fmincon**:

Zuerst sind die Variablen r und h durch x(1) bzw. x(2) zu ersetzen.
Anschließend ist die *Funktionsdatei* NB.m für die *Gleichungsnebenbedingung* in folgender Form zu schreiben und im aktuellen Verzeichnis (Current Directory/Folder) von MATLAB zu speichern:

function [iq,eq]=NB(**x**)
iq=[] ; eq=[**pi**∗x(1)^2∗x(2)-1000] ;

Abschließend ist **fmincon** im Kommandofenster folgendermaßen aufzurufen, wobei als Startwerte (SW) x(1)=1 und x(2)=1 verwendet werden:
>> **fmincon**('2∗**pi**∗x(1)^2+2∗**pi**∗x(1)∗x(2)',[1;1],[],[],[],[],[],[],'NB')
ans =
5.4193
10.8385
fmincon berechnet das im Beisp.24.2 erhaltene *Ergebnis*
x(1)=r=5.4193 , x(2)=h=10.8385

24.3.3 Berechnung linearer Optimierungsprobleme

MATLAB kann *Minimierungsprobleme* der *linearen Optimierung* berechnen.
Falls ein Maximierungsproblem vorliegt, ist die negative Zielfunktion zu minimieren.
In vektorieller Schreibweise haben diese Probleme folgende Form:

$$f(\mathbf{x})=\mathbf{c}^T\cdot\mathbf{x}\underset{\mathbf{x}}{\to}\text{Minimum} \quad , \quad \mathbf{A}\cdot\mathbf{x}\leq\mathbf{b} \; , \quad \mathbf{G}\cdot\mathbf{x}=\mathbf{d} \; , \quad \mathbf{u}\leq\mathbf{x}\leq\mathbf{v} \text{ mit}$$

$$\mathbf{c}=\begin{pmatrix}c_1\\c_2\\\vdots\\c_n\end{pmatrix} \quad \mathbf{x}=\begin{pmatrix}x_1\\x_2\\\vdots\\x_n\end{pmatrix} \quad \mathbf{b}=\begin{pmatrix}b_1\\b_2\\\vdots\\b_m\end{pmatrix} \quad \mathbf{d}=\begin{pmatrix}d_1\\d_2\\\vdots\\d_r\end{pmatrix} \quad \mathbf{u}=\begin{pmatrix}u_1\\u_2\\\vdots\\u_n\end{pmatrix} \quad \mathbf{v}=\begin{pmatrix}v_1\\v_2\\\vdots\\v_n\end{pmatrix}$$

$$A = \begin{pmatrix} a_{11} & a_{12} & \cdots & a_{1n} \\ a_{21} & a_{22} & \cdots & a_{2n} \\ \vdots & \vdots & \cdots & \vdots \\ a_{m1} & a_{m2} & \cdots & a_{mn} \end{pmatrix} \qquad G = \begin{pmatrix} g_{11} & g_{12} & \cdots & g_{1n} \\ g_{21} & g_{22} & \cdots & g_{2n} \\ \vdots & \vdots & \cdots & \vdots \\ g_{r1} & g_{r2} & \cdots & g_{rn} \end{pmatrix}$$

wobei die Vektoren **b**, **c**, **d**, **u** und **v** und die Koeffizientenmatrizen **A** und **G** gegeben sind und der Vektor **x** der Variablen (Unbekannten) zu berechnen ist.

Zur *numerischen Berechnung* ist die Funktion **linprog** vordefiniert, die folgendermaßen *charakterisiert* ist:

- Neben dem Einsatz des Simplexalgorithmus lassen sich weitere Algorithmen mittels *Optionen* einsetzen. Details hierzu liefert die MATLAB-Hilfe.
- **linprog** ist folgendermaßen in das Kommandofenster einzugeben:
  >> [x,f]=linprog(c,A,b,G,d,u,v,*Optionen*)
- Im Argument von **linprog** stehen die Spaltenvektoren **c,b,d,u,v** und die beiden Koeffizientenmatrizen **A,G** aus der gegebenen Problemstellung in der für MATLAB erforderlichen Schreibweise.
- Es können Argumente weggelassen werden, wenn nicht alle Formen der Nebenbedingungen auftreten. Damit die Reihenfolge der Argumente erhalten bleibt, müssen gegebenenfalls Klammern [] geschrieben werden. Weiterhin sind *Optionen* möglich.
- Falls **linprog** erfolgreich war, stehen
  in **x** der *Lösungsvektor* und in f der zu **x** gehörige *Wert* der *Zielfunktion*.
- Für lineare Optimierungsprobleme kann neben **linprog** zusätzlich **fmincon** aus der nichtlinearen Optimierung eingesetzt werden, wie im Beisp.24.7 illustriert ist.

Beispiel 24.7:
Berechnung des *linearen Optimierungsproblems*
$$f(x_1, x_2, x_3) = 6 \cdot x_1 + 8 \cdot x_2 + 18 \cdot x_3 \to \underset{x_1, x_2, x_3}{\text{Minimum}}$$
$6 \cdot x_1 + 7 \cdot x_2 + x_3 \geq 42$
$x_1 + 4 \cdot x_2 + 5 \cdot x_3 \geq 21 \quad , \quad x_1 \geq 0, \ x_2 \geq 0, \ x_3 \geq 0$
aus Beisp.24.3:
Zuerst sind beide Nebenbedingungen mit -1 zu multiplizieren, um die erforderliche Form zu erhalten:
$-6 \cdot x_1 - 7 \cdot x_2 - x_3 \leq -42$
$-x_1 - 4 \cdot x_2 - 5 \cdot x_3 \leq -21 \quad , \quad x_1 \geq 0, \ x_2 \geq 0, \ x_3 \geq 0$
Berechnung mittels **linprog** :
>> c=[6;8;18] ; A=[-6,-7,-1;-1,-4,-5] ; b=[-42;-21] ; u=[0;0;0] ;
>> [x,f]=linprog(c,A,b,[],[],u)
x =
1.2353
4.9412
0.0000
f = 46.9412
Berechnung mittels **fmincon** für Startwerte x(1)=0, x(2)=0, x(3)=0:

```
>> A=[-6,-7,-1;-1,-4,-5] ; b=[-42;-21] ; u=[0;0;0] ;
>> [x,f]=fmincon('f(x)',[0;0;0],A,b,[],[],u)
x =
 1.2353
 4.9412
 0
f = 46.9412
```

Hier wird die Funktion f(x) nicht direkt in das Argument von **fmincon** eingegeben, sondern als *Funktionsdatei* f.m geschrieben und im aktuellen Verzeichnis (Current Directory/Folder) von MATLAB gespeichert:

function z=f(x)
z=6*x(1)+8*x(2)+18*x(3) ;

Damit werden *minimale Kosten* bei Verwendung von 1.2 Mengeneinheiten der Getreidesorte G1, 4.9 Mengeneinheiten der Getreidesorte G2 und 0 Mengeneinheiten der Getreidesorte G3 erreicht.

24.3.4 Berechnung nichtlinearer Optimierungsprobleme

MATLAB kann *Minimierungsprobleme* der *nichtlinearen Optimierung* berechnen:
Falls ein Maximierungsproblem vorliegt, ist die negative Zielfunktion zu minimieren.
In vektorieller Schreibweise haben diese Probleme folgende Form:

$f(\mathbf{x}) \to \underset{\mathbf{x}}{\text{Minimum}}$, $\mathbf{g}(\mathbf{x}) \le \mathbf{0}$, $\mathbf{h}(\mathbf{x}) = \mathbf{0}$, $\mathbf{A} \cdot \mathbf{x} \le \mathbf{b}$, $\mathbf{G} \cdot \mathbf{x} = \mathbf{d}$, $\mathbf{u} \le \mathbf{x} \le \mathbf{v}$ mit

$$\mathbf{g}(\mathbf{x}) = \begin{pmatrix} g_1(\mathbf{x}) \\ g_2(\mathbf{x}) \\ \vdots \\ g_t(\mathbf{x}) \end{pmatrix} \quad \mathbf{h}(\mathbf{x}) = \begin{pmatrix} h_1(\mathbf{x}) \\ h_2(\mathbf{x}) \\ \vdots \\ h_s(\mathbf{x}) \end{pmatrix} \quad \mathbf{x} = \begin{pmatrix} x_1 \\ x_2 \\ \vdots \\ x_n \end{pmatrix} \quad \mathbf{b} = \begin{pmatrix} b_1 \\ b_2 \\ \vdots \\ b_m \end{pmatrix} \quad \mathbf{d} = \begin{pmatrix} d_1 \\ d_2 \\ \vdots \\ d_r \end{pmatrix} \quad \mathbf{u} = \begin{pmatrix} u_1 \\ u_2 \\ \vdots \\ u_n \end{pmatrix} \quad \mathbf{v} = \begin{pmatrix} v_1 \\ v_2 \\ \vdots \\ v_n \end{pmatrix}$$

$$\mathbf{A} = \begin{pmatrix} a_{11} & a_{12} & \cdots & a_{1n} \\ a_{21} & a_{22} & \cdots & a_{2n} \\ \vdots & \vdots & \cdots & \vdots \\ a_{m1} & a_{m2} & \cdots & a_{mn} \end{pmatrix} \qquad \mathbf{G} = \begin{pmatrix} g_{11} & g_{12} & \cdots & g_{1n} \\ g_{21} & g_{22} & \cdots & g_{2n} \\ \vdots & \vdots & \cdots & \vdots \\ g_{r1} & g_{r2} & \cdots & g_{rn} \end{pmatrix}$$

wobei die Vektoren **b**, **d**, **u** und **v**, die Koeffizientenmatrizen **A** und **G** und die Funktionen f(**x**), **g**(**x**) und **h**(**x**) gegeben sind und der Vektor **x** der Variablen (Unbekannten) zu berechnen ist.

Zur numerischen Berechnung nichtlinearer Optimierungsprobleme sind die Funktionen **fminbnd** und **fmincon** vordefiniert:

fminbnd ist folgendermaßen *charakterisiert:*

- Berechnung eines globalen Minimums der Zielfunktion f(x) einer Variablen im Intervall (Minimierungsintervall) [a,b].
- Es wird der numerische Algorithmus vom goldenen Schnitt eingesetzt.
- Es ist folgendermaßen in das Kommandofenster einzugeben:
  >> [x,f]=fminbnd('f(x)',a,b)
- Die Argumente haben folgende Bedeutung:

'f(x)'
ist als Zeichenkette einzugeben. Hier ist die zu minimierende *Zielfunktion* f(x) einzutragen, die durch Funktionsausdruck oder Funktionsdatei f.m gegeben sein kann.
a,b
Hier sind die *Endpunkte* des Minimierungsintervalls [a,b] einzutragen.
- Das *Ergebnis* wird im Vektor [x,f] angezeigt, in dem x den berechneten Minimalpunkt und f den zugehörigen Zielfunktionswert bezeichnen.

fmincon ist folgendermaßen charakterisiert:
- Berechnung des Minimierungsproblems
$$f(x) \underset{x}{\to} \text{Minimum} \,,\; g(x) \leq 0 \,,\; h(x) = 0 \,,\; A \cdot x \leq b \,,\; G \cdot x = d \,,\; u \leq x \leq v$$
- Als Standardalgorithmus wird Trust-Region angewandt. Weiterhin können Innere-Punkte- und Aktive-Mengen-Algorithmus eingesetzt werden, wie in der MATLAB-Hilfe erklärt ist.
- **fmincon** ist folgendermaßen in das Kommandofenster einzugeben:
  `>> [x,f]=fmincon('f(x)',SW,A,b,G,d,u,v,'NB',`*Optionen*`)`
- Die Argumente von **fmincon** haben folgende Bedeutung:

'f(**x**)'
ist als Zeichenkette einzugeben. Hier ist die zu minimierende *Zielfunktion* f(**x**) einzutragen, wobei ab zwei Variablen diese in der Form x(1), x(2),...,x(n) zu schreiben sind. f(**x**) kann durch Funktionsausdruck oder Funktionsdatei f.m gegeben sein.

SW
Hier sind die *Startwerte* (Näherungswerte) zur Minimumsuche einzutragen:
Ab zwei Variablen sind diese als Spaltenvektor [...;...;...;...] zu schreiben.
Falls keine Näherungswerte für das Minimum bekannt sind, empfiehlt sich die Durchführung der Rechnung für verschiedene Startwerte.

A,b,G,d,u,v
Hierfür sind die Spaltenvektoren **b,d,u,v** bzw. Koeffizientenmatrizen **A,G** der Nebenbedingungen der gegebenen Problemstellung in der für MATLAB erforderlichen Schreibweise einzutragen.

'NB'
ist als Zeichenkette einzugeben. Hier ist der Name NB der *Funktionsdatei* NB.m einzutragen, die die Funktionen **g(x)** und **h(x)** der Ungleichungs- bzw. Gleichungsnebenbedingungen als Spaltenvektor enthält, im aktuellen Verzeichnis (Current Directory/ Folder) von MATLAB gespeichert ist und folgende Form hat:
function [iq,eq]=NB(**x**)
iq=[g1(**x**);g2(**x**);...;gt(**x**)] ; eq=[h1(**x**);h2(**x**);...;hs(**x**)] ;
Falls eine der beiden Nebenbedingungen **g(x)**≤0 oder **h(x)=0** nicht vorkommen, muss in der Funktionsdatei eine Leerzuweisung [] erfolgen, so z.B. eq=[], wenn Gleichungsnebenbedingungen **h(x)=0** fehlen.

[] (eckige Klammern)
stehen für *Leerstellen*, falls ein Argument von **fmincon** nicht vorkommt. Weiterhin sind *Optionen* möglich, die in der MATLAB-Hilfe beschrieben werden.

- Das *Ergebnis* wird im Vektor [x,f] angezeigt, in dem **x** den berechneten Minimalpunkt und f den zugehörigen Zielfunktionswert bezeichnen.

Beispiel 24.8:
Die Berechnung des nichtlinearen Optimierungsproblems aus Beisp.24.4 geschieht für konkrete Werte A=1000, B=10, C=20, D=10, d.h.

$$f(x_1,x_2) = \frac{10000}{\pi \cdot x_1^2 \cdot x_2} + 40000 \cdot \left(\frac{1}{x_1}+\frac{1}{x_2}\right) \to \underset{x_1,x_2}{\text{Minimum}}$$

und *Nebenbedingungen* $\pi \cdot x_1^2 \cdot x_2 \leq 10$, $x_1 \geq 0$, $x_2 \geq 0$ mittels **fmincon** folgendermaßen:

Zuerst sind die beiden *Funktionsdateien* f.m (für *Zielfunktion*) und NB.m (für *Nebenbedingungen*) zu schreiben und im aktuellen Verzeichnis (Current Directory/Folder) von MATLAB zu speichern:

Funktionsdatei f.m:
function z=f(**x**)
z=10000/(**pi**∗x(1)^2∗x(2))+40000∗(1/x(1)+1/x(2)) ;

Funktionsdatei NB.m:
function [iq,eq]=NB(**x**)
iq=[**pi**∗x(1)^2∗x(2)-10] ; eq=[] ;

Abschließend kann **fmincon** angewandt werden:

Mit *Startwerten* x(1)=1 , x(2)=2:
>> [x,f]=**fmincon**('f(x)',[1;2],[],[],[],[],[0;0],[],'NB')
x =
1.1675
2.3351
f = 5.2390e+004
Für diese Startwerte liefert MATLAB ein Ergebnis.

Mit *Startwerten* x(1)=11 , x(2)=10:
>> [x,f]=**fmincon**('f(x)',[11;10],[],[],[],[],[0;0],[],'NB')
x =
NaN
NaN
f = NaN

Mit *Startwerten* x(1)=2 , x(2)=2:
>> [x,f]=**fmincon**('f(x)',[2;2],[],[],[],[],[0;0],[],'NB')
x =
NaN
NaN
f = NaN

Es ist zu sehen, dass das Verfahren für die letzten beiden Startwerte nicht konvergiert.

25 Wahrscheinlichkeitsrechnung mit MATLAB

Da die *Wahrscheinlichkeitsrechnung* in der Ingenieurmathematik große Bedeutung besitzt, wird im Folgenden ein *kurzer Einblick* in die Problematik und die Anwendung von MATLAB gegeben.

Zahlreiche Probleme der Wahrscheinlichkeitsrechnung können mit MATLAB erfolgreich berechnet werden.

Da MATLAB Zufallszahlen erzeugen kann, lassen sich Simulationen durchführen.

Eine *ausführliche Behandlung* der Wahrscheinlichkeitsrechnung ist aufgrund der großen Stofffülle nicht möglich, so dass hierfür auf das Buch [45] *Statistik mit MATHCAD und MATLAB* des Autors verwiesen wird.

25.1 Einführung

Die *Wahrscheinlichkeitsrechnung* befasst sich mit mathematischen Gesetzmäßigkeiten *zufälliger Ereignisse*.

In Technik und Naturwissenschaften werden zwei Arten von *Ereignissen* unterschieden:

- *Deterministische Ereignisse*, deren Ausgang eindeutig bestimmt ist:

  Aus Physik, Chemie, Biologie, ... sind zahlreiche deterministische Erscheinungen bekannt.

  Ein typisches Beispiel liefert das bekannte *Ohmsche Gesetz* $U = I \cdot R$ der Physik. Hier ergibt sich die *Spannung* U eindeutig als Produkt aus fließendem *Strom* I und vorhandenem *Widerstand* R und bei jedem Experiment wird für gleichen Strom und Widerstand dasselbe Ergebnis U erhalten.

- *Ereignisse*, die vom *Zufall* abhängen, d.h. deren Ausgang unbestimmt ist und die als *zufällige Ereignisse* (Zufallsereignisse) bezeichnet werden:

  In der Mathematik werden *zufällige Ereignisse* als mögliche *Realisierungen* (*Ergebnisse*, *Ausgänge*) eines *Zufallsexperiments* verstanden und mit Großbuchstaben A, B,... bezeichnet.

  Zufallsexperimente lassen sich folgendermaßen charakterisieren:

  Sie werden unter *gleichbleibenden äußeren Bedingungen* (*Versuchsbedingungen*) durchgeführt und lassen sich beliebig oft *wiederholen*.

  Es sind mehrere (endlich oder unendlich viele) *verschiedene Ergebnisse* (Ausgänge) möglich.

  Das *Eintreffen* oder *Nichteintreffen* eines *Ergebnisses* (Ausgangs) kann nicht sicher vorausgesagt werden, d.h. es ist *zufällig*.

  Die möglichen einander ausschließenden Ergebnisse (Ausgänge) eines Zufallsexperiments heißen seine *Elementarereignisse*.

  Beispiele für *Zufallsexperimente* sind

  Werfen einer *Münze*, *Würfeln* mit einem *Würfel*, *Messen* eines *Gegenstandes*, *Ziehen* von *Lottozahlen*, Auswahl von Produkten bei der *Qualitätskontrolle*, *Funktionsdauer* eines technischen Geräts.

Die *Wahrscheinlichkeitsrechnung* untersucht *zufällige Ereignisse* mit Mitteln der Mathematik.

Sie gewinnt quantitative Aussagen über zufällige Ereignisse.

Eine Reihe von *Problemen* in *Technik* und *Naturwissenschaften* kann mit ihrer Hilfe untersucht und berechnet werden. Dazu gehören u.a.:

Die in einer Telefonzelle ankommenden Gespräche (Theorie der Wartesysteme)

Die Lebensdauer technischer Bauteile (Zuverlässigkeitstheorie)
Die Abweichungen der Maße produzierter Werkstücke von den Sollwerten
Zufallsrauschen in der Signalübertragung
Brownsche Molekularbewegung
Flugweite von Geschossen
Beobachtungs- und Messfehler

25.2 Wahrscheinlichkeit und Zufallsgröße

Wahrscheinlichkeit und *Zufallsgröße* gehören neben Verteilungsfunktion (siehe Abschn. 25.3) zu grundlegenden Begriffen der Wahrscheinlichkeitsrechnung.

Die *Wahrscheinlichkeit* ist folgendermaßen *charakterisiert:*

- Zur analytischen Beschreibung zufälliger Ereignisse A lässt sich eine Maßzahl P(A) heranziehen, die *Wahrscheinlichkeit* heißt:
  P(A) beschreibt die *Chance* für das *Eintreten* eines *Ereignisses*.
  Praktischerweise wird P(A) zwischen 0 und 1 gewählt, wobei die Wahrscheinlichkeit 0 für das *unmögliche* Ereignis $\emptyset$ (d.h. P($\emptyset$)=0) und 1 für das *sichere* Ereignis Ω (d.h. P(Ω)=1) stehen.

- Erste Begegnungen mit dem Begriff *Wahrscheinlichkeit* ergeben sich bei folgenden Betrachtungen:

  * *Klassische Definition* der *Wahrscheinlichkeit*

    $$P(A) = \frac{\text{Anzahl der für A günstigen Elementarereignisse}}{\text{Anzahl der für A möglichen Elementarereignisse}}$$

    für ein zufälliges Ereignis A:
    Diese Definition gilt nur unter der Voraussetzung, dass es sich um endlich viele gleichmögliche Elementarereignisse handelt.
    Offensichtlich gilt $0 \leq P(A) \leq 1$
    Klassische Wahrscheinlichkeiten lassen sich meistens mittels *Kombinatorik berechnen*.

  * *Statistische Definition* der *Wahrscheinlichkeit*

    mittels *relativer Häufigkeit* $H_n(A) = \frac{m}{n}$ (n≥m)

    für ein zufälliges Ereignis A:

    $H_n(A)$ steht dafür, dass A bei n *Zufallsexperimenten* m-mal aufgetreten ist.

    $H_n(A)$ schwankt für großes n immer weniger um einen gewissen Wert. Deshalb kann sie für hinreichend großes n als *Näherung* für die *Wahrscheinlichkeit* P(A) verwendet werden.
    Offensichtlich gilt $0 \leq H_n(A) \leq 1$

Diese beiden *anschaulichen Definitionen* der *Wahrscheinlichkeit* reichen nur für einfache Fälle aus. Für eine allgemeine und aussagekräftige Theorie ist eine *axiomatische Definition* erforderlich, die in Lehrbüchern zur Wahrscheinlichkeitsrechnung steht.

Eine *Zufallsgröße* (Zufallsvariable) ist folgendermaßen charakterisiert:

25.2 Wahrscheinlichkeit und Zufallsgröße

- Sie wurde eingeführt, um mit zufälligen Ereignissen rechnen zu können.
- Eine exakte Definition ist mathematisch anspruchsvoll.
- Für Anwendungen genügt der anschauliche Sachverhalt, dass sie als Funktion definiert ist, die Ergebnissen eines Zufallsexperiments reelle Zahlen zuordnet.
- Zufallsgrößen werden durch Großbuchstaben X, Y,... bezeichnet.
- Es werden zwei Arten von Zufallsgrößen unterschieden:
  Diskrete Zufallsgrößen:
  Sie können nur *endlich* (oder *abzählbar unendlich*) *viele Werte* annehmen.
  Stetige Zufallsgrößen:
  Sie können beliebig viele Werte annehmen.
- Im Unterschied zu diskreten ist bei *stetigen Zufallsgrößen* X die Wahrscheinlichkeit P(X=a) gleich Null, dass X einen konkreten Zahlenwert a annimmt. Deshalb treten bei stetigen Zufallsgrößen nur Wahrscheinlichkeiten der Form P(a≤X), P(X≤b) und P(a≤X≤b) auf, dass ihre Zahlenwerte in gewissen Intervallen liegen (siehe Abschn. 25.3.2).

Beispiel 25.1:
Im Folgenden sind Illustrationen zu *Wahrscheinlichkeit* und *Zufallsgröße* zu sehen:
a) Betrachtung des Standardbeispiels *Würfeln* mit einem *idealen Würfel:*
   Das Zufallsexperiment *Würfeln* hat offensichtlich die 6 *Elementarereignisse* Werfen von 1, 2, 3, 4, 5, 6.
   Das *unmögliche Ereignis* ∅ besteht hier darin, dass eine Zahl ungleich der Zahlen 1, 2, 3, 4, 5, 6 geworfen wird.
   Das *sichere Ereignis* Ω besteht hier darin, dass eine der Zahlen 1, 2, 3, 4, 5, 6 geworfen wird.
   Die *Wahrscheinlichkeit*, eine bestimmte Zahl zwischen 1 und 6 zu werfen, bestimmt sich mittels *klassischer Wahrscheinlichkeit* als *Quotient günstiger Elementarereignisse* (1) und *möglicher Elementarereignisse* (6) zu 1/6.
   Ein zufälliges *Ereignis* A kann hier z.B. darin bestehen, dass eine *gerade Zahl* geworfen wird, d.h. A besteht aus drei Elementarereignissen 2, 4, 6. Damit tritt das Ereignis A ein, wenn eine der Zahlen 2, 4 oder 6 geworfen wird und die Wahrscheinlichkeit beträgt P(A)=3/6=1/2.
   Als *diskrete Zufallsgröße* X für das Zufallsexperiment *Würfeln* wird praktischerweise die Funktion verwendet, die dem Elementarereignis des Werfens einer bestimmten Zahl genau diese Zahl zuordnet, d.h. X ist eine *Funktion*, die Werte 1, 2, 3, 4, 5 annehmen kann.

b) Berechnung der *Wahrscheinlichkeiten* für einen *Gewinn* beim Lotto 6 aus 49:
   Als Modell für die Ziehung der Lottozahlen kann ein Behälter verwendet werden, der 49 durchnummerierte Kugeln enthält. Die Ziehung der 6 Lottozahlen geschieht durch zufällige Auswahl von 6 Kugeln aus diesem Behälter ohne Zurücklegen der gezogenen Kugeln, d.h. keine Zahl kann sich wiederholen.
   Die *Anzahl der möglichen Fälle* für die gezogenen Zahlen berechnet sich als eine *Kombination* ohne *Wiederholung* (siehe Abschn.15.2), d.h. als Auswahl von 6 Zahlen aus 49 Zahlen ohne Berücksichtigung der Reihenfolge und ohne Wiederholung, so dass sich folgender Wert ergibt:
   $$\binom{49}{6} = 13\,983\,816$$

Damit berechnet sich die *Wahrscheinlichkeit* für
* *6 richtig getippte Zahlen* zu 1/13 983 816, da es hier nur einen günstigen Fall gibt.
* das Ereignis A_k, dass *k Zahlen* (k=0, 1, 2, 3, 4, 5, 6) *richtig getippt* werden, aus der Formel

$$P(A_k) = \frac{\binom{6}{k} \cdot \binom{43}{6-k}}{\binom{49}{6}}$$

da eine *hypergeometrische Wahrscheinlichkeitsverteilung* vorliegt (siehe Abschn. 25.3.1).

c) Die *Temperatur* eines zu *bearbeitenden Werkstücks* kann als *stetige Zufallsgröße* X aufgefasst werden, der als Zahlenwerte alle Werte zugeordnet werden, die die Temperatur in einem gewissen Intervall annehmen kann, das für die Bearbeitung erforderlich ist (Toleranzintervall).

d) Der *Benzinverbrauch* eines Pkw kann als *stetige Zufallsgröße* X aufgefasst werden, der als Zahlenwerte alle Werte innerhalb eines gewissen Bereiches (Intervalls) zugeordnet werden.

e) Falls *Messungen* (mit Messfehlern) vorliegen, kann bei diesen Zufallsexperimenten angenommen werden, dass die zur Messung gehörige *Zufallsgröße* X *stetig* ist. Allgemein treten stetige Zufallsgrößen in Technik und Naturwissenschaften überall dort auf, wo Abweichungen von Sollwerten zu untersuchen sind.

25.3 Wahrscheinlichkeitsverteilung und Verteilungsfunktion

Das Verhalten einer *Zufallsgröße* X wird durch ihre *Wahrscheinlichkeitsverteilung* (kurz: *Verteilung*) bzw. *Verteilungsfunktion* bestimmt.
Für eine betrachtete *Zufallsgröße* X stellt sich die Frage, mit welchen *Wahrscheinlichkeiten* ihre Werte realisiert werden, d.h. welche *Wahrscheinlichkeitsverteilung* sie besitzt. Diese Frage wird durch die Verteilungsfunktion beantwortet.
Die *Verteilungsfunktion* F(x) einer *Zufallsgröße* X ist durch $\quad F(x)=P(X \leq x)$
definiert, wobei $P(X \leq x)$ die Wahrscheinlichkeit dafür angibt, dass X einen Wert kleiner oder gleich der Zahl x annimmt:
* Die *Verteilungsfunktion* einer *diskreten Zufallsgröße* X mit Werten $x_1, x_2, \ldots, x_n, \ldots$
  ergibt sich zu $\quad F(x) = \sum_{x_i \leq x} p_i \quad$ und ist folgendermaßen *charakterisiert*:

  $p_i = P(X = x_i)$ ist die *Wahrscheinlichkeit* dafür ist, dass X den Wert x_i annimmt.
  Sie heißt *diskrete Verteilungsfunktion*.
  Die *grafische Darstellung* diskreter Verteilungsfunktionen hat die Gestalt einer *Treppenkurve* (siehe Abb.25.1).
  Diskrete Verteilungsfunktionen F(x) sind durch Vorgabe der Wahrscheinlichkeiten $p_i = P(X = x_i)$
  eindeutig bestimmt.

25.3 Wahrscheinlichkeitsverteilung und Verteilungsfunktion

Es bleibt das Problem, diese für eine vorliegende diskrete Zufallsgröße X zu bestimmen. Deshalb werden im Abschn. 25.3.1 *diskrete Verteilungen* betrachtet, bei denen diese Wahrscheinlichkeiten für praktisch wichtige Fälle formelmäßig gegeben sind.

- Die *Verteilungsfunktion* einer *stetigen Zufallsgröße* X ergibt sich zu

$$F(x) = \int_{-\infty}^{x} f(t)\,dt \quad \text{und ist folgendermaßen } charakterisiert\text{:}$$

f(t) ist die *Dichtefunktion* (Wahrscheinlichkeitsdichte, kurz: Dichte) von X.
Sie heißt *stetige Verteilungsfunktion*.
Stetige Verteilungsfunktionen berechnen die Wahrscheinlichkeit dafür, dass X Zahlenwerte aus dem Intervall $(-\infty, x]$ annimmt. Falls die Wahrscheinlichkeit gesucht ist, dass sie Zahlenwerte aus einem Intervall [a,b] annimmt, so gilt

$$P(a \leq X \leq b) = P(a < X \leq b) = P(a \leq X < b) = P(a < X < b) = \int_{a}^{b} f(t)\,dt$$

Speziell ist die Wahrscheinlichkeit, dass eine stetige Zufallsgröße X einen konkreten Zahlenwert a annimmt gleich Null, wie sich folgendermaßen ergibt:

$$P(X=a) = P(a \leq X \leq a) = \int_{a}^{a} f(t)\,dt = 0$$

Stetige Verteilungsfunktionen F(x) sind durch Vorgabe der *Dichte* f(t) *eindeutig bestimmt*.
Es bleibt das Problem, f(t) für eine gegebene stetige Zufallsgröße X zu bestimmen. Deshalb werden im Abschn.25.3.2 *stetige Verteilungen* betrachtet, bei denen Dichten für praktisch wichtige Fälle formelmäßig gegeben sind.

Inverse Verteilungsfunktionen F^{-1} spielen eine große Rolle:
Der *Wert* x_s wird als *s-Quantil* einer Zufallsgröße X bezeichnet, wenn gilt
$F(x_s) = P(X \leq x_s) = s$,
wobei s eine gegebene Zahl aus dem Intervall [0,1] ist.
Das s-Quantil x_s berechnet sich unter Anwendung der inversen Verteilungsfunktion aus
$x_s = F^{-1}(s)$

25.3.1 Diskrete Wahrscheinlichkeitsverteilungen

Für praktische Anwendungen *wichtige diskrete Wahrscheinlichkeitsverteilungen* sind:
- *Binomialverteilung* (Bernoulli-Verteilung) B(n,p):
  Eine *diskrete Zufallsgröße* X, die n Zahlen 0, 1, 2, 3,..., n mit den *Wahrscheinlichkeiten*

$$P(X=k) = \binom{n}{k} \cdot p^k \cdot (1-p)^{n-k} \qquad (k=0,1,2,3,...,n)$$

annimmt, heißt *binomialverteilt* mit Parametern n und p.
Zur *Erklärung* der *Binomialverteilung* kann das Modell *zufällige Entnahme von Elementen aus einer Gesamtheit mit Zurücklegen* verwendet werden.
Dieses Modell beinhaltet Folgendes:
Gesucht ist die *Wahrscheinlichkeit* P(X=k), dass bei n *unabhängigen Zufallsexperimenten*, bei denen nur
das *Ereignis*   A   (mit Wahrscheinlichkeit p)

oder das zu A *komplementäre Ereignis* $\overline{A}$ (mit Wahrscheinlichkeit 1-p) eintreten kann, das *Ereignis* A *k-mal auftritt* (k=0,1,2,3,...,n).

Derartige *Zufallsexperimente* heißen *Bernoulli-Experimente* und sind z.B. bei der *Qualitätskontrolle* anzutreffen:

Hier bestehen die *Zufallsexperimente* darin, aus einem großen Warenposten von Erzeugnissen (z.B. Schrauben, Werkstücke, Fernsehgeräte, Radios, Computer) *zufällig* einzelne *Erzeugnisse* nacheinander *auszuwählen* und auf *Brauchbarkeit* (Ereignis A) oder *Ausschuss* (Ereignis $\overline{A}$) zu untersuchen.

Die *Unabhängigkeit* der einzelnen Experimente wird dadurch erreicht, dass das herausgenommene Erzeugnis nach der Untersuchung wieder in den Warenposten zurückgelegt und der Posten gut durchgemischt wird. Es wird von einem Experiment *Ziehen mit Zurücklegen* gesprochen.

Bei sehr großen Warenposten ist die *Unabhängigkeit* näherungsweise auch ohne Zurücklegen gegeben.

- *Hypergeometrische Verteilung* H(M,K,n):

  Eine diskrete *Zufallsgröße* X, die Zahlen 0,1,2,3,... mit *Wahrscheinlichkeiten*

$$P(X=k) = \frac{\binom{K}{k} \cdot \binom{M-K}{n-k}}{\binom{M}{n}} \qquad (k=0,1,2,3,...)$$

  annimmt, heißt *hypergeometrisch verteilt* mit Parametern M, K und n, wobei zwischen k und den Parametern M, K und n die Relationen

  k≤Minimum(K,n) , n-k≤M-K , 1≤K<M , 1≤n≤M

  bestehen müssen.

  Zur *Erklärung* der hypergeometrischen Verteilung kann das Modell *zufällige Entnahme von Elementen aus einer Gesamtheit o h n e Zurücklegen* verwendet werden:

  Dieses Modell beinhaltet Folgendes:

  Gesucht ist die *Wahrscheinlichkeit* P(X=k), dass bei n *zufälligen Entnahmen* eines *Elements ohne Zurücklegen* aus einer Gesamtheit von M Elementen, von denen K eine *gewünschte Eigenschaft* E haben, k Elemente (k=0,1,...,min(n,K)) mit dieser Eigenschaft E auftreten.

  Konkret wird meistens ein *Urnenmodell* verwendet:

  Es gibt eine *Urne* mit M *Kugeln*, wobei K davon eine bestimmte (z.B. rote) Farbe und M-K eine andere (z.B. schwarze) Farbe haben.

  Gesucht ist die *Wahrscheinlichkeit*, dass bei n *zufälligen Entnahmen* einer Kugel *ohne Zurücklegen* k von den entnommenen Kugeln die bestimmte (z.B. rote) Farbe haben.

  Wird die *Entnahme mit Zurücklegen* vorgenommen, so ist die Zufallsgröße binomialverteilt mit den Parametern n und p=K/M, d.h. es liegt eine *Binomialverteilung* B(n,K/M) vor.

- *Poisson-Verteilung* $P(\lambda)$:

Eine diskrete *Zufallsgröße* X, die Zahlen 0, 1, 2, 3, ... mit *Wahrscheinlichkeiten*

$$P(X=k) = \frac{\lambda^k}{k!} \cdot e^{-\lambda} \qquad (k=0,1,2,3,...)$$

annimmt, heißt *Poisson-verteilt* mit *Parameter* λ:

Die Poisson-Verteilung kann als gute *Näherung* für die *Binomialverteilung* verwendet werden, wenn n groß und die *Wahrscheinlichkeit* p klein ist und n·p konstant gleich λ gesetzt wird.

Aufgrund der kleinen Wahrscheinlichkeiten wird die Poisson-Verteilung auch *Verteilung* der *seltenen Ereignisse* genannt.

Poisson-Verteilungen treten u.a. bei *folgenden Ereignissen* auf:

Anzahl von Teilchen, die von einer radioaktiven Substanz emittiert werden.

Anzahl der Druckfehler pro Seite bei umfangreichen Büchern.

Anzahl der Anrufe pro Zeiteinheit in einer Telefonzentrale.

In der Toolbox STATISTICS (siehe Abschn.26.2) sind Funktionen zur Berechnung *diskreter Wahrscheinlichkeitsverteilungen* vordefiniert, von denen wichtige vorgestellt werden:

Binomialverteilung B(n,p):

binopdf(x,n,p)

berechnet für x die *Wahrscheinlichkeit* P(X=x).

binocdf(x,n,p)

berechnet für x den Funktionswert der *Verteilungsfunktion* F(x)=P(X≤x).

Hypergeometrische Verteilung H(M,K,n):

hygepdf(x,M,K,n)

berechnet für x die *Wahrscheinlichkeit* P(X=x).

hygecdf(x,M,K,n)

berechnet für x den Funktionswert der *Verteilungsfunktion* F(x)=P(X≤x).

Poisson-Verteilung P(λ) mit *Parameter* λ:

poisspdf(x,λ)

berechnet für x die *Wahrscheinlichkeit* P(X=x).

poisscdf(x,λ)

berechnet für x den Funktionswert der *Verteilungsfunktion* F(x)=P(X≤x).

Beispiel 25.2:

Betrachtung einer praktischen *Anwendung* der *Binomialverteilung*:

Beim Herstellungsprozess einer *Ware* ist *bekannt*, dass 80% *fehlerfrei*, 15% mit *leichten* (vernachlässigbaren) *Fehlern* und 5% mit *großen Fehlern* hergestellt werden. Wie groß ist die *Wahrscheinlichkeit* P, dass von den nächsten hergestellten 100 Exemplaren dieser Ware *höchstens* 3,
genau 10,
mindestens 4
große Fehler besitzen:

Als *Zufallsgröße* X wird die *Anzahl* der Waren mit *großen Fehlern* verwendet.

Die *Binomialverteilung* B(100,0.05) kann zur Berechnung dieser Problematik herangezogen werden, deren *Verteilungsfunktion* mittels

`>> x=0:0.1:15 ; stairs(x,binocdf(x,100,0.05))`

in folgender Abb.25.1 unter Verwendung der MATLAB-Funktion **stairs** zur Zeichnung von Treppenfunktionen *grafisch dargestellt* ist, wobei die im Abschn.13.1 gegebenen Möglichkeiten zur Gestaltung angewandt werden.

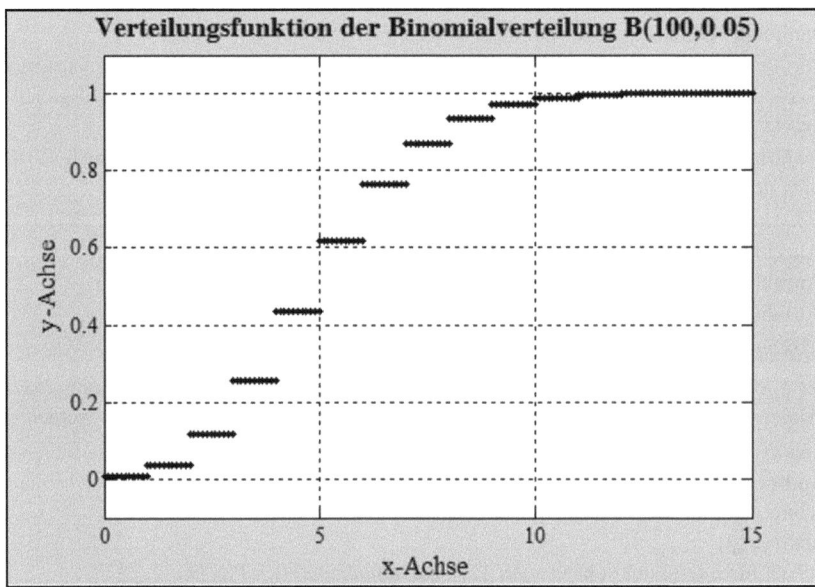

Abb.25.1: Grafische Darstellung der Verteilungsfunktion der Binomialverteilung B(100,0.05)

Mit der Funktion **binocdf** für die Verteilungsfunktion F der *Binomialverteilung* berechnet MATLAB folgende Werte für die *Wahrscheinlichkeiten:*

$P(X \leq 3) = F(3)$:

\>\> **binocdf**(3,100,0.05)

ans = 0.2578

Damit beträgt die *Wahrscheinlichkeit* 0.2578, dass höchstens 3 Exemplare große Fehler besitzen.

$P(X=10) = P(X \leq 10) - P(X \leq 9) = F(10) - F(9)$:

\>\> **binocdf**(10,100,0.05)-**binocdf**(9,100,0.05)

ans = 0.0167

Damit beträgt die *Wahrscheinlichkeit* 0.0167, dass genau 10 Exemplare große Fehler besitzen.

$P(X \geq 4) = 1 - P(X < 4) = 1 - P(X \leq 3) = 1 - F(3)$:

\>\> 1-**binocdf**(3,100,0.05)

ans = 0.7422

Damit beträgt die *Wahrscheinlichkeit* 0.7422, dass mindestens 4 Exemplare große Fehler besitzen.

25.3.2 Stetige Wahrscheinlichkeitsverteilungen

Die für praktische Anwendungen *wichtigste stetige Wahrscheinlichkeitsverteilung* ist die *Normalverteilung* (Gaußverteilung) $N(\mu,\sigma)$ mit

Dichtefunktion
$$f(t) = \frac{1}{\sigma \cdot \sqrt{2 \cdot \pi}} \cdot e^{-\frac{1}{2}\left(\frac{t-\mu}{\sigma}\right)^2}$$

Verteilungsfunktion
$$F(x) = \frac{1}{\sigma \cdot \sqrt{2 \cdot \pi}} \cdot \int_{-\infty}^{x} e^{-\frac{1}{2}\left(\frac{t-\mu}{\sigma}\right)^2} dt$$

wobei μ *Erwartungswert*, σ *Standardabweichung*, σ^2 *Streuung* bezeichnen.

Die *Normalverteilung* ist folgendermaßen *charakterisiert*:

- Sie besitzt unter allen stetigen Verteilungen überragende Bedeutung, da viele Zufallsgrößen näherungsweise normalverteilt sind, weil sie sich als Überlagerung (Summe) einer großen Anzahl einwirkender Einflüsse (unabhängiger, identisch verteilter Zufallsgrößen) darstellen. Die Grundlagen hierfür liefern Grenzwertsätze.
- Gelten $\mu=0$ und $\sigma=1$
  so heißt sie *standardisierte* (oder normierte) *Normalverteilung* $N(0,1)$, deren *Verteilungsfunktion* mit Φ bezeichnet wird:
  Ihre *grafische Darstellung* ist in Abb.25.2 zu sehen.
  Da die Dichtefunktion der standardisierten Normalverteilung eine gerade Funktion ist, folgen für die Verteilungsfunktion Φ die Beziehungen
  $\Phi(0)=1/2$ und $\Phi(-x)=1-\Phi(x)$
  Falls eine *Zufallsgröße* X die *Normalverteilung* $N(\mu,\sigma)$ mit Erwartungswert μ und Standardabweichung σ besitzt, so genügt die aus X gebildete *Zufallsgröße*

  $$Y = \frac{X-\mu}{\sigma}$$

  der *standardisierten Normalverteilung* $N(0,1)$.
  Deshalb können *Wahrscheinlichkeiten* einer $N(\mu,\sigma)$-verteilten Zufallsgröße X mithilfe der Verteilungsfunktion Φ der *standardisierten Normalverteilung* folgendermaßen berechnet werden:

  $$P(X \leq x) = P\left(\frac{X-\mu}{\sigma} \leq \frac{x-\mu}{\sigma}\right) = P(Y \leq u) = \Phi\left(\frac{x-\mu}{\sigma}\right) = \Phi(u)$$

  $$P(X \geq x) = 1 - P(X \leq x) = 1 - P\left(\frac{X-\mu}{\sigma} \leq \frac{x-\mu}{\sigma}\right) = 1 - P(Y \leq u) = 1 - \Phi\left(\frac{x-\mu}{\sigma}\right) = 1 - \Phi(u)$$

  $$P(a \leq X \leq b) = P\left(\frac{X-\mu}{\sigma} \leq \frac{b-\mu}{\sigma}\right) - P\left(\frac{X-\mu}{\sigma} \leq \frac{a-\mu}{\sigma}\right) = \Phi\left(\frac{b-\mu}{\sigma}\right) - \Phi\left(\frac{a-\mu}{\sigma}\right)$$

  wobei sich u offensichtlich aus $u = \frac{x-\mu}{\sigma}$ ergibt.

- Die *Fehlerfunktion* $\quad \operatorname{erf}(x) = \frac{2}{\sqrt{\pi}} \cdot \int_{0}^{x} e^{-t^2} dt \;,\; x \geq 0 \quad$ wird öfters benötigt.

Weitere wichtige *stetige Verteilungen* (vor allem für die Statistik) sind *Chi-Quadrat-, Student-* und *F-Verteilungen*. Diese Verteilungen werden im Buch nicht benötigt, so dass auf die Literatur und MATLAB-Hilfe verwiesen wird.

In der Toolbox STATISTICS (siehe Abschn.26.2) sind Funktionen zur Berechnung *stetiger Wahrscheinlichkeitsverteilungen* vordefiniert:
Es wird nur die in Anwendungen dominierende *Normalverteilung* N(μ,σ) betrachtet:
normpdf(t,μ,σ)
berechnet für t den Funktionswert der *Dichte* f(t)
normcdf(x,μ,σ)
berechnet für x den Funktionswert der *Verteilungsfunktion* F(x)=P(X≤x).

erf(x) berechnet die Fehlerfunktion, d.h. $\mathbf{erf}(x) = \dfrac{2}{\sqrt{\pi}} \cdot \int_0^x e^{-t^2} \, dt$, $x \geq 0$

Erläuterungen zu den in der Statistik wichtigen *Chi-Quadrat-*, *Student-* und *F-Verteilungen* liefert die MATLAB-Hilfe, wenn die Namen der entsprechenden vordefinierten Dichte- bzw. Verteilungsfunktionen **chi2pdf** bzw. **chi2cdf**, **tpdf** bzw. **tcdf**, **fpdf** bzw. **fcdf** in den HelpNavigator eingegeben werden.

Beispiel 25.3:
Betrachtung von zwei Beispielen zur *Normalverteilung:*
a) Die *Lebensdauer* von Fernsehgeräten sei *normalverteilt* mit *Erwartungswert* μ=10000 Stunden und *Standardabweichung* σ =1000 Stunden.
Wie groß ist die *Wahrscheinlichkeit*, dass ein zufällig der Produktion entnommenes Fernsehgerät die *Lebensdauer*
mindestens 12000,   höchstens 6500,   zwischen 7500 und 10500 Stunden   hat ?
Als *Zufallsgröße* X wird die *Lebensdauer* der Fernsehgeräte verwendet.
Unter Anwendung der *Normalverteilung* mit μ=10000, σ=1000 berechnet die MATLAB-Funktion **normcdf** folgende Wahrscheinlichkeiten:
Die Wahrscheinlichkeit für die Lebensdauer mindestens 12000 Stunden ergibt sich mit der Verteilungsfunktion F zu P(X≥12000) = 1-P(X<12000) = 1-F(12000).
Damit berechnet MATLAB die Wahrscheinlichkeit 0.0228, die sehr klein ist:
`>> 1-normcdf(12000,10000,1000)`
`ans = 0.0228`
Die Wahrscheinlichkeit für die Lebensdauer höchstens 6500 Stunden ergibt sich mit der Verteilungsfunktion F zu P(X≤6500) = F(6500).
Damit berechnet MATLAB die Wahrscheinlichkeit 0.00023263, die fast Null ist:
`>> normcdf(6500,10000,1000)`
`ans = 2.3263e-004`
Die Wahrscheinlichkeit für die Lebensdauer zwischen 7500 und 10500 Stunden ergibt sich mit der Verteilungsfunktion F zu P(7500≤X≤10500) = F(10500)-F(7500).
Damit berechnet MATLAB die Wahrscheinlichkeit 0.6853:
`>> normcdf(10500,10000,1000)-normcdf(7500,10000,1000)`
`ans = 0.6853`

b) Die *grafische Darstellung* von *Dichte* und *Verteilungsfunktion* der standardisierten Normalverteilung N(0,1) mittels
   >> x=-3:0.1:3 ; plot(x,normpdf(x,0,1)) ; hold on ; plot(x,normcdf(x,0,1))
   ist aus folgender Abb.25.2 ersichtlich, die mittels der im Abschn.13.1 besprochenen Möglichkeiten bearbeitet wurde.

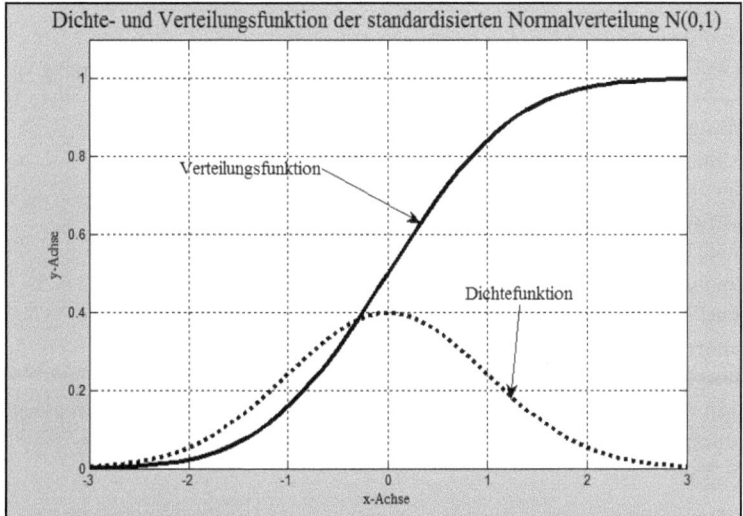

Abb.25.2: Grafische Darstellung der standardisierten Normalverteilung

25.4 Erwartungswert (Mittelwert) und Streuung (Varianz)

Die Verteilungsfunktion einer Zufallsgröße X ist bei praktischen Problemen nicht immer bekannt bzw. schwer zu handhaben.

Deshalb sind zusätzliche *charakteristische Kenngrößen* interessant, die Parameter (*Momente*) einer Wahrscheinlichkeitsverteilung bzw. Zufallsgröße X heißen.

Im Folgenden werden die beiden wichtigsten Momente *Erwartungswert* (Mittelwert) und *Streuung* (Varianz) einer Zufallsgröße X vorgestellt:

- Der *Erwartungswert* (Mittelwert) $\mu=E(X)$
  einer Zufallsgröße X gibt an, welchen Wert X im *Durchschnitt* (Mittel) realisieren wird, so dass auch die Bezeichnung *Mittelwert* verwendet wird:
  Der Erwartungswert einer *diskreten Zufallsgröße* X mit *Werten* $x_1, x_2, ..., x_i, ...$ und *Wahrscheinlichkeiten* $p_i = P(X=x_i)$ berechnet sich aus

  $$\mu = E(X) = \sum_i x_i \cdot p_i$$

  Der Erwartungswert einer *stetigen Zufallsgröße* X, deren Wahrscheinlichkeitsverteilung durch die *Dichte* f(x) gegeben ist, berechnet sich aus

  $$\mu = E(X) = \int_{-\infty}^{\infty} x \cdot f(x) \, dx$$

  Beide Berechnungsformeln sind nur anwendbar, wenn die Konvergenz der Reihe bzw. des uneigentlichen Integrals gewährleistet ist.

- Die *Streuung* (Varianz) σ_X^2
  einer Zufallsgröße X gibt die durchschnittliche quadratische *Abweichung* ihrer Werte vom *Erwartungswert* E(X) an und berechnet sich aus
  $$\sigma_X^2 = E(X-E(X))^2$$
  wobei σ_X als *Standardabweichung* von X bezeichnet wird.

In der Toolbox STATISTICS (siehe Abschn.26.2) sind *Funktionen* zur Berechnung von *Erwartungswert* E und *Streuung* S vordefiniert, die im Folgenden für häufig benötigte Wahrscheinlichkeitsverteilungen vorgestellt werden:
>> [E,S]=**binostat**(n,p)
  berechnet E und S für *Binomialverteilungen* B(n,p).
>> [E,S]=**hygestat**(M,K,n)
  berechnet E und S für *hypergeometrische Verteilungen* H(M,K,n).
>> [E,S]=**poisstat**(λ)
  berechnet E und S für *Poisson-Verteilungen* P(λ).
>> [E,S]=**normstat**(μ,σ)
  berechnet E (=μ) und S (=σ) für *Normalverteilungen* N(μ,σ).
Es sind auch Funktionen zur Berechnung *empirischer Erwartungswerte* und *Streuungen* für entnommene *Stichproben* vordefiniert, die im Abschn.26.4.3 betrachtet werden.

Beispiel 25.4:
Berechnung von *Erwartungswert* E und *Streuung* S für die Binomialverteilung B(100,0.05) aus Beisp.25.2 mittels MATLAB-Funktion **binostat**:
>> [E,S]=**binostat**(100,0.05)
E = 5
S = 4.7500

25.5 Zufallszahlen und Simulation

Unter *Simulation* wird die Untersuchung von Vorgängen/Prozessen/Systemen aus *Technik* und *Naturwissenschaften* mithilfe eines *Ersatzsystems* verstanden:
- Es wird von einer *Nachbildung* mittels eines *Modells* gesprochen.
- Als *Ersatzsystem* dient in zahlreichen Fällen ein *mathematisches Modell*, das unter Verwendung von *Computern* ausgewertet wird, so dass von digitaler Simulation gesprochen wird.
- Wenn das benutzte mathematische Modell auf Methoden der Wahrscheinlichkeitstheorie basiert, wird von *stochastischen (digitalen) Simulationen* gesprochen, die *Monte-Carlo-Simulationen* oder *Monte-Carlo-Methoden* heißen.
- *Monte-Carlo-Methoden* finden Anwendung, wenn gewisse Größen zufallsbedingt oder betrachtete Vorgänge/Prozesse/Systeme so komplex sind, dass deterministische mathe-

25.5 Zufallszahlen und Simulation

matische Modelle zu aufwendig werden und lassen sich folgendermaßen charakterisieren:

Annäherung des betrachteten *Problems* durch ein *stochastisches mathematisches Modell*.

Durchführung *zufälliger Experimente* auf *Computern* unter Verwendung von *Zufallszahlen* anhand des stochastischen Modells.

In *Auswertung* der *Ergebnisse* der zufälligen Experimente werden *Näherungslösungen* für das *betrachtete Problem* erhalten.

Monte-Carlo-Methoden können auch zur *Lösung* einer *Vielzahl* mathematischer *Probleme* herangezogen werden, so u.a. zur Lösung algebraischer *Gleichungen* und *Differentialgleichungen*, Berechnung von *Integralen* und Lösung von *Optimierungsaufgaben*. Ein Beispiel zur Integralberechnung ist im Buch [45] gegeben.

Monte-Carlo-Methoden sind jedoch nur zu *empfehlen*, wenn *höherdimensionale Probleme* vorliegen, wie dies z.B. bei mehrfachen Integralen oder der Minimierung von Funktionen mehrerer Variablen der Fall ist.

Für Monte-Carlo-Methoden werden *Zufallszahlen* benötigt, die vorgegebenen Wahrscheinlichkeitsverteilungen genügen. Diese lassen sich mittels Computer erzeugen und werden als *Pseudozufallszahlen* bezeichnet. MATLAB bietet zur Erzeugung von Zufallszahlen umfangreiche Möglichkeiten, von denen einige vorgestellt werden.

Simulationen sind für praktische Anwendungen von großem *Nutzen:*
Sie sind in vielen Fällen kostengünstiger und liefern Ergebnisse meistens schneller.
Sie ermöglichen in einer Reihe von Fällen erst die Untersuchung realer Objekte, weil direkte Untersuchungen an diesen Objekten zu kostspielig oder nicht möglich sind.
Sie werden u.a. bei folgenden Problemen eingesetzt:
Mess- und Prüfvorgänge, Lagerhaltungsprobleme, Verkehrsabläufe, Bedienungs- und Reihenfolgeprobleme.
Für MATLAB wird die *Toolbox* SIMULINK mitgeliefert, die zu *Simulationen* u.a. für dynamische Systeme anwendbar ist. Auf diese umfangreiche Problematik kann nicht eingegangen werden (siehe [26-31]).

In der Toolbox STATISTICS (siehe Abschn.26.2) sind Funktionen zur Erzeugung von Zufallszahlen vordefiniert, so dass Monte-Carlo-Methoden mit MATLAB möglich sind. Im Folgenden werden häufig benötigte Funktionen zur Erzeugung *gleichverteilter* und *normalverteilter Zufallszahlen* betrachtet:

\>\> R=**unifrnd**(A,B)
berechnet eine *gleichverteilte Zufallszahl* R aus dem Intervall [A,B]. Wenn A und B Matrizen gleichen Typs (m,n) sind, so wird durch **unifrnd** eine *Matrix* R vom gleichen Typ berechnet, die gleichverteilte Zufallszahlen aus den Intervallen enthält, deren Grenzen durch die einzelnen Elemente der Matrizen A und B gegeben sind.

\>\> R=**normrnd**(a,b)
berechnet eine *normalverteilte Zufallszahl* mit Erwartungswert a und Streuung b.

\>\> R=**normrnd**(a,b,m,n)
berechnet eine Matrix vom Typ (m,n) *normalverteilter Zufallszahlen* mit Erwartungswert a und Streuung b.

Beispiel 25.5:

In den folgenden Beispielen ist zu beachten, dass bei jeder neuen Anwendung der entsprechenden MATLAB-Funktionen andere Zahlen erzeugt werden, da es sich um Zufallszahlen handelt.

a) Erzeugung einer *gleichverteilten Zufallszahl* aus dem Intervall [1,2]:
   >> R=**unifrnd**(1,2)
   R = 1.2311

b) Erzeugung einer normalverteilten Zufallszahl mit Erwartungswert 0 und Streuung 1
   >> R=**normrnd**(0,1)
   R = -0.4326

c) Erzeugung einer zweireihigen *Matrix gleichverteilter Zufallszahlen:*
   >> R=**unifrnd**([1,2;3,4],[3,4;5,9])
   R =
   2.2137 3.7826
   3.9720 7.8105

d) Erzeugung einer *Matrix* vom Typ (4,3) mit *normalverteilten Zufallszahlen* mit Erwartungswert 4 und Streuung 2:
   >> R=**normrnd**(4,2,4,3)
   R =
   2.3353 7.2471 0.8125
   4.5888 2.6164 1.1181
   1.3276 5.7160 5.1423
   5.4286 6.5080 3.2002

26 Statistik mit MATLAB

Da die *Statistik* in der Ingenieurmathematik große Bedeutung besitzt, wird im Folgenden ein *kurzer Einblick* in die Problematik und die Anwendung von MATLAB gegeben:
Mit MATLAB können Standardprobleme der beschreibenden und schließenden Statistik berechnet werden, wie an einigen Beispielen illustriert wird.

Eine ausführliche *Behandlung* der Anwendung von MATLAB in der schließenden Statistik ist aufgrund der großen Stofffülle nicht möglich. Hierzu wird auf das Buch [45] *Statistik mit MATHCAD und MATLAB* des Autors verwiesen.

☞

Es gibt eine Reihe *spezieller Programmsysteme* wie SAS, UNISTAT, STATGRAPHICS, SYSTAT und SPSS, die zur Berechnung von Problemen der *Wahrscheinlichkeitsrechnung* und *Statistik* erstellt sind und umfangreiche Möglichkeiten bieten.
Dies bedeutet jedoch nicht, dass MATLAB hierfür untauglich ist.
Bereits der kurze Einblick im Kap.25 und 26 lässt erkennen, dass MATLAB in der Toolbox STATISTICS wirkungsvolle Werkzeuge für Wahrscheinlichkeitsrechnung und Statistik zur Verfügung stellt.

26.1 Einführung

Die *Statistik* befasst sich mit der *Untersuchung* von *Massenerscheinungen* und liefert Methoden, um diese beschreiben, beurteilen und quantitativ erfassen zu können.

Sie *unterscheidet* zwischen *beschreibender* (deskriptiver) und *schließender* (induktiver, mathematischer) *Statistik*. Der Unterschied lässt sich anschaulich durch ein typisches *Anwendungsbeispiel* der *Qualitätskontrolle* veranschaulichen:

Aus der Tagesproduktion einer Massenware wird nur ein kleiner Teil (Stichprobe) entnommen und auf die Merkmale brauchbar oder defekt untersucht.

Die *beschreibende Statistik* liefert nur *Aussagen* über die entnommene *Stichprobe*. Diese Aussagen sind sicher, können jedoch nicht auf die gesamte Tagesproduktion übertragen werden.

Mittels *schließender Statistik* werden anhand der entnommenen Stichprobe *Aussagen* über die *Merkmale* brauchbar oder defekt der gesamten Tagesproduktion erhalten, d.h. Aussagen über die Qualität der Tagesproduktion. Diese Aussagen sind jedoch nur mit einer gewissen Wahrscheinlichkeit gültig.

26.2 Toolbox STATISTICS

In der Toolbox STATISTICS stellt MATLAB umfangreiche Möglichkeiten zur Verfügung, um Aufgaben der *Wahrscheinlichkeitsrechnung* und *Statistik* berechnen zu können. Sie wird ausführlicher im Buch [45] behandelt.

Informationen zu dieser Toolbox liefert die MATLAB-Hilfe, wenn *Statistics Toolbox* im HelpNavigator angeklickt wird:
Sämtliche vordefinierten Funktionen lassen sich anzeigen: alphabetisch oder nach Kategorien geordnet.
Das Benutzerhandbuch in englischer Sprache kann angesehen und als PDF-Datei ausgedruckt werden.
Zahlreiche Beispiele (Examples) und Demos (Illustrationen und Videos) werden zur Verfügung gestellt.

Im Kap.25 und im Folgenden werden einige vordefinierte Funktionen dieser Toolbox zur *Wahrscheinlichkeitsrechnung*, Berechnung von *Zufallszahlen* und *statistischen Maßzahlen* und *Korrelation* und *Regression* vorgestellt und angewandt.

26.3 Grundgesamtheit und Stichprobe

Beim Sammeln von Daten (Zahlen), die Eigenschaften (*Merkmale*) von *Massenerscheinungen* (großen Mengen) betreffen, ist es meistens *unmöglich* oder *ökonomisch nicht vertretbar*, die *gesamte Massenerscheinung* (Menge) zu betrachten, die *Grundgesamtheit* heißt und endlich oder unendlich sein kann. Deshalb wird nur ein *kleiner Teil* der Grundgesamtheit betrachtet, der *Stichprobe* heißt.

Mithilfe eines *Auswahlverfahrens* gewonnene endliche *Teilmengen* mit n Elementen einer Grundgesamtheit werden als *Stichproben* vom *Umfang* n oder *Stichprobenumfang* n bezeichnet und lassen sich folgendermaßen *charakterisieren*:

- Stichproben können durch eine der folgenden Aktivitäten gewonnen werden:
  Beobachtungen (Zählungen, Messungen), *Befragungen* (von Personen), *Experimente* oder *Entnahme* einer *Teilmenge*.
- Um Stichproben auf Computern verarbeiten zu können (z.B. mittels MATLAB), müssen sie in Zahlenform gewonnen werden, wobei es sich empfiehlt, erhaltenes Zahlenmaterial einem Feld (Matrix) zuzuweisen.
- Erfolgt die Gewinnung von Stichproben *zufällig*, so heißen sie *zufällige Stichproben* (*Zufallsstichproben*), die in der schließenden Statistik benötigt werden, um Aussagen über zugehörige Grundgesamtheiten zu erhalten.
- Je nach *Anzahl* der betrachteten *Merkmale* (Zufallsgrößen) in einer Grundgesamtheit spricht man von
  eindimensionalen Stichproben (bei einem Merkmal),
  zweidimensionalen Stichproben (bei zwei Merkmalen),
  mehrdimensionalen Stichproben (ab drei Merkmalen),
  N-dimensionalen Stichproben (bei N *Merkmalen* $X_1, X_2, ..., X_N$)
- *Ein-* und *zweidimensionale* Stichproben vom Umfang n sind folgendermaßen *charakterisiert*, wobei der Index bei den Stichprobenwerten bzw. -punkten die Reihenfolge der Entnahme angibt:

  Eindimensionale Stichproben vom Umfang n für ein Merkmal X (Zufallsgröße) bestehen aus n Zahlenwerten (*Stichprobenwerten*)
  $x_1, x_2, ..., x_n$

  Zweidimensionale Stichproben vom Umfang n für zwei Merkmale (Zufallsgrößen) X und Y bestehen aus n Zahlenpaaren (*Stichprobenpunkten*)
  $(x_1, y_1), (x_2, y_2), ..., (x_n, y_n)$

Beispiel 26.1:
Betrachtung zweier konkreter Stichproben:

a) Aus der Produktion von Bolzen eines Werkzeugautomaten wird eine *Stichprobe* von 20 Bolzen entnommen, deren Länge (Merkmal X) kontrolliert werden soll, wobei das Nennmaß 300 mm beträgt:
Die Messung der entnommenen Bolzen ergibt folgende Stichprobenwerte
299,299,297,300,299,301,300,297,302,303,300,299,301,302,301,299,300,298,300,300
für die *eindimensionale Stichprobe* vom Umfang 20.
Im Beisp.26.4a werden diese Stichprobe in MATLAB einem eindimensionalen Feld (Vektor) **X** zugewiesen und hierfür die *statistischen Maßzahlen* Mittelwert, Median und Streuung berechnet.

b) Die *zweidimensionale Stichprobe* (20,5), (40,10), (70,20), (80,30), (100,40) vom Umfang 5 wird folgendermaßen erhalten:
Um die *Abhängigkeit* des *Bremsweges* (Merkmal Y) eines Pkw von der *Geschwindigkeit* (Merkmal X) zu untersuchen, wird für 5 verschiedene Geschwindigkeiten (in km/h) der Bremsweg (in m) gemessen, wie in folgender Tabelle zu sehen ist:

Geschwindigkeit x	20	40	70	80	100
Bremsweg y	5	10	20	30	40

Im Beisp.26.4b und 26.7 wird diese Stichprobe in MATLAB mittels
\>\> X=[20,40,70,80,100] ; Y=[5,10,20,30,40] ;
den eindimensionalen Feldern (Vektoren) **X** und **Y** zugewiesen und dazu benutzt, um statistische Maßzahlen bzw. für einen vermuteten *linearen funktionalen Zusammenhang* zwischen *Geschwindigkeit* und *Bremsweg* eine *Regressionsgerade* zu berechnen.

26.4 Beschreibende Statistik

Die *beschreibende Statistik* lässt sich folgendermaßen *charakterisieren:*
- Sie *bereitet* vorliegendes *Zahlenmaterial* einer *Stichprobe auf* und *verdichtet* es. Dies geschieht (siehe Abschn.26.4.1 - 26.4.3)
  anschaulich mittels Punktgrafiken, Diagrammen und Histogrammen.
  analytisch mittels *statistischer Maßzahlen* wie Mittelwert, Median und Streuung.
- Sie erhält nur *Aussagen* über *vorliegende Stichproben*, die nicht auf die zugehörige Grundgesamtheit übertragen werden können, aus der die Stichproben stammen.
- Sie benötigt keine Wahrscheinlichkeitsrechnung und weitere tiefgehende mathematischen Methoden.

26.4.1 Urliste und Verteilungstafel

Die Zahlenwerte einer *Stichprobe* vom *Umfang n*, die in der Reihenfolge der Entnahme vorliegen, werden als *Urliste, Roh-* oder *Primärdaten* bezeichnet, die bei größerem Umfang n schnell unübersichtlich werden können.
Deshalb ist es bei Untersuchungen der beschreibenden Statistik vorteilhaft, die Zahlen der *Urliste* zu *ordnen* und *gruppieren,* wie im Folgenden für *eindimensionale Stichproben* beschrieben wird:
- Die einfachste Form der Anordnung von Stichprobenwerten besteht im Ordnen nach der Größe (in steigender oder fallender Reihenfolge):
  Die Differenz zwischen kleinstem und größtem Wert der Urliste wird als *Spannweite* (Variationsbreite) bezeichnet.
  Es kann zusätzlich die *absolute Häufigkeit* der einzelnen Stichprobenwerte gezählt werden (z.B. mittels Strichliste).
  Es wird eine *primäre Verteilungstafel* erhalten.

In diese Tafel werden noch *relative Häufigkeiten* aufgenommen, die sich aus durch n dividierte absoluten Häufigkeiten ergeben (siehe Beisp.26.2).
Sie liefert eine anschauliche Übersicht über die Verteilung der Werte der Urliste.

- Wenn die *Urliste* einen großen Umfang n besitzt, ist es vorteilhaft, die Werte zu *gruppieren*, d.h. in *Klassen aufzuteilen* (siehe Beisp.26.2):
  Die *Klassenbreiten* d können für alle Klassen den gleichen Wert haben. Es sind auch verschiedene Klassenbreiten möglich. Dies hängt vom Umfang n und von der Spannweite der Urliste ab.
  Es muss vorher festgelegt werden, zu welcher Klasse ein Wert gehört, der auf eine Klassengrenze fällt.
  Nach Klasseneinteilung können *absolute Häufigkeiten* für jede Klasse (*absolute Klassenhäufigkeiten*) mittels Strichliste ermittelt und in Form einer Tabelle (*Häufigkeitstabelle* oder *sekundäre Verteilungstafel*) zusammengestellt werden.
  In Häufigkeitstabellen können zusätzlich *Klassenmitten* und *relative Häufigkeiten* für jede Klasse (*relative Klassenhäufigkeiten*) aufgenommen werden.

☞

Die besprochenen Listen bzw. Tafeln lassen sich für Stichproben großen Umfangs nicht per Hand aufstellen, so dass Computer wie bei den meisten statistischen Untersuchungen erforderlich sind. Die Erstellung dieser Listen bzw. Tafeln kann effektiv mittels MATLAB durchgeführt werden, wenn vordefinierte Sortierfunktionen und vorhandene Programmiermöglichkeiten herangezogen werden. Dies überlassen wir dem Leser.

Beispiel 26.2:
Für die *Urliste* der Stichprobe vom Umfang 20
299,299,297,300,299,301,300,297,302,303,300,299,301,302,301,299,300,298,300,300
aus Beisp.26.1a sind im Folgenden *primäre* und *sekundäre Verteilungstafel* zu sehen:

a) Wenn die Zahlenwerte der Urliste der Größe nach geordnet sind, kann die *primäre Verteilungstafel* z.B. in folgender Form geschrieben werden:

Werte	Strichliste	absolute Häufigkeit	relative Häufigkeit
297	||	2	0.10
298	|	1	0.05
299	|||||	5	0.25
300	||||||	6	0.30
301	|||	3	0.15
302	||	2	0.10
303	|	1	0.05

b) Bei einer *Klassenbreite* von d=2 kann die *sekundäre Verteilungstafel* (*Häufigkeitstabelle*) z.B. in folgender Form geschrieben werden:

Klassengrenzen	Klassenmitte	Strichliste	absolute Häufigkeit	relative Häufigkeit
296.5...298.5	297.5	|||	3	0.15
298.5...300.5	299.5	|||||||||||	11	0.55
300.5...302.5	301.5	|||||	5	0.25
302.5...304.5	303.5	|	1	0.05

26.4.2 Grafische Darstellungen

MATLAB gestattet *grafische Darstellungen* von Zahlenmaterial, das mittels ein-, zwei- oder dreidimensionaler *Stichproben* gewonnen wird:

- Für *eindimensionale Stichproben* vom Umfang n lassen sich mittels MATLAB die n Stichprobenwerte $x_1, x_2, \ldots, x_n$ auf verschiedene Weise *grafisch darstellen* (siehe Beisp.26.3):

  Die einfachste Form ist die Darstellung der Stichprobenwerte in Abhängigkeit von der Reihenfolge der Entnahme, d.h. vom Index. Dies ist jedoch wenig anschaulich und wird deshalb selten angewandt.

  Wenn aus der Stichprobe eine *primäre Verteilungstafel* erstellt wurde (siehe Abschn. 26.4.1), kann über jeden Wert x_i der Verteilungstafel in einem zweidimensionalen Koordinatensystem die zugehörige absolute bzw. relative Häufigkeit gezeichnet werden:

  Werden beide durch eine senkrechte Strecke verbunden, ergibt sich ein *Stabdiagramm*.

  Werden die erhaltenen Punkte durch Geradenstücke verbunden, ergibt sich ein Polygonzug, der *Häufigkeitspolygon* heißt.

  Wenn die Werte der Stichprobe in Klassen eingeteilt sind, d.h. eine *sekundäre Verteilungstafel* (*Häufigkeitstabelle*) erstellt wurde (siehe Abschn.26.4.1), so lässt sich ein *Histogramm* (Balkendiagramm) zeichnen, indem über den Klassengrenzen auf der Abszissenachse Rechtecke gezeichnet werden, deren Flächeninhalt proportional zu den zugehörigen Klassenhäufigkeiten ist.

- Für *zwei-* und *dreidimensionale Stichproben* vom Umfang n lassen sich mittels MATLAB die n Stichprobenpunkte
  $(x_1, y_1), (x_2, y_2), \ldots, (x_n, y_n)$ bzw. $(x_1, y_1, z_1), (x_2, y_2, z_2), \ldots, (x_n, y_n, z_n)$
  in einem zwei- bzw. dreidimensionalen Koordinatensystem in Form einer *Punktwolke* grafisch darstellen, wie im Abschn.13.2 behandelt und im Beisp.13.1 illustriert wird.

Da die grafische Darstellung von Punkten (Stichprobenpunkten) in zwei- und dreidimensionalen Koordinatensystemen im Abschn.13.2 (Beisp.13.1) betrachtet wird, werden im Folgenden nur *grafische Darstellungsmöglichkeiten* von MATLAB für *eindimensionale Stichproben* vorgestellt:

- Wenn aus der Stichprobe eine *primäre Verteilungstafel* erstellt wurde (siehe Beisp. 26.2), kann folgende Vorgehensweise zur *grafischen Darstellung* angewandt werden:

  I. Zuerst werden die Werte der primären Verteilungstafel und ihre absoluten Häufigkeiten einem Zeilenvektor **X** bzw. **Y** zugewiesen:
  >> X=[x1,x2,...,xn] ; Y=[y1,y2,...,yn] ;

  II. Danach wird durch die Grafikfunktion >> **plot(X,Y)** die *Zeichnung ausgelöst*:
  In der *Standardeinstellung* verbindet MATLAB die gezeichneten Punkte durch Geraden, d.h. es entsteht ein *Häufigkeitspolygon*.
  Wenn nur die Darstellung der Punkte gewünscht wird, ist die im Abschn.13.2 beschriebene Vorgehensweise anzuwenden.

- Zur Zeichnung von *Histogrammen* ist in MATLAB die Funktion **hist** vordefiniert, über die die MATLAB-Hilfe ausführliche Hinweise liefert. Wir verwenden die Form
  >> **hist(X,U)**
  in der die Zeilenvektoren **X** und **U** folgende Bedeutung besitzen:
  X enthält als Komponenten die *Zahlenwerte* der *Stichprobe*.

U ist so einzugeben, dass sich aus seinen Komponenten u_i die vorgegebenen *Klassenbreiten* d_i in der Form $d_i = u_{i+1} - u_i$ berechnen ($u_{i+1} > u_i$ vorausgesetzt).

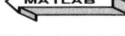

Beispiel 26.3:

Illustration *grafischer Darstellungsmöglichkeiten* von MATLAB am Beispiel der eindimensionalen Stichprobe vom Umfang 20

299,299,297,300,299,301,300,297,302,303,300,299,301,302,301,299,300,298,300,300

aus Beisp.26.1a und 26.2.

Darstellung der Werte der *primären Verteilungstafel* und der *absoluten Häufigkeiten:*

Zuerst werden die Werte der *primären Verteilungstafel* und die *absoluten Häufigkeiten* jeweils einem Zeilenvektor **X** bzw. **Y** zugewiesen:

>> **X**=[297,298,299,300,301,302,303] ; **Y**=[2,1,5,6,3,2,1] ;

Anschließend bietet MATLAB mittels >> **plot(X,Y)**

folgende *grafische Darstellungsmöglichkeiten.* Bei der *Darstellung* der *Punkte* sind *verschiedene Formen* möglich, wobei im Folgenden eine Kreisform gewählt wird und die im Abschn.13.1 und 13.2 besprochenen Möglichkeiten angewandt werden:

Darstellung in *Punktform*

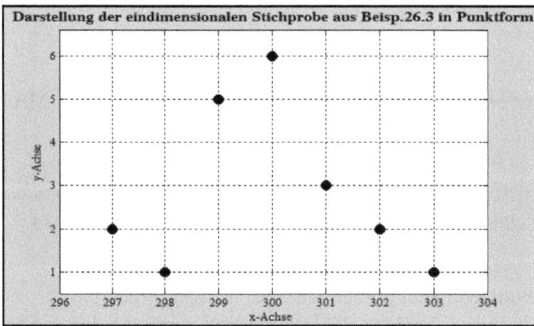

Darstellung als *Häufigkeitspolygon*

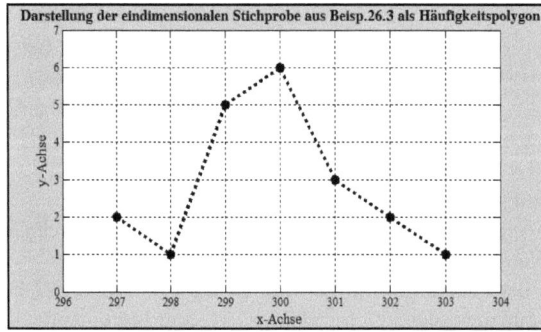

Die Darstellung des *Histogramms* in Form eines *Säulendiagramms* kann in MATLAB in folgenden drei Schritten geschehen:

I. Zuerst werden die Zahlenwerte der Stichprobe als Zeilenvektor **X** eingegeben:
>>X=[299,299,297,300,299,301,300,297,302,303,300,299,301,302,301,299,300,298, 300,300] ;

II. Danach werden im Zeilenvektor **U** die Klassenbreiten festgelegt:
>> U=296:2:304 ;

III. Abschließend wird die *Grafikfunktion* **hist** zur Zeichnung des Histogramms eingesetzt, wobei als Argumente die Vektoren **X** und **U** zu verwenden sind: >> **hist(X,U)**

Aus dem von MATLAB gezeichnetem *Histogramm* kann abgelesen werden, wie viele Zahlenwerten der Stichprobe in die einzelnen Intervalle fallen:
2 Werte in das Intervall [296,298] , 6 Werte in das Intervall [298,300]
9 Werte in das Intervall [300,302] , 3 Werte in das Intervall [302,304].

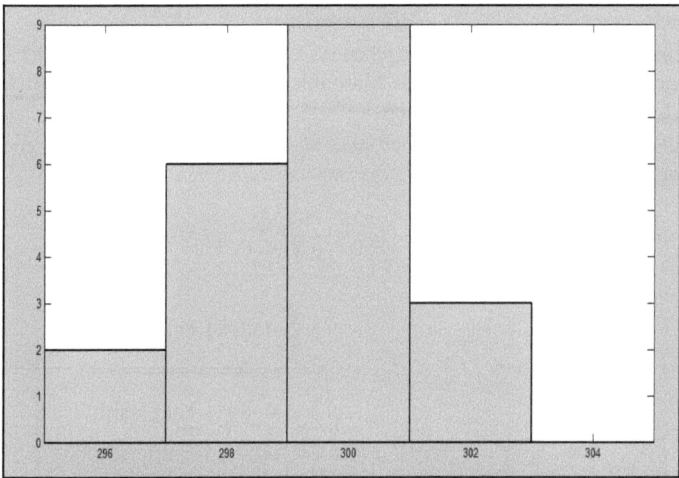

26.4.3 Statistische Maßzahlen

In der *beschreibenden Statistik* dienen *statistische Maßzahlen* zur Charakterisierung vorliegender *Stichproben* und nicht zur Charakterisierung der Grundgesamtheit, aus der die Stichproben stammen.

Deshalb werden sie als *empirische statistische Maßzahlen* bezeichnet.

Die Bezeichnung *empirisch* weist darauf hin, dass diese Maßzahlen aus Stichproben gewonnene Schätzungen für die entsprechenden Größen wie Mittelwert (Erwartungswert), Streuung (siehe Abschn.25.4), Korrelationskoeffizient (siehe Abschn.26.5.3) für Zufallsgrößen X und Y sind.

In der *schließenden Statistik* werden diese *empirischen statistischen Maßzahlen* u.a. im Rahmen der Schätz- und Testtheorie benötigt, um Wahrscheinlichkeitsaussagen über die Grundgesamtheit zu erhalten.

Wichtige *empirische statistische Maßzahlen* für *eindimensionale Stichproben* vom Umfang n mit Stichprobenwerten $x_1, x_2, ..., x_n$ für ein Merkmal (Zufallsgröße) X sind:

- *Empirischer Mittelwert (arithmetisches Mittel)* $\bar{x}$: $\quad \bar{x} = \dfrac{1}{n} \cdot \sum\limits_{i=1}^{n} x_i$

- *Empirischer Median* $\tilde{x}$: $\quad \tilde{x} = \begin{cases} x_{k+1} & \text{falls } n = 2k+1 \text{ (ungerade)} \\ \dfrac{x_k + x_{k+1}}{2} & \text{falls } n = 2k \text{ (gerade)} \end{cases}$

  wenn die Stichprobenwerte x_i der Größe $x_1 \leq x_2 \leq \ldots \leq x_n$ nach geordnet sind.

- *Empirische Streuung (Varianz)* : $\quad s^2 = \dfrac{1}{n-1} \cdot \sum\limits_{i=1}^{n} (x_i - \bar{x})^2$

  wobei s als *empirische Standardabweichung* bezeichnet wird.

Wichtige *empirische statistische Maßzahlen* für *zweidimensionale Stichproben* vom Umfang n mit Stichprobenpunkten $(x_1, y_1), (x_2, y_2), \ldots, (x_n, y_n)$ für *Merkmale* (Zufallsgrößen) X und Y sind:

Es können die für eindimensionale Merkmale gegebenen statistischen Maßzahlen für die x- und y-Werte herangezogen werden. Durch diese Maßzahlen werden die jeweiligen Stichprobenwerte von X bzw. Y getrennt charakterisiert.

Bei zwei Merkmalen X und Y interessiert jedoch hauptsächlich der Zusammenhang zwischen beiden. Aussagen hierüber liefern folgende *statistische Maßzahlen:*

- *Empirische Kovarianz* $\quad s_{XY} = \dfrac{1}{n-1} \cdot \sum\limits_{i=1}^{n} (x_i - \bar{x}) \cdot (y_i - \bar{y})$

- *Empirischer Korrelationskoeffizient* $\quad r_{XY} = \dfrac{\sum\limits_{i=1}^{n} (x_i - \bar{x}) \cdot (y_i - \bar{y})}{\sqrt{\sum\limits_{i=1}^{n} (x_i - \bar{x})^2 \cdot \sum\limits_{i=1}^{n} (y_i - \bar{y})^2}} = \dfrac{s_{XY}}{s_X \cdot s_Y}$

Der empirische Korrelationskoeffizient ergibt sich durch *Normierung* der empirischen *Kovarianz* mittels der empirischen *Standardabweichungen* s_X und s_Y für X und Y.

In den gegebenen Formeln für *Kovarianz* und *Korrelationskoeffizient* bezeichnen
$\bar{x}$ und $\bar{y}$ den *empirischen Mittelwert* für das Merkmal X bzw. Y,
s_X und s_Y die *empirische Standardabweichung* für das Merkmal X bzw. Y,
die aus den entsprechenden Stichproben zu berechnen sind.

Zur Berechnung *empirischer statistischer Maßzahlen* sind in MATLAB folgende Funktionen vordefiniert:
Wenn für *eindimensionale Stichproben* die Stichprobenwerte $x_1, x_2, \ldots, x_n$ dem Zeilenvektor **X** zugewiesen sind, d.h. `>> X=[x1,x2,...,xn] ;`
berechnen die vordefinierten Funktionen von MATLAB folgende Maßzahlen:

26.4 Beschreibende Statistik

>> **mean(X)**   *empirischer Mittelwert* $\overline{x}$,
>> **median(X)**   *empirischer Median* $\tilde{x}$,
>> **std(X)**   *empirische Streuung*, wobei durch n anstatt durch n-1 dividiert wird.

Wenn für *zweidimensionale Stichproben* die x- und y-Werte der Stichprobenpunkte (x_1,y_1), (x_2,y_2),..., (x_n,y_n) den Zeilenvektoren **X** bzw. **Y** zugewiesen sind, d.h.

>> **X=[x1,x2,...,xn] ; Y=[y1,y2,...,yn] ;**

berechnen die vordefinierten Funktionen von MATLAB folgende Maßzahlen:

>> **cov(X,Y)**   *empirische Kovarianz* innerhalb der Kovarianzmatrix,
>> **corrcoef(X,Y)**   *empirischer Korrelationskoeffizienten* innerhalb einer Matrix.

Beispiel 26.4:
Berechnung statistischer Maßzahlen für zwei konkrete Stichproben:

a) Für die *eindimensionale Stichprobe* aus Beisp.26.1a werden durch
>>**X=[299,299,297,300,299,301,300,297,302,303,300,299,301,302,301,299,300, 298,300,300] ; X=sort(X,'ascend') ;**

die Stichprobenwerte dem Zeilenvektor **X** zugewiesen, wobei mittels **sort** in aufsteigender Reihenfolge sortiert wird. MATLAB berechnet hierfür folgende *Maßzahlen*:

Empirischer Mittelwert
>> **mean(X)**
ans = 299.8500

Empirischer Median
>> **median(X)**
ans = 300

Empirische Streuung
>> **std(X)**
ans = 1.5652

Der *Median* wird von MATLAB auch richtig berechnet, wenn **X** nicht sortiert wird.

b) Für die *zweidimensionale Stichprobe* aus Beisp.26.1b werden durch
>> **X=[20,40,70,80,100] ; Y=[5,10,20,30,40] ;**

die x- und y-Werte dieser Stichprobe den Zeilenvektoren **X** bzw. **Y** zugewiesen. MATLAB berechnet für diese Stichprobe folgende *Maßzahlen*:

Empirische Kovarianz
>> **cov(X,Y)**
ans =
1.0e+003*
1.0200 0.4475
0.4475 0.2050   d.h. es wird die Kovarianz 447.5 berechnet.

Empirischer Korrelationskoeffizient
>> **corrcoef(X,Y)**
ans =
1.0000 0.9786
0.9786 1.0000   d.h. es wird der Korrelationskoeffizient 0.9786 berechnet.

26.5 Schließende (mathematische) Statistik

Die *schließende Statistik* lässt sich folgendermaßen *charakterisieren:*
Hier werden unter Verwendung der *Wahrscheinlichkeitsrechnung* aus vorliegendem Zahlenmaterial einer zufällig entnommenen Stichprobe allgemeine *Aussagen* über die *Grundgesamtheit* gewonnen, aus der die Stichprobe stammt. Wie nicht anders zu erwarten, gelten die erzielten Aussagen nur mit gewissen Wahrscheinlichkeiten.

Die *Grundidee* der schließenden Statistik besteht kurz gesagt im *Schluss* vom *Teil* aufs *Ganze*.

Aufgrund der benötigten tiefer gehenden mathematischen Methoden wird sie auch *mathematische Statistik* genannt.

Ein *typisches Beispiel* der schließenden Statistik bildet die *Qualitätskontrolle:*
In einer Firma sind für ein hergestelltes Massenprodukt (z.B. Glühlampen, Schrauben, Fernsehgeräte) aus Merkmalen einer entnommenen *Stichprobe* Aussagen über Merkmale der *Produktion* eines bestimmten Zeitraumes gesucht, die hier die Grundgesamtheit bildet.

Ein wichtiges Gebiet der schließenden Statistik liegt darin, *Aussagen* über unbekannte *Momente* (Erwartungswert, Streuung,...) und unbekannte *Verteilungsfunktionen* von betrachteten Grundgesamtheiten zu gewinnen. Die Methoden hierfür werden in der *Schätz-* und *Testtheorie* geliefert, die kurz in den Abschn.26.5.1 und 26.5.2 vorgestellt werden. Eine ausführlichere Behandlung dieser beiden umfangreichen Gebiete ist nur in einem gesonderten Buch möglich (siehe [45]).

Eine *weitere* wichtige *Anwendung* der schließenden Statistik ist die *Korrelations-* und *Regressionsanalyse.* Hier wird ein vermuteter *Zusammenhang* zwischen *Größen* in Technik und Naturwissenschaften *untersucht* und für diesen Zusammenhang eine *Funktion konstruiert.* Ein erster Einblick in diese wichtige Problematik wird im Abschn. 26.5.3 gegeben.

Es gibt eine Reihe weiterer Anwendungen der Statistik, die wir nicht vorstellen können und auf entsprechende Lehrbücher verweisen.

26.5.1 Schätztheorie

Die *Schätztheorie* gehört neben der Testtheorie (siehe Abschn.26.5.2) zu wichtigen Gebieten der *mathematischen Statistik*. Ihre Aufgabe besteht darin, aufgrund von *Stichproben* Methoden zur Ermittlung von *Schätzungen* für unbekannte *Parameter* und *Verteilungsfunktionen* einer betrachteten Grundgesamtheit anzugeben.

Bei statistischen Untersuchungen zu einer Grundgesamtheit, deren betrachtetes Merkmal durch eine *Zufallsgröße* X beschrieben wird, können folgende zwei Fälle auftreten:

I. *Verteilungsfunktion* (Wahrscheinlichkeitsverteilung) und deren *Parameter* (Erwartungswert, Streuung,...) sind *unbekannt*.

II. Die *Verteilungsfunktion* (Wahrscheinlichkeitsverteilung) ist *bekannt* aber deren *Parameter* (Erwartungswert, Streuung,...) sind *unbekannt*.

Auf Schätzungen für Verteilungsfunktionen kann nicht eingegangen werden, sondern es wird nur der Fall betrachtet, dass bei zahlreichen praktischen Aufgaben die *Verteilungsfunktionen näherungsweise* aufgrund des zentralen Grenzwertsatzes bzw. der Eigenschaften

26.5 Schließende (mathematische) Statistik

vorliegender Verteilungsfunktionen *bekannt* ist (siehe Abschn.25.3), so dass nur *unbekannte Parameter* wie Erwartungswert und Streuung zu *schätzen* sind.

Die *Schätzung* unbekannter *Parameter* einer Grundgesamtheit bildet einen Schwerpunkt der statistischen *Schätztheorie*, wobei zwischen Punkt- und Intervallschätzungen zu unterscheiden ist:

Punktschätzungen liefern einen *Schätzwert* für unbekannte Parameter.

Intervallschätzungen liefern ein *Intervall*, in dem unbekannte Parameter mit einer vorgegebenen Wahrscheinlichkeit liegen.

Da *Schätzungen* nicht in der gesamten vorliegenden *Grundgesamtheit* geschehen können, sondern nur anhand entnommener *Stichproben*, sind ihre Ergebnisse nicht sicher und treffen nur mit gewisser Wahrscheinlichkeit zu.

MATLAB stellt umfangreiche Werkzeuge zur Durchführung von Schätzungen zur Verfügung, auf die nicht eingegangen werden kann (siehe [45]). Es wird nur eine Illustration zur Anwendung von MATLAB für oft verwendete *Maximum-Likelihood-Schätzungen* gegeben.

In MATLAB sind u.a. folgende Funktionen zur Durchführung von *Maximum-Likelihood-Schätzungen* vordefiniert, deren Anwendung im Beisp.26.5 illustriert ist:

- Die *Statistik-Funktion*

  mle

  ist folgendermaßen *charakterisiert:*
  Sie ist in der Form

  >> mle('*Verteilung***',X)**

  anzuwenden und liefert eine *Maximum-Likelihood-Schätzfunktion* für unbekannte Parameter (Erwartungswert und Streuung) einer Zufallsgröße X mit Wahrscheinlichkeitsverteilung '*Verteilung*', wobei sich die Zahlenwerte der konkreten eindimensionalen Stichprobe im Vektor **X** befinden müssen.
  Für *Verteilung* ist der MATLAB-Name für die vorliegende Wahrscheinlichkeitsverteilung einzusetzen.

- Weiterhin sind *Maximum-Likelihood-Schätzfunktionen* für spezielle Wahrscheinlichkeitsverteilungen vordefiniert, wie z.B.

  binofit(X,n) für *Binomialverteilung*
  normfit(X) für *Normalverteilung*
  poissfit(X) für *Poissonverteilung*

  Die Anwendung dieser Funktionen gestaltet sich problemlos, wobei **X** den Vektor der Stichprobenwerte und n den Stichprobenumfang darstellen (siehe Beisp. 26.5).

Beispiel 26.5:
Es soll die Produktion eines Zubehörteils untersucht werden, d.h. die betrachtete Grundgesamtheit besteht aus den in einem bestimmten Zeitraum produzierten Teilen. Das zu untersuchende Merkmal dieser Grundgesamtheit sei die Länge des Zubehörteils (in cm) und werde durch eine *Zufallsgröße* X beschrieben, die näherungsweise einer *Normalverteilung* genügt:
Um Aussagen über die Zufallsgröße X zu erhalten, werden zufällig sieben Teile aus der Produktion entnommen und gemessen, wobei sich folgende Zahlenwerte (in cm) ergeben:
2.33,2.34,2.37,2.32,2.35,2.37,2.34

Die erhaltenen Messwerte bilden eine *eindimensionale Stichprobe* vom Umfang 7 aus der zu untersuchenden Grundgesamtheit der Zubehörteile. MATLAB berechnet mittels
>> **X=[2.33,2.34,2.37,2.32,2.35,2.37,2.34] ; [m,s]=normfit(X)**
m=2.3457
s=0.0190
für die gegebene Stichprobe als *Maximum-Likelihood-Schätzwert* den *Erwartungswert* (Mittelwert) m=2.3457 und die *Standardabweichung* s=0.0190
Mit der allgemeinen Funktion **mle** berechnet MATLAB für die *Normalverteilung*
>> **X=[2.33,2.34,2.37,2.32,2.35,2.37,2.34] ; mle('norm',X)**
ans = 2.3457 0.0176
d.h. für die berechnete Standardabweichung ergibt sich eine kleine Abweichung.

26.5.2 Testtheorie

Die im Abschn.26.5.1 vorgestellte Schätztheorie kann nicht bei allen praktischen Problemstellungen eingesetzt werden.

Es werden häufig Methoden benötigt, um vorliegende *Hypothesen* (Annahmen/Behauptungen/Vermutungen) über Grundgesamtheiten zu überprüfen.

Deshalb wurde das *Testen/Überprüfen* von *Hypothesen* über unbekannte Parameter und Verteilungsfunktionen einer Grundgesamtheit (Zufallsgröße X) entwickelt, das neben dem Schätzen zu wichtigen Gebieten der mathematischen Statistik gehört und als *Testtheorie* bezeichnet wird.

Tests können ebenso wie *Schätzungen* nicht in der gesamten vorliegenden *Grundgesamtheit* geschehen, sondern nur anhand entnommener *Stichproben*. Deshalb sind ihre Ergebnisse nicht sicher, sondern treffen nur mit gewissen Wahrscheinlichkeiten zu.

Die in der statistischen Testtheorie durchgeführten *Tests* überprüfen, ob Informationen aus entnommenen *Stichproben* die über die Grundgesamtheit aufgestellten *Hypothesen* (statistisch) *ablehnen* bzw. *nicht ablehnen*.

Nach Art der aufgestellten Hypothesen lassen sich *statistische Tests* folgendermaßen *einteilen*:

Mittels *Parametertests* werden *Hypothesen* über *Parameter* (Erwartungswert, Streuung,...) einer vorliegenden Grundgesamtheit (Zufallsgröße X) überprüft, wobei die *Wahrscheinlichkeitsverteilung* von X als *bekannt* vorausgesetzt wird.

Mittels *Verteilungs-* bzw. *Anpassungstests* werden *Hypothesen* über *Wahrscheinlichkeitsverteilungen* einer vorliegenden Grundgesamtheit (Zufallsgröße X) überprüft, d.h. Hypothesen, ob die unbekannte Verteilungsfunktion einer Zufallsgröße X gleich einer vorgegebenen Verteilungsfunktion ist. Hiermit kann die häufig verwendete Annahme einer normalverteilten Zufallsgröße X überprüft werden.

Mittels *Unabhängigkeitstests* werden *Hypothesen* über die *Unabhängigkeit* von Zufallsgrößen überprüft.

Mittels *Homogenitätstests* werden *Hypothesen* über die *Gleichheit* von *Wahrscheinlichkeitsverteilungen* von Zufallsgrößen überprüft.

Des Weiteren wird zwischen *verteilungsabhängigen* und *verteilungsunabhängigen Tests* unterschieden.

Beispiel 26.6:
Illustration der Problematik der Testtheorie an einfachen praktischen Beispielen:
a) Bei der Herstellung eines Produkts (z.b. Bolzen) geht man aufgrund langer Erfahrung von einer Ausschussquote von 10% aus, d.h. die Wahrscheinlichkeit p, ein defektes Produkt zu erhalten, betrage p=0.1. Um die Gültigkeit dieser Annahme zu überprüfen, wird eine Stichprobe z.b. vom Umfang n=50 aus der aktuellen Produktion entnommen und auf Ausschuss untersucht. Man zählt z.B. 7 defekte Stücke. Dem Hersteller interessiert nun, ob die in der Stichprobe festgestellte *Abweichung* von der Ausschussquote 10% *zufällig* oder *signifikant* ist, so dass von einer höheren Ausschussquote ausgegangen werden muss.
In diesem Beispiel ist die *Annahme* (Hypothese) über einen *Parameter* zu überprüfen, und zwar die *Wahrscheinlichkeit* p, ein defektes Produkt zu erhalten.

b) Ein technisches Gerät wird in einer Firma in zwei verschiedenen Abteilungen hergestellt. Für die Firmenleitung ist deshalb die Frage von Interesse, ob die Lebensdauer der Geräte aus beiden Abteilungen als gleich einzuschätzen ist. Dazu betrachtet man die Lebensdauer der in beiden Abteilungen hergestellten Geräte als Zufallsgrößen X bzw. Y und muss anhand entnommener Stichproben die *Annahme* (Hypothese) prüfen, ob die beiden *Erwartungswerte* E(X) und E(Y) *übereinstimmen*, d.h. E(X) = E(Y) gilt.
In diesem Beispiel ist eine *Annahme* (Hypothese) über die *Parameter* Erwartungswerte E(X) und E(Y) zu überprüfen.

c) Es soll die *Annahme* (Hypothese) überprüft werden, dass die Haltbarkeitsdauer eines hergestellten Lebensmittels durch eine *normalverteilte Zufallsgröße* X beschrieben werden kann.
Analoge Problemstellungen treten in der Technik auf, so ist z.B. zu überprüfen, ob die Bruchdehnung einer bestimmten Stahlsorte durch eine *normalverteilte Zufallsgröße* X beschrieben werden kann.
Bei beiden Problemen ist die *Annahme* (Hypothese) über die *unbekannte Wahrscheinlichkeitsverteilung* zu überprüfen, wobei speziell auf *Normalverteilung* zu prüfen ist.

MATLAB stellt umfangreiche Werkzeuge zur Durchführung von Tests zur Verfügung, die im Buch [45] vorgestellt werden.

26.5.3 Korrelation und Regression

Korrelation und *Regression* haben sich zu einem umfangreichen Gebiet der Statistik entwickelt, so dass diese für Anwendungen wichtige Problematik nur kurz vorgestellt werden kann.
In der Praxis treten häufig *Grundgesamtheiten* auf, in denen mehrere *Merkmale* betrachtet werden, die sich durch *Zufallsgrößen* X, Y, ... beschreiben lassen:

- In diesen Grundgesamtheiten entsteht die *Frage*, ob die betrachteten Zufallsgrößen voneinander *abhängig* sind, d.h. ob ein *funktionaler Zusammenhang* zwischen ihnen besteht.
- Die *Beantwortung* dieser *Frage* ist bei vielen praktischen Untersuchungen von großer Bedeutung, da häufig keine deterministischen funktionalen Zusammenhänge in Form von Gleichungen und Formeln bekannt sind.

Zur Untersuchung vermuteter Zusammenhänge wurden *Korrelations-* und *Regressionsanalyse* entwickelt, um mittels Wahrscheinlichkeitsrechnung Aussagen über Art und Form eines *funktionalen Zusammenhangs* zu erhalten, wobei wir uns auf zwei Merkmale (Zufallsgrößen) X und Y beschränken:

- Anhand von Stichproben werden Aussagen über Art und Form des Zusammenhangs zwischen Zufallsgrößen gewonnen.
- Zuerst ist die *Korrelationsanalyse* heranzuziehen, wenn ein funktionaler Zusammenhang *vermutet* wird. Sie liefert Aussagen über die *Stärke* des *vermuteten Zusammenhangs* zwischen zwei *Merkmalen* (Zufallsgrößen) X und Y, wobei *lineare Zusammenhänge* große Bedeutung besitzen.

  Als Maß für einen *linearen Zusammenhang* dient der *Korrelationskoeffizient*, der durch

  $$\rho_{XY} = \rho(X,Y) = \frac{E((X-E(X)) \cdot (Y-E(Y)))}{\sigma_X \cdot \sigma_Y}$$

  definiert und folgendermaßen *charakterisiert* ist:
  Er existiert nur, wenn die Standardabweichungen σ_X und σ_Y ungleich Null sind.
  Er genügt der Ungleichung $-1 \leq \rho_{XY} \leq 1$.
  Für $|\rho_{XY}| = 1$ besteht ein *linearer Zusammenhang* in Form der *Regressionsgeraden*
  Y=a·X+b
  zwischen den Merkmalen (Zufallsgrößen) X und Y mit Wahrscheinlichkeit 1.
  Aus der *Unabhängigkeit* der Zufallsgrößen X und Y folgt, dass der *Korrelationskoeffizient* den *Wert* 0 annimmt.
  Da i.Allg. der Korrelationskoeffizient für zwei zu untersuchende Merkmale (Zufallsgrößen) X und Y nicht bekannt ist, muss der *empirische Korrelationskoeffizient* (siehe Abschn.26.4.3) eingesetzt werden, für den ebenfalls $-1 \leq r_{XY} \leq +1$ gilt und der gleich ± 1 ist, wenn alle Stichprobenpunkte auf einer Geraden liegen.

- Die *Regressionsanalyse untersucht* nach der Korrelationsanalyse die *Art* des *Zusammenhangs* zwischen den *Merkmalen* (Zufallsgrößen) X und Y, wobei wir nur *lineare Zusammenhänge* betrachten.

  Eine große Bedeutung besitzt die *lineare Regression*, die sich damit befasst, einen *linearen Zusammenhang*
  Y=a·X+b
  zwischen den *Merkmalen* (Zufallsgrößen) X und Y herzustellen, falls der Korrelationskoeffizient dies zulässt.
  Für eine vorliegende *Stichprobe* führt die lineare Regression auf das Problem, die *Stichprobenpunkte* $(x_1,y_1), (x_2,y_2), \ldots, (x_n,y_n)$ durch eine *Gerade*
  y=a·x+b   (*empirische Regressionsgerade*)
  anzunähern. Dazu wird die *Methode der kleinsten Quadrate* (Quadratmittelapproximation) verwendet, die im Abschn.12.5.4 vorgestellt wird.

Bei hinreichend großen Stichproben kann ohne statistische Tests eine *empirische Regressionsgerade* konstruiert werden, wenn der *empirische Korrelationskoeffizient* in der Nähe von -1 oder +1 liegt. Es lässt sich auch anhand einer *grafischen Darstellung* (siehe Abschn.26.4.2) der *Stichprobenpunkte* ein erster Eindruck darüber erhalten, ob ein linearer Zusammenhang vorliegen kann.

MATLAB bietet folgende *Möglichkeiten* zur Berechnung empirischer *Korrelationskoeffizienten* und *Regressionspolynome*, wenn die Toolbox STATISTICS installiert ist:
Zuerst werden vorliegende Stichprobenpunkte
(x_1, y_1), (x_2, y_2),..., (x_n, y_n)
den Zeilenvektoren **X** und **Y** zugewiesen:
\>\> **X**=[x1,x2,...,xn] ; **Y**=[y1,y2,...,yn] ;
Die MATLAB-Funktion
\>\> **corrcoef(X,Y)**
berechnet den *empirischen Korrelationskoeffizienten*.
Die MATLAB-Funktion
\>\> **polyfit(X,Y,n)**
berechnet das *empirische Regressionspolynom* n-ter Ordnung. Für n=1 ergibt sich die *empirische Regressionsgerade*.

Beispiel 26.7:
Betrachtung eines konkreten Problems mit zwei Merkmalen X und Y, für das aus einer vorliegenden *Stichprobe* ein *funktionaler Zusammenhang* mittels *empirischer Korrelation* und *Regression* konstruiert wird:
Untersuchung des Zusammenhangs zwischen Geschwindigkeit und Bremsweg eines Pkws mit der im Beisp.26.1b gegebenen Stichprobe vom Umfang 5
(20,5), (40,10), (70,20), (80,30), (100,40)
Nach ihrer Zuweisung an die Zeilenvektoren **X** und **Y**
\>\> **X**=[20,40,70,80,100] ; **Y**=[5,10,20,30,40] ;
berechnet MATLAB für diese *Stichprobenpunkte*:
* Für den *empirischen Korrelationskoeffizienten* mittels
  \>\> **corrcoef(X,Y)**
  ans =
  1.0000 0.9786
  0.9786 1.0000
  den Wert 0.9786, der in der Nähe von 1 liegt, so dass eine empirische Regressionsgerade konstruiert wird.
* Für die *empirische Regressionsgerade* mittels
  \>\> **polyfit(X,Y,1)**
  ans = 0.4387 -6.2010
  die beiden Koeffizienten, d.h. sie hat die *Form* y=0.4387·x-6.2010.
* Für das *empirische Regressionspolynom* zweiten Grades (*Regressionsparabel*) mittels

>> **polyfit(X,Y,2)**
ans = 0.0034 0.0366 2.8827

die drei Koeffizienten, d.h. die empirische Regressionsparabel hat die *Form*
$$y = 0.0034 \cdot x^2 + 0.0366 \cdot x + 2.8827$$

In folgender Abbildung werden *Stichprobenpunkte* und berechnete empirische *Regressionsgerade* und *Regressionsparabel* durch Eingabe von

>> **X**=[20,40,70,80,100] ; **Y**=[5,10,20,30,40] ;
>> **plot(X,Y)** ; **hold on** ; **syms** x ; **ezplot**(0.4387*x-6.2010,[0,110]) ; **hold on**
>> **ezplot**(0.0034*x^2+0.0366*x+2.8827,[0,110])

grafisch dargestellt, wobei die im Abschn.13.1 gegebenen Möglichkeiten angewandt werden.

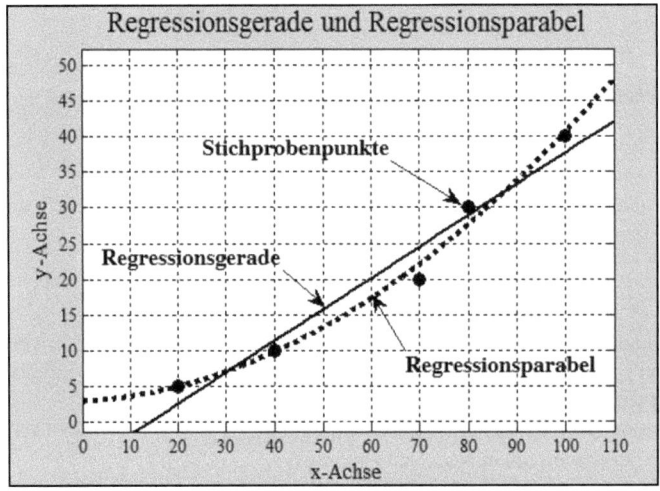

Literaturverzeichnis

Differentialgleichungen mit MATLAB

[1] Benker, H.: Differentialgleichungen mit MATHCAD und MATLAB, Springer-Verlag Berlin, Heidelberg, New York 2005,

[2] Coleman: An Introduction to Partial Differential Equations with MATLAB, CRC Press New York 2005,

[3] King, Billingham, Otto: Differential Equations, Cambridge University Press Cambridge 2003,

[4] Lee, Schiesser: Ordinary and Partial Differential Equation Routines in C, C++, Fortran, Java, Maple and MATLAB, CRC Press New York 2004,

[5] Polking, Arnold: Ordinary Differential Equations using MATLAB, Prentice Hall 2004,

[6] Shampine, Gladwell, Thompson: Solving ODEs with MATLAB, Cambridge University Press Cambridge 2003,

Finanzmathematik mit MATLAB

[7] Brandimarte, P.: Numerical Methods in Finance, A MATLAB-Based Introduction, J.Wiley & Sons New York 2002,

[8] Grundmann, W.: Finanzmathematik mit MATLAB, Teubner Verlag Stuttgart, Leipzig, Wiesbaden 2004,

[9] Günther, M., Jüngel, A.: Finanzderivate mit MATLAB: Mathematische Modellierung und numerische Simulation, Vieweg Verlag Wiesbaden 2003,

Grafik mit MATLAB

[10] Marchand, P., Holland, O.T.: Graphics and GUIs with MATLAB, Chapman & Hall/CRC 2003,

[11] Phan, J.: Mastering MATLAB Graphics, LePhan Publishing 2004,

[12] Nakamura, S.: Numerical Analysis and Graphic Visualization with MATLAB, Prentice Hall International 2001,

[13] Smith, S.T.: MATLAB: Advanced GUI Development, Dog Ear Publishing, LLC Indianapolis 2006,

Ingenieurmathematik mit MATLAB

[14] Benker, H.: Ingenieurmathematik mit Computeralgebra-Systemen, Vieweg Verlag Wiesbaden 1998,

[15] Harman, T.L., Dabney, J., Richert, N.: Advanced Engineering Mathematics with MATLAB, Brooks/Cole 2000,

[16] Musto,J.C., Howard, W.E., Williams, R.R.: Advanced Engineering Mathematics with MATLAB, Brooks/Cole 2000,

[17] Schott, D.: Ingenieurmathematik mit MATLAB, Fachbuchverlag Leipzig 2004,

[18] Smith, D.M.: Engineering Computation with MATLAB, Pearson Education New York 2008,

Lineare Algebra mit MATLAB

[19] Gramlich, G.: Anwendung der linearen Algebra mit MATLAB, Fachbuchverlag Leipzig 2004,

[20] Dianat, S.A., Saber, E.S.: Advanced linear Algebra for Engineers with MATLAB, CRC Press New York 2009,

MATLAB - Allgemein

[21] Grupp, F., Grupp, F.: MATLAB 7 für Ingenieure, Oldenbourg Verlag München, Wien 2007,

[22] Überhuber , Ch., Katzenbeisser, S., Praetorius, D.: MATLAB 7, Springer-Verlag Wien, New York 2005,

Mathematik mit MATLAB

[23] Adam, S.: Matlab und Mathematik kompetent einsetzen: Eine Einführung für Ingenieure und Naturwissenschaftler, Wiley-VCH Verlag 2006,

[24] Benker, H.: Mathematik mit MATLAB, Springer-Verlag Berlin, Heidelberg, New York 2000,

[25] McMahon, D.: MATLAB Demystified, McGraw-Hill New York 2007,

Modellierung und Simulation mit MATLAB

[26] Angermann, A., Beuschel, M., Rau, M., Wohlfahrt, U.: MATLAB - SIMULINK - STATEFLOW, Oldenbourg Verlag, München, Wien 2005,

[27] Bode, H.: MATLAB-SIMULINK, Teubner Verlag Stuttgart, Leipzig, Wiesbaden 2006,

[28] Brunner, U., Hoffmann, J.: MATLAB und Tools für die Simulation dynamischer Systeme, Addison-Wesley Bonn 2002,

[29] Grupp, F., Grupp, F.: Simulink Grundlagen und Beispiele, Oldenbourg Verlag, München, Wien 2007,

[30] Klee, H.: Simulation of Dynamic Systems with MATLAB and Simulink, CRC Press New York 2007,

[31] Pietruszka, W.D.: MATLAB und Simulink in der Ingenieurpraxis: Modellbildung, Berechnung und Simulation, Teubner Verlag Stuttgart, Leipzig, Wiesbaden 2006,

Numerische Mathematik mit MATLAB

[32] Gramlich, G., Werner, W.: Numerische Mathematik mit MATLAB, dpunkt.verlag Heidelberg 2000,

[33] Karris, S.T.: Numerical Analysis using MATLAB and EXCEL, Orchard Publications 2007,

[34] Kharab, Guenther: An Introduction to Numerical Methods - A MATLAB Approach, CRC Press New York 2002,

[35] Linz, Wang: Exploring Numerical Methods: An Introduction to Scientific Computing using MATLAB, Jones and Bartlett Publishers 2003,

[36] Mathews, Fink: Numerical Methods using MATLAB, Prentice Hall 2004,

[37] Pozrikidis: Introduction to Finite and Spectral Element Methods using MATLAB, CRC Press New York 2005,

[38] Quateroni, A., Saleri, F.: Wissenschaftliches Rechnen mit MATLAB, Springer-Verlag Berlin, Heidelberg, New York 2006,

Optimierung mit MATLAB

[39] Benker, H.: Mathematische Optimierung mit Computeralgebrasystemen, Springer-Verlag Berlin, Heidelberg, New York 2003,

[40] Ferris, M.C., Mangasarian, O.L., Wright, St.J.: Linear Programming with MATLAB, SIAM Philadelphia 2007,

[41] Venkataraman: Applied Optimization with MATLAB Programming, J.Wiley & Sons New York 2002,

Programmierung mit MATLAB

[42] Chapman, St.J.: MATLAB Programming for Engineers, Thomson Toronto 2004,

[43] Chapman, St.J.: Essentials of MATLAB Programming, Thomson Toronto 2006,

[44] Stein, U.: Einstieg in das Programmieren mit MATLAB, Fachbuchverlag Leipzig 2007,

Statistik mit MATLAB

[45] Benker, H.: Statistik mit MATHCAD und MATLAB, Springer-Verlag Berlin, Heidelberg, New York 2001,

[46] Martinez, W.L. und Martinez, A.R.: Computational Statistics with MATLAB, Chapman & Hall London, New York 2002,

Wirtschaftsmathematik mit MATLAB

[47] Karris, S.T.: Mathematics for Business, Science and Technology with MATLAB and EXCEL Computations, Orchard Publications 2007,

[48] Benker, H.: Wirtschaftsmathematik mit dem Computer, Vieweg Verlag Wiesbaden 1997,

Informationen zu EXCEL, MAPLE und MuPAD

[49] Benker, H.: Wirtschaftsmathematik - Problemlösungen mit EXCEL, Vieweg Verlag Wiesbaden 2007,

[50] Kofler, M., Bitsch, G. und Komma, M.: MAPLE - Einführung, Anwendung, Referenz, Addison-Wesley Longmann Verlag München 2002,

[51] Westermann, T.: Mathematische Probleme lösen mit MAPLE, Springer-Verlag Berlin, Heidelberg, New York 2008,

[52] Creutzig, C., Gehrs, K. und Oevel, W.: Das MuPAD - Tutorium, Springer-Verlag Berlin, Heidelberg, New York 2004,

[53] Rapin, G., Wassong, T., Wiedmann, S. und Koospal, S.: MuPAD - Eine Einführung, Springer-Verlag Berlin, Heidelberg, New York 2007.

Sachwortverzeichnis

(Funktionen, Kommandos, Konstanten und Schlüsselwörter von MATLAB sind im Fettdruck geschrieben)

—A—

Abbruch
   einer Berechnung 6
Abbruchfehler 14
Abbruchschranke
   für Iteration 73
Ableitung 147
   gemischte partielle 149
   partielle 147; 149
abs 31; 32
absolute Häufigkeit 243; 246
absolute Klassenhäufigkeit 243
absoluter Fehler 155
Additionstheorem 109
aktuelle Kommandozeile 5
aktuelles Verzeichnis
   von MATLAB 4; 7
algebraischer Ausdruck 60; 106
algebraische Gleichung 133
Algorithmus
   Gaußscher 135
alternierende Reihe 174; 175
Analyse
   harmonische 177
Anfangsbedingungen
   für Differentialgleichungen 194
Anfangswertproblem
   für Differentialgleichungen 194; 197; 198; 200
angle 31
Animation 103
Anpassungstest 252
ans
   MATLAB-Variable 6; 50
Anwenderfehler 24
aperiodischer Grenzfall 197
Approximationstheorie 82
Arbeit mit MATLAB
   interaktive 11
Arbeitsblatt 4
Arbeitsfenster 4
Arbeitsoberfläche 3
Arbeitsumgebung 8
Arbeitsweise von MATLAB 11
Architektur
   von MATLAB 1
Argument
   einer Funktion 53
arithmetisches Mittel 247
Ausdruck
   algebraischer 60; 106
   Berechnung 105
   Faktorisierung 107
   gebrochenrationaler 108
   logischer 60; 61
   mathematischer 105
   symbolischer 61
   transzendenter 105
   trigonometrischer 109
   Umformung 105
   unbestimmter 153
   Vereinfachung 106
ASCII-Code 33; 44
ASCII-Datei 45; 46
ASCII-Format 45
ASCII-Zeichen 17
Ausgabe
   im Kommandofenster 5
   von Text 17
   von Zahlen 44
Ausgleichsgerade 84; 88
Ausgleichspolynom 84

—B—

Balkendiagramm 245
Bananenfunktion 220
Basisvektor 181
Bedieneroberfläche 3
bedingte Schleife 63
Befehl 59
Benutzeroberfläche 3
   für symbolische Berechnungen 15; 94; 148; 161
   für Taylorentwicklungen **Taylor Tool** 152
Berechnung
   beenden 6
   exakte 15; 27
   näherungsweise 15
   numerische 15; 27
   symbolische 15; 27
   von Ausdrücken 105; 112
Berechnungsabbruch 6
Berechnungsalgorithmus, endlicher 12

Berechnungsfehler 154
Bernoulli-Experiment 231
Bernoulli-Verteilung 231
beschreibende Statistik 244
Besselfunktion 79
   modifizierte 79
besselh 79
besseli 79
besselj 79
besselk 79
bessely 79
bestimmtes Integral 159
beta 79
Betafunktion 79
Betrag
   einer komplexen Zahl 31
bewegte Grafik 103
Bildfunktion 205; 206; 207; 208; 210
Bildgleichung 205; 207; 210
Binärformat 56
bin2dec 32
binocdf 233; 234
binofit 251
binomial 113
Binomialkoeffizient 113; 114
Binomialverteilung 231; 232; 233
binopdf 233
binostat 238
Boolescher Operator 59
break 64; 65; 74
Bruch 28
Built-In-Funktion 53
Built-In-Konstante 35
Built-In-Variable 50
bvp4c 201; 202; 203
bvpinit 201; 203

—C—

ceil 79
char 32
charakteristisches Polynom 129; 130
clc 47
clear 35; 37; 47; 48
clear all 47

collect 110
Command History 4; 7
Command Window 4
Computeralgebra 11; 13
Computeralgebramethode 12
Computeralgebrasystem 1
contour 100; 101
contour3 100; 101
corrcoef 249; 255
cov 249
cross 123
curl 187
Current Directory 4
Current Folder 4
Cursor 5
CURSOR-Taste 7

—D—

Dateitypen
   von MATLAB 55
dblquad 167; 168
dec2bin 32
Definition
   von Funktionen 80
Definitionsbereich 92; 99
Demos 24
deskriptive Statistik 244
Desktop 3; 5
det 123; 128; 129
Determinante 128
deterministisches Ereignis 227
deval 203
Dezimalkomma 28
Dezimalpunkt 28
Dezimalzahl 13; 27; 28; 35
   endliche 28
diag 121; 122
Diagonalmatrix 121; 122
diary 56; 57
diary off 56; 57
Dichtefunktion 231
diff 147; 148; 149; 150; 151
Differentialgleichung 193
   Euler-Cauchysche 195

gewöhnliche 193
homogene 195
lineare 195
mit konstanten Koeffizienten 195
partielle 193
steife 200
Differentialgleichungssystem 193
Differentialquotient 147; 150
Differentialrechnung 147
Differentiation 13; 147
Differentiationsregel 147
Differenzen 150
Differenzengleichung 206; 207; 208
homogene 207
Differenzenquotient 150
Dirctory 4
diskrete Zufallsgröße 229; 230
disp 18; 19; 40; 65; 69; 74
divergence 187
divergente Reihe 174
Divergenz 184; 185; 186; 187
Doppelintegral 167
Doppelpunktoperator 40; 64; 65; 66; 172
dot 123
double 28; 29
dreifaches Integral 167
dsolve 196; 198
Dualzahl 32
Durchdringung
von Flächen 102

—E—

ebene Kurve 89; 92; 93
edit 9; 55; 57
Editor 9; 55; 57
Editorfenster 9
eig 130; 131
Eigenvektor 129
Eigenwert 129
eigs 130
eindimensionales Feld 39; 41; 43
eindimensionale Stichprobe 247
einfache Variable 49
Eingabe
formelmäßige 12
im Kommandofenster 5
von Matrizen 116
von Text 17
Eingabeprompt 6

EINGABE-Taste 6
Eingabezeile 5
Einheit
imaginäre 31; 35
Einheitsmatrix 118; 119; 126
Einlesen
von Zahlen 44
Element
einer Matrix 115
eines Feldes 39
elementare mathematische Funktion 78
Elementarereignis 227; 229
elementweise Rechenoperation 42; 43
else 62
elseif 62
empirische Kovarianz 248
empirische Regressionsgerade 254; 255
empirischer Korrelationskoeffizient 248; 255
empirischer Median 248
empirischer Mittelwert 247
empirisches Regressionspolynom 255
empirische Standardabweichung 248
empirische Streuung 248
empirische Varianz 248
end 62; 63
endlicher Berechnungsalgorithmus 12
endliche Dezimalzahl 28
endliche Reihe 171
endliches Produkt 173
eps 35; 37
Ereignis
deterministisches 227
sicheres 228; 229
unmögliches 228; 229
zufälliges 227; 228
erf 79; 236
Ergebnisausgabe 6
Erwartungswert 237
Erweiterungspaket 1; 8
Euler-Cauchysche Differentialgleichung 195
evalin 20; 21
exakte Berechnung 15; 27
EXCEL 22
EXCEL-Datei 22
exp 35; 36
expand 107; 109
Exponentialdarstellung 29
Extremwert 215
Extremwertproblem 215

eye 118
ezplot 89; 93; 95; 143; 152
ezplot3 98; 99
ezpolar 94; 96
ezsurf 100; 101; 102
ezsurfc 100

—F—

factor 107; 140; 141
factorial 36; 63; 79; 113; 114
Faktorisierung 141
   eines Ausdrucks 107
   von Polynomen 139; 140
Fakultät 63; 79; 113; 174
Fehler
   absoluter 155
   relativer 156
Fehlerfunktion 79; 235
Fehlermeldung 24; 65
Fehlerrechnung 154; 155
Fehlerschranke 155
Feld 39
   eindimensionales 39; 41; 43
   grafische Darstellung 189
   mehrdimensionales 39
   numerisches 40
   skalares 181
   vektorielles 181
   zweidimensionales 39; 41; 42; 43; 116
Feldart 40
Feldelement 39; 40; 41
   Zugriff 41
Felder
   Rechenoperationen 42
   schachteln 41
Feldname 39
Feldvariable 45; 51
Festkommadarstellung 28
feval 20
Fläche 89; 99
   explizite Darstellung 99
   implizite Darstellung 99
   Parameterdarstellung 99
floating-point number 28

floor 79
fminbnd 224
fmincom 224
fmincon 221; 222; 223; 225
fminsearch 220
fminunc 220
Folder 4
for 63; 64; 66
format long 29; 30
format short 28; 30
Formatkommando 28
Formatleiste 4
Formelmanipulation 1; 11
formelmäßige Eingabe 12
formelmäßige Lösung 13
for-Schleife 63; 64; 65
Fourierkoeffizient 177
Fourierreihe 176; 177
Fourierreihenentwicklung 176
fsolve 143; 144
function 66; 69; 71; 72; 74
Function Browser 53
function handle 81
Funktion
   Definition 80
   elementare mathematische 78
   höhere mathematische 78; 79
   in Tabellenform 82
   mathematische 77
   Nullstelle 133
   periodische 176
   reelle 77
   spezielle mathematische 78
   vordefinierte 8; 53
funktionaler Zusammenhang 253
Funktionenreihe 176
Funktionsbibliothek 8
Funktionsdatei 63; 69; 70; 71; 72; 80; 81
Funktionsdefinition 78; 80
Funktionsfenster 53
Funktionsgleichung 77; 82
Funktionskurve 92
Funktionswert 77
funtool 15; 94; 148; 161
fzero 143

—G—

gamma 63; 79; 113
Gammafunktion 79
ganze Zahl 28
Gaußscher Algorithmus 135
Gaußverteilung 234
gebrochenrationaler Ausdruck 108
geschlossene Kurve 92
gewöhnliche Differentialgleichung 193
Gleichheitsfunktion 60
Gleichheitsoperator 59; 60
Gleichung 133
    algebraische 133
    Lösung 133
    quadratische 69; 71; 140
    transzendente 133
Gleichungsnebenbedingung 215; 216; 217; 218
Gleichungssystem
    lineares 134
    nichtlineares 139
    verallgemeinerte Lösung 143
gleichverteilte Zufallszahl 119; 239
Gleitkommazahl 13; 28
Gleitpunktzahl 28
global 51
globales Maximum 214
globales Minimum 214
globale Variable 51
Gradient 184; 185; 186; 188; 189
Gradientenfeld 184; 188; 189
Grafik
    bewegte 103
    drehen 100
Grafikfenster 89; 94
Grafikfunktion 89; 91; 93; 97; 99
Grafiksystem 8
Graph 92
Graphical User Interface 3
Grenzfall
    aperiodischer 197
Grenzwert 153
    linksseitiger 153; 154
    rechtsseitiger 153; 154
Grenzwertberechnung 153
Größer-Gleich-Operator 59
Größer-Operator 59
Grundgesamtheit 242; 250
GUI 3

—H—

harmonische Analyse 177
harmonischer Oszillator 197
Häufigkeit
    absolute 243; 246
    relative 228; 243
Häufigkeitspolygon 245
Häufigkeitstabelle 243; 244; 245
Hankelsche Funktion 79
Hauptdiagonale
    einer Matrix 115; 121
Hauptsatz
    der Differential- und Integralrechnung 159
help 23; 74
HelpBrowser 9; 23
HelpNavigator 9; 24
Hilfefenster 23
Hilfekommando 23
hist 245; 247
Histogramm 245; 247
Höhenlinie 100
höhere mathematische Funktion 78; 79
hold on 89
homogene Differentialgleichung 195; 207
Homogenitätstest 252
Hookesches Gesetz 197
horner 110; 111
Hornerschema 110
hygecdf 233
hygepdf 233
hygestat 238
hypergeometrische Verteilung 232; 233
Hypothese 252

—I—

if 62; 74
ilaplace 210; 211
imag 31
imaginäre Einheit 31; 35
Imaginärteil
    einer komplexen Zahl 31
Inf 35; 36; 37; 153; 175
indizierte Variable 49
inline 81
input 67; 69; 71
int 160; 161; 162; 163; 166; 168; 191
int8 32
Integer-Zahl 28; 33

Integral
   bestimmtes 159
   dreifaches 167
   mehrfaches 167
   unbestimmtes 159; 160
   zweifaches 167; 169
Integralrechnung 159
Integrand 159; 160; 161
Integrationsgrenze 159
Integrationsintervall 160
Integrationskonstante 159
Integrationsvariable 159
interaktive Arbeit mit MATLAB 11
interp1 83; 86; 87
interp2 84
interp3 84
interpn 84
Interpolation 82; 83
   kubische 83
   lineare 83; 87
   mehrdimensionale 84
Interpolationsfunktion 83
Interpolationspolynom 85; 87
Intervallschätzung 251
intmax 35
intmin 35
inv 126; 135
Inverse 126
   einer Matrix 126; 136
inverse Laplacetransformation 208; 210; 211
inverse Matrix 126
inverse Transformation 205
inverse Verteilungsfunktion 231
inverse z-Transformation 206; 208
irrationale Zahl 27
isequal 60
iskeyword 53
Iterationsalgorithmus 73
Iterationsschleife 63; 64
iztrans 206; 208

—J—

jacobian 185

—K—

Kardioide 95
Kegelfläche 191
Kern 3; 8
Keyword 54
Klassenhäufigkeit 245
   absolute 243
   relative 243
Kleiner-Gleich-Operator 59
Kleiner-Operator 59
Koeffizientenmatrix 134; 135
   singuläre 138
Kombination 114
Kombinatorik 113; 114
Kommando 53; 54
Kommandofenster 4; 5; 6
   löschen 47
   speichern 56
Kommandozeile 5; 7
komplexe Zahl 31
   exponentielle Darstellung 31
   trigonometrische Darstellung 31
Konstante
   mathematische 35
   vordefinierte 35
konvergente Reihe 174
Koordinatentransformation 169
Korrekturen 7
Korrelationsanalyse 253
Korrelationskoeffizient 254
   empirischer 248; 255
Kovarianz
   empirische 248
Kriechfall 197
kubische Interpolation 83
kubische Spline-Interpolation 83
Kugelfläche 102
Kugelkoordinaten 102
Kurve 89; 92; 93; 97
   Darstellung in Polarkoordinaten 93
   explizite Darstellung 92; 93; 100
   geschlossene 92
   implizite Darstellung 92
   Parameterdarstellung 93; 97

Kurvendiskussion 97
Kurvenintegral 191

—L—

laplace 210
Laplacetransformation 208
   inverse 208; 210; 211
Laplacetransformierte 208; 209
   inverse 209
Laufanweisung 59; 63
Leerzeichen 45
legendre 79
Legendresches Polynom 79
Leibnizsche Reihe 175
limit 153; 166
Line 91
lineare Differentialgleichung 195
lineare Interpolation 83; 87
lineare Optimierung 216; 217
lineare Programmierung 216
lineare Regression 254
lineares Gleichungssystem 134
Linearfaktor 139
linear programming 216
linksseitiger Grenzwert 153; 154
linprog 222; 223
linsolve 135; 137; 138
linspace 163; 168; 201; 203
load 45; 46; 56; 57
logical 32
logischer Ausdruck 60; 61
logischer Operator 60
logisches NICHT 60; 61
logisches ODER 60; 61
logisches UND 60; 61
lokales Maximum 214
lokales Minimum 214
lokale Variable 51
Lösung
   formelmäßige 13
   von Gleichungen 133
Lösungsfolge
   einer Differenzengleichung 207
Lösungsfunktion
   einer Differentialgleichung 193

—M—

MAPLE 1; 19

MAPLE Engine 20
MAPLE-Funktion 19
MAPLE-Kommando 19
Marker 91
Massenerscheinung 241
Maßzahl
   statistische 244; 247; 248
MAT-Datei 55
MAT-File 55
mathematische Funktion 77
mathematische Konstante 35
mathematische Notation 6
mathematischer Ausdruck 105
mathematische Statistik 250
MATLAB-Desktop 3
MATLAB-Editor 9; 55; 57; 67
MATLAB-Funktion 53
MATLAB-Konstante 35
MATLAB-Numerikfunktion 15
MATLAB-Programmiersprache 59
MATLAB-Variable 50
Matrix 115
   Eingabe 116
   inverse 126
   nichtsinguläre 126
   Potenz 126
   quadratische 115
   reguläre 128
   singuläre 126; 128
   Spaltenvektor 115
   transponierte 124
   Typ 115; 121
   Zeilenvektor 115
Matrixelement 115
Matrixform 45
Matrixfunktion 79; 121
Matrixorientierung
   von MATLAB 11; 39; 147
Matrixschreibweise 134
Matrixstruktur 39
Matrizen
   Addition 125
   Subtraktion 125
   Verkettung 120
max 121
Maximalpunkt 213; 214
Maximalwert 214
maximieren 213

Maximum 213
  globales 214
  lokales 214
Maximum-Likelihood-Schätzfunktion 251
Maximum-Likelihood-Schätzung 251
Maximum-Likelihood-Schätzwert 251
M-Datei 55; 66
mean 248; 249
Median 248; 249
  empirischer 248
mehrdimensionale Interpolation 84
mehrdimensionales Feld 39
mehrfaches Integral 167
Menü 3
Menüfolge 3
Menüleiste 3
Merkmal 242
mesh 99; 101
meshgrid 99; 100; 101; 182; 184; 187; 189
Messfehler 154; 155
Methode der kleinsten Quadrate 82; 84; 87; 254
MAT-Datei 55; 56
MAT-File 55
M-Datei 55
MEX-Datei 55
MEX-File 55
M-File 55
mfun 113
min 121
Minimalpunkt 213; 214
Minimalwert 214
minimieren 213
Minimierungsproblem 215
Minimum 213
  globales 214
  lokales 214
Mittel
  arithmetisches 247
Mittelwert 237; 249
  empirischer 247
mle 251; 252
Modellierungsfehler 154
Monte-Carlo-Methode 238
Monte-Carlo-Simulation 238

Multiplikation
  von Matrizen 125
MuPAD 1; 12; 21; 22
MuPAD-Desktop 21
MuPAD Engine 20
MuPAD-Funktion 20
MuPAD-Kommando 20
MuPAD-Notebook 21; 22
MuPAD-Syntax 21

—N—

Näherungslösung 14
näherungsweise Berechnung 15
Näherungswert 13; 155
NaN 35; 36; 154
nchoosek 113; 114
Newton-Algorithmus 73
Newtonsches Kraftgesetz 197
NICHT
  logisches 60; 61
nichtlineare Optimierung 218
nichtlineare Programmierung 218
Nicht-Negativitätsbedingung 217
Niveaulinie 100
nonlinear programming 218
normalverteilte Zufallszahl 119; 239
Normalverteilung 234
  normierte 235
  standardisierte 235
normcdf 236
normfit 251
normierte Normalverteilung 235
normpdf 236
normrnd 239; 240
normstat 238
Notation
  mathematische 6
Nullstelle
  einer Funktion 133
num2str 18; 19
numerische Berechnung 15; 27
numerisches Feld 40
numerische Variable 50

—O—

Oberflächenintegral 191
ode113 199
ode15S 199
ode23 199
ode23S 199
ode23T 199
ode23TB 199
ode45 199
ODER
   logisches 60; 61
ones 119
Operator
   Boolescher 59
   logischer 60
Optimalpunkt 213
Optimalwert 214
Optimierung 213
   lineare 216; 217
   nichtlineare 218
Optimierungsfunktion 80
Optimierungskriterium 213
Optimum 213; 214
Ordnung
   einer Differentialgleichung 193
Originalfolge 205; 206
Originalfunktion 205; 208
Originalgleichung 205
Oszillator
   harmonischer 197

—P—

Parameter
   einer Verteilung 237
Parameterdarstellung
   einer Fläche 99
   einer Kurve 93; 97
Parametertest 252
Partialbruchzerlegung 108; 109
Partialsumme
   einer Reihe 174
partielle Ableitung 147; 149
   gemischte 149
partielle Differentialgleichung 193
periodische Funktion 176
Permutation 114
persistent 51
persistente Variable 51

pi 35; 36
plot 86; 89; 91; 93; 97; 203
plot3 89; 91; 92; 97; 99
poisscdf 233
poissfit 251
Poisson-Verteilung 232; 233
poisspdf 233
poisstat 238
polar 94
Polarkoordinaten 93; 94; 95; 169
poly 130; 140; 142
polyfit 84; 85; 87; 255
Polygonzug 87; 88
Polynom 107; 139
   charakteristisches 129; 130
   Faktorisierung 108; 140
Polynomfunktion 74; 139
Polynomgleichung 139
Polynominterpolation 83; 85
polyval 140; 141
Potential 184
Potentialfeld 184
Potenz
   einer Matrix 126
Potenzreihe 176
Primärdaten 243
primäre Verteilungstafel 243; 244; 245; 246
Prioritäten
   bei Rechenoperationen 105
prod 63; 79; 113; 173
Produkt
   endliches 173
Profiler 4; 7
Programm
   rekursives 63
Programmfehler 24
Programmierfehler 72
Programmiersprache 8; 10; 59
Programmierung 59
   lineare 216
   nichtlineare 218
   prozedurale 10; 59; 66
   rekursive 55
   strukturierte 59; 66
Programmschnittstelle 8
Programmstruktur 66; 74
Property Editor 90
prozedurale Programmierung 10; 59; 66
Prozentzeichen 17

Pseudozufallszahl 239
Punktgrafik 91
Punktschätzung 251
Punktwolke 91; 245

—Q—

quad 16; 163; 164; 165
quadl 163; 164; 165
quadratische Gleichung 69; 71; 140
quadratische Matrix 115
Quadratmittelapproximation 82; 84; 85
Qualitätskontrolle 250
Quantil 231
quiver 182; 189
quiver3 183

—R—

rand 119
Randbedingungen
    für Differentialgleichungen 195
randn 119
Randwertproblem
    für Differentialgleichungen 195
Rang
    einer Matrix 121
rank 121
rationale Zahl 27
Raumkurve 89; 97
räumliche Spirale 98
real 31
realmax 35; 37
realmin 35; 37
Realteil 31
    einer komplexen Zahl 31
Rechenoperationen 27
    elementweise 42; 43
    für Felder 42
    für komplexe Zahlen 32
    Prioritäten 105
Rechenzeichen 105
rechtsseitiger Grenzwert 153; 154
reelle Funktion 77
reelle Zahl 12; 27

Regression
    lineare 254
Regressionsanalyse 254
Regressionsgerade 254
    empirische 254; 255
Regressionsparabel 255
Regressionspolynom
    empirisches 255
reguläre Matrix 128
Reihe
    alternierende 174; 175
    divergente 174
    endliche 171
    konvergente 174
Reihensumme 171; 174
rekursive Programmierung 55
rekursives Programm 63
relative Häufigkeit 228; 243
relative Klassenhäufigkeit 243
residue 108; 109
Restglied
    Taylorentwicklung 151
Rohdaten 243
roots 140; 141; 142
Rotation 184; 186; 187
Rotationsparaboloid 100
round 79
Rücktransformation 205; 208; 210
Rundungsfehler 14; 154
Rundungsfunktion 79

—S—

Säulendiagramm 247
save 45; 46; 56; 57
schachteln
    Felder 41
Schätztheorie 250
Schätzung 250
Schleife 59; 63
    bedingte 63
Schleifen
    schachteln 64
schließende Statistik 249
Schlüsselwort 54

Schriftform 90
Schriftgöße 90
Schrittweite 63
Schwingfall 197
Schwingungsgleichung 197
Scriptdatei 67; 68
sekundäre Verteilungstafel 244; 245
sicheres Ereignis 229
simple 106; 109; 110; 111
simplify 106
Simulation 238
single 28; 29; 136; 137
singuläre Koeffizientenmatrix 138
singuläre Matrix 126; 128
size 41; 42; 72; 121; 122
Skalarprodukt 123; 125
Skalarfeld 181
Slash 28
solve 111; 135; 136; 137; 138; 139; 140; 141; 143; 207; 210
sort 249
Spalte
   einer Matrix 115
Spaltenindex 41; 115
Spaltenprodukt
   einer Matrix 173; 174
Spaltensumme
   einer Matrix 172
Spaltenvektor 115; 116; 118
   einer Matrix 115
Spatprodukt 123
spezielle mathematische Funktion 78
Spirale
   räumliche 98
spline 84; 87
Spline-Interpolation 83; 84; 87
   kubische 83
sprintf 18; 19
Spur einer Matrix 121; 122
Stabdiagramm 245
stairs 233
Stammfunktion 159
Standardabweichung 237; 248
   empirische 248
standardisierte Normalverteilung 235
Statistik 241
   beschreibende 244
   deskriptive 244
   schließende (mathematische) 249

statistische Maßzahl 244; 247; 248
std 249
steife Differentialgleichung 200
stetige Zufallsgröße 229
Stichprobe 242; 244
   eindimensionale 247
   zufällige 242
   zweidimensionale 248
Stichprobenumfang 242
Streuung 237; 249
   empirische 248
String Function 17
strukturierte Programmierung 59; 66
subplot 90; 102
subs 110; 111
Substitution 110; 161
sum 66; 171; 172
Summationsindex 171
Summe 171
Summenberechnung 64
surf 99
sym 15; 16; 29; 31; 50; 116; 129; 135; 139
symbolische Berechnung 15; 27
symbolischer Ausdruck 61
symbolische Variable 50
Symbolprozessor
   von MAPLE 12
syms 15; 50; 106; 116; 148
symsum 64; 171; 172; 175

—T—

Tabellenform
   einer Funktion 82
taylor 151; 152
Taylorentwicklung 82; 151
Taylorpolynom 151; 152
Taylorreihe 151
taylortool 152; 153
Test 252
   verteilungsabhängiger 252
   verteilungsunabhängiger 252
Testtheorie 250; 252
Text 17
Textausgabe 17; 18
Texteditor 10; 55
Texteingabe 17
Textzeile 17; 55; 66
title 94
Toolbox 1; 3; 8

Toolbox OPTIMIZATION 219
Toolbox PARTIAL DIFFERENTIAL
    EQUATION 204
Toolbox SIMULINK 239
Toolbox SPLINE 84
Toolbox STATISTICS 241
Toolbox SYMBOLIC MATH 15; 16
trace 121; 122
Transformationen 205
transponierte Matrix 124
transzendente Gleichung 133
transzendenter Ausdruck 105
Trapezregel 163
trapz 163; 164; 165
Trennzeichen 45
Treppenfunktion 233
trigonometrischer Ausdruck 109
triplequad 167; 168
Typ
    einer Matrix 115; 121; 122

—U—

Überlauf 35
unifrnd 239
uint8 32
Umformung von Ausdrücken 105
Umwandlung von Zahlen 32
Unabhängigkeitstest 252
unbestimmter Ausdruck 153
unbestimmtes Integral 159; 160
UND
    logisches 60; 61
Unendlich 35; 36; 153
Ungleichheitsoperator 59
Ungleichungssystem 145
unmögliches Ereignis 229
Untermenü 3
Urliste 243; 244

—V—

Variable 47
    einfache 49
    globale 51
    indizierte 49
    lokale 51
    numerische 50
    persistente 51
    symbolische 50
    vordefinierte 50
Variablenname 47; 48
    zulässiger 49
Varianz 237
    empirische 248
Variation 114
Vektoranalysis 181
Vektorfeld 181; 182
Vektorfunktion
    in MATLAB 121; 181
Vektorprodukt 123
verallgemeinerte Lösung
    eines Gleichungssystem 143
Vereinfachung
    von Ausdrücken 106
Vergleichsausdruck 60; 61
Verkettung
    von Matrizen *119*; 120
Verteilung 230
    hypergeometrische 232; 233
verteilungsabhängiger Test 252
Verteilungsfunktion 230
    inverse 231
Verteilungstafel
    primäre 243; 244; 245; 246
    sekundäre 244; 245
Verteilungstest 252
verteilungsunabhängiger Test 252
Verzeichnis
    aktuelles von MATLAB 4; 7
Verzeichnisstruktur 7
Verzweigung 59; 62
Verzweigungsanweisung 59; 62
vordefinierte Funktion 8; 53
vordefinierte Konstante 35
vordefinierte Variable 50
Vorzeichenbedingung 217
vpa 20; 28; 29; 30

—W—

Wahrscheinlichkeit 228; 230
   klassische 228
Wahrscheinlichkeitsdichte 231
Wahrscheinlichkeitsrechnung 227
Wahrscheinlichkeitsverteilung 230
while 63; 65; 74
while-Schleife 63; 64
who 51
whos 47; 51
Winkel
   einer komplexen Zahl 31
Workspace 4; 8; 51
Workspace-Fenster 8; 47; 51; 52

—X—

x-label 94
xlsread 22

—Y—

y-label 94

—Z—

Zählschleife 63; 64
Zahl
   Ausgabe 44
   Einlesen 44
   ganze 28
   irrationale 27
   komplexe 31
   rationale 27
   reelle 12; 27
   Umwandlung 32
Zahlenausdruck 106
Zahlendatei 45
Zahlenfeld 40; 42; 44
Zahlenfolge 205
Zahlenformat 19; 28
Zahlenmatrix 115; 116; 118
Zahlenüberlauf 36
Zeichenfeld 40
Zeichenkette 33; 42
Zeichenkettenfunktion 17; 18
Zeichenkettenvariable 17
Zeile einer Matrix 115
Zeilenelement 45

Zeilenende 45
Zeilenindex 41;115
Zeilenumbruch 45
Zeilenvektor 115; 116; 118
   einer Matrix 115
Zeilenvorschub 19
Zeilenwechsel 17
zeros 119
ztrans 206; 207
z-Transformation 205; 206
   inverse 206; 208
z-Transformierte 206
zufälliges Ereignis 227; 228
zufällige Stichprobe 242
Zufallsereignis 227
Zufallsexperiment 227
Zufallsgröße 228; 230
   diskrete 229; 230
   stetige 229
Zufallsstichprobe 242
Zufallsvariable 228
Zufallszahl 238; 239
   gleichverteilte 119; 239
   normalverteilte 119; 239
Zugriff auf Feldelement 41
zulässiger Variablenname 49
Zusammenhang
   funktionaler 253
Zuweisung 47; 59; 61
Zuweisungsanweisung 59; 61
Zuweisungsoperator 47; 61
zweidimensionales Feld 39; 41; 42; 43; 116
zweidimensionale Stichprobe 248
zweifaches Integral 167; 169
Zweipunkt-Randbedingungen 195; 198
Zylinderfläche 102

If you have any concerns about our products,
you can contact us on
ProductSafety@springernature.com

In case Publisher is established outside the EU,
the EU authorized representative is:
**Springer Nature Customer Service Center GmbH
Europaplatz 3, 69115 Heidelberg, Germany**

Printed by Libri Plureos GmbH
in Hamburg, Germany